教育部青年课题：""'双碳'目标下 ESG 投资评价体系的国内法与国际法协同研究"（项目编号：22YJC820023）。

国家社科基金重大项目："高速交通网络与我国劳动力资源时空配置机制研究"（22&ZD064）。

国家社科基金重大项目资助
教育部人文社会科学研究项目

"一带一路"倡议下

中国海外投资中企业环境责任研究

YIDAIYILUCHANGYIXIA

ZHONGGUOHAIWAITOUZI ZHONG
QIYE HUANJINGZERENYANJIU

路 著 遥

中国政法大学出版社

2024 · 北京

图书在版编目（ＣＩＰ）数据

"一带一路"倡议下中国海外投资中企业环境责任研究 / 路遥著. -- 北京 ：中国政法大学出版社，2024. 6. -- ISBN 978-7-5764-1617-6

Ⅰ. X322.2

中国国家版本馆 CIP 数据核字第 2024F84L72 号

出　版　者	中国政法大学出版社
地　　　址	北京市海淀区西土城路 25 号
邮寄地址	北京 100088 信箱 8034 分箱　邮编 100088
网　　　址	http://www.cuplpress.com (网络实名：中国政法大学出版社)
电　　　话	010-58908586(编辑部) 58908334(邮购部)
编辑邮箱	zhengfadch@126.com
承　　印	固安华明印业有限公司
开　　本	720mm×960mm　1/16
印　　张	14.5
字　　数	260 千字
版　　次	2024 年 6 月第 1 版
印　　次	2024 年 6 月第 1 次印刷
定　　价	69.00 元

序

　　长风渡万里，潮起浪滔天。当今世界处于百年未有之大变局，人类文明发展面临越来越多的问题和挑战。中国着眼人类前途命运和整体利益，因应全球发展及各国期待，继承和弘扬丝路精神这一人类文明的宝贵遗产，提出共建"一带一路"倡议。该倡议，连接着历史、现实与未来，源自中国、面向世界、惠及全人类。十年来，共建"一带一路"从中国倡议走向国际实践，从理念转化为行动，从愿景转变为现实，从谋篇布局的"大写意"到精耕细作的"工笔画"，给相关国家带来实实在在的好处，为推进经济全球化健康发展、破解全球发展难题和完善全球治理体系作出积极贡献，开辟了人类共同实现现代化的新路径，推动构建人类命运共同体落地生根，成为当今世界最受欢迎的国际公共产品和最大规模的国际合作平台。

　　开放是人类文明进步的重要动力，是世界繁荣发展的必由之路。而开放的过程，离不开法治的保驾护航。随着对外开放水平不断提高，中国与世界的联系越来越密切，越来越多的中国企业走向世界，越来越多的外资企业来华兴业。特别是随着中国企业在"一带一路"沿线国家投资活动的增加，环境外部性风险不断增加，企业环境责任的规制显得尤为重要。尤其海外投资引发的劳动力跨境流动和环境污染导致的劳动力损害引发的人权问题屡见不鲜。纵观诸多企业环境责任理论，实践中的企业环境责任已不仅局限于环境生态问题，而是与劳动与人权问题交织纠缠。从公众环保运动发展到 ESG 投资，作为经济全球化趋势标志的海外投资企业必然受到理论意识进步的影响，被动或主动地寻求经济发展与环境之间的平衡点。

　　习近平总书记在中共中央政治局第十次集体学习时强调"加强涉外法治建设既是以中国式现代化全面推进强国建设、民族复兴伟业的长远所需，也是推进高水平对外开放、应对外部风险挑战的当务之急"。完善公开透明的涉外法律体系,加强知识产权保护,维护外资企业合法权益,用好国内国际两类规则,营造市场化、法治化、国际化一流营商环境。

意大利法学家贝卡里亚在《论犯罪和刑罚》中强调"法律的力量应当跟随着公民,如同影子追随着身体一样"。投资环境问题牵涉甚广,在国际投资领域与之密切相连的劳动力保护与维护亦时时牵动着投资活动主体对于投资项目审慎的目光,企业环境责任和与之相伴产生的劳动与人权问题均要求国际制度层面的全面而积极地追随与回应。法治是最好的营商环境,我们须善用法治思维和法治方式应对外部风险挑战。

海外投资环境法律风险的制度建设已成为"一带一路"倡议的重要议题。在合作共建"一带一路"过程中,中国企业的环境责任承担应从国内法与国际法两个层面同向作用,形成国内、国际双维度的中国企业环境责任的统一格局。中国在"一带一路"海外投资中需要充分发挥示范作用,积极规范中国企业的环境责任承担,并借助 ESG 投资、区域化争端解决等多种方式倡导和引领"一带一路"沿线投资的绿色、健康和持续发展。

路遥博士的最新力作《"一带一路"倡议下中国海外投资中企业环境责任研究》,从环境责任视角和区域协同路径两个方面详细探讨了中国企业海外投资在共建"一带一路"国家和地区的制度构建。具体而言,面对经济发展与环境保护之间的矛盾,本书通过分析"一带一路"沿线投资对于企业环境责任规制的国内和国际双重需求,在强调企业环境责任国际法规范协同的重要性基础上,提出企业环境责任的最优规范路径。本书提出,对于"一带一路"倡议下中国企业环境责任的区域协同问题,需要审视企业环境责任区域协同的制度环境搭建,修正沿线国家企业环境责任制度差异,搭建沿线国家环境问题区域解决机制;需要协同发展语义下区域企业环境责任的制度重构,明确国际环境规则中区域协同的指导原则,确立以中国为主导的区域绿色投资制度,提升中国海外投资中的环境规则构建衡平;需要强化企业社会责任下劳动保障的区域协同,优化劳动纠纷的司法制度设计,完善区域劳动资源管理法律保障。本书有益于从法律角度明确企业环境责任在国际秩序变革新时期使命与责任,为"一带一路"区域制度创新发展提供理论依据,对于中国在国际投资领域争取制度性话语权亦具有现实意义。

本书以路遥博士的博士论文为基础,并在文献增补、理论充实、政策优化等方面做了大量细致的改进与完善,聚焦中国企业"一带一路"沿线投资环境责任问题，并扩展研究与环境问题相伴出现的劳动与人权问题，是一本对"一带一路"国际投资活动和区域环境协同具有重要参考意义的高水平专著。此外，本书受到国家社科基金重大项目（22&ZD064）和教育部人文社科一般项目（22YJC820023）资助，是两个项目重要的阶段性成果。

愿书如长风，渡君行万里。路遥博士是本人主持的国家社科基金重大项目"高速交通网络与我国劳动力资源时空配置机制研究"（22&ZD064）研究团队骨干成员，作为本书修改和完善过程的参与者和见证人，对于路遥博士求真务实的学术态度和严谨治学的优秀品质表示高度认可，期待以本书作为其学术人生的新起点，以学术研究为工具筑牢经济基础之上的法律制度建设，产出更多更好的高水平成果。

嘉兴大学"南湖学者"特聘教授 文雁兵

2024 年 6 月

前　言

　　相较于国际贸易活动，国际投资活动对自然资源与生态环境的依赖性更高，其对环境的负面影响更为直接和显著。[1]伴随着国际投资自由化而来的不仅有世界经济的新增长点，还有对全球环境影响的负面评价，国际投资协定对环境责任规制的不足是造成这种不良后果的因素之一。在国际法层面，投资者的环境责任主要被规定在国际环境协定与其他国际协定的具体环境条款中，就国际投资领域而言，则主要反映于国际投资协定的环境条款之中。国际投资协定中的环境条款所赋予投资者的责任，是在国际投资协定语境下投资者所应承担的环境责任。海外投资企业为何承担环境责任、如何承担环境责任，是在国际投资协定中纳入与完善环境条款时需要回答的首要问题。

　　企业作为法人实体，其在国际投资中的具体责任与另一类投资者——自然人——有所差异。作为"一带一路"区域投资主力军的中国企业不能再重走发达国家通过寻找"污染者天堂"（pollution heaven）将污染企业向环境标准较低的发展中国家转移的老路，而是要寻求承担企业环境责任减少环境执法风险的新型绿色投资发展道路。随着国际投资与环境保护的矛盾日益凸显，环境保护条款被不同程度地纳入了国际投资协定，区域贸易协定中的环境条款作用凸显，[2]部分国际投资协定还将其上升为了人权体系下的环境权利加以保护。世界各国在对外经济交往中，缔结了为数众多的国际投资协定。现有国际投资协定中的环境条款在明确可持续发展目标、规范环境权利义务、确保环境目标优先性三个方面做出了努力。未来国际投资规则与救济措施势必要通过法律规则的规制朝着投资与环境平衡化的方向动态发展。国际投资

---

　　〔1〕　赵玉意：《BIT 和 FTA 框架下环境规则的经验研究——基于文本的分析》，载《国际经贸探索》2013 年第 9 期，第 103 页。

　　〔2〕　郑玲丽：《区域贸易协定环境条款三十年之变迁》，载《法学评论》2023 年第 6 期，第 147 页。

协定中的环境条款对企业环境责任规制的本源、问题与纾解，需要从理论与实际两个层面进行论述。

立足于国际投资，企业承担环境责任的理论基础来源于可持续发展理论、公平责任理论与企业社会责任理论的内在要求。可持续发展理论明确企业环境责任要求；公平责任理论引导企业环境责任分配；企业社会责任理论规范企业环境责任承担。[1]企业环境责任规制的实际情况需要通过梳理国际投资协定中企业环境责任领域的立法与司法现状予以充分归纳与总结。通过理论分析实际问题，再从实际上升至理论高度，寻求私人利益与公共利益在国际投资规则中的平衡点，[2]进一步明确现有环境条款的优势与不足，为其后"一带一路"投资中中国企业的环境责任研究奠定客观基础。

由于国际投资协定的谈判过程是各国以保护本国利益为目的，以谈判技术与经济实力为筹码在谈判国之间进行的角力游戏，因此早期的国际投资协定中的环境条款鲜有增加。在晚近的国际投资协定的谈判过程中，由于受到来自非政府组织等民间力量与公共政策中环境考量的压力，各国不得不将环境问题纳入谈判内容。国际投资协定的要义是保护资本的自由化，投资保护所强调的财产利益与环境保护所强调的公共利益矛盾重重。[3]因此，国际投资协定在企业环境责任规制中的不足仍旧十分突出，而与之相伴产生的劳动与人权问题亦要求国际制度层面的积极回应。其中，环境条款的供给不足与效力低下问题严重制约了企业环境责任的承担，规范海外投资行为的具体环境条款的执行受到颇多限制，与企业环境责任相关的司法保障制度的缺失问题也值得注意。

由此可见，国际投资协定作为约束缔约各方的国际法律规则，在规范企业环境责任方面并不完善。为了解决上述问题，首先要在国际投资协定中确立纳入环境条款的指导原则，其次要在可持续发展观的指导下协调投资与环境的关系，再次应增强企业环境责任立法设计使其符合企业社会责任的理论

---

〔1〕 A. C. Nisar et al. , "Promoting Environmental Performance Through Corporate Social Responsibility in Controversial Industry Sectors", *Environmental Science and Pollution Research*, 2021 (18), pp. 73~86.

〔2〕 张庆麟、余海鸥：《论社会责任投资与国际投资法的新发展》，载《武大国际法评论》2015年第1期，第254~285页。

〔3〕 路遥：《"一带一路"倡议下国际投资中跨国公司环境责任研究》，载《求索》2018年第1期，第64页。

要求，最后还需在公平责任的指导下完善企业环境责任相关司法制度。而解决投资者与东道国受害者之间的环境争端，则需要改变环境领域充斥着软法规则的局面，只有在国际社会的共同努力下，制定出具有可执行力的真正意义上的国际环境规范，才能实现在国际投资中平衡环境保护与投资保护的目标。此外，在完善企业环境责任中引入人权视角，[1]从人权的角度分析环境问题为环境治理提供了新的思路，有利于企业环境责任作为一项人权责任得到落实。[2]海外投资企业对环境的侵害将伴随着环境责任规制的完善而逐步减少，在理论指导下对国际投资协定进行具体改进，必将助力中国企业在投资领域的"可持续发展"，为人类与自然的和谐与发展贡献不可或缺的力量。

"一带一路"倡议是中国在国际投资与贸易领域的一次突围，为了开拓和加深与共建国家的经贸合作，中国需要借助海外投资活动打开局面。如何制定与更新中国与相关国家的国际投资协定意义重大，可持续发展型的投资协定将为全球治理及区域发展做出更大贡献。一直以来，中国在经济全球化的进程中扮演着"世界工厂"的角色，如果想要通过新质生产力发展解决投资外部风险、转变传统发展模式、促进劳动与劳动力的交互融合，就需要从制度层面予以纾解。国际投资协定中环境条款的完善既可以有效地遏制外国投资者对中国环境政策法规和环境标准的无视，又可以为中国企业"走出去"预先隔离部分环境风险。因此，在对国际投资协定中的环境条款进行梳理总结后，可以通过问题导向，针对普遍问题与"一带一路"中的特殊问题有的放矢地提出优化思路。通过"一带一路"区域协同路径，从制度环境构建与区域制度重构两方面着手，探寻国家发展与区域发展、经济发展与环境发展的共同进路。

---

〔1〕 张万洪、王晓彤：《工商业与人权视角下的企业环境责任——以碳达峰、碳中和为背景》，载《人权研究》2021年第3期，第47~48页。

〔2〕 杨博文：《论气候人权保护语境下的企业环境责任法律规制》，载《华北电力大学学报（社会科学版）》2018年第2期，第1~2页。

目　录

第一章

"一带一路"背景下企业环境责任的制度需求与路径选择

第一节　"一带一路"倡议下企业环境责任规制的需求分析

在"一带一路"倡议背景下，随着中国企业在共建国家投资活动的增加，环境外部性风险也在不断增加，企业环境责任的规制显得尤为重要。面对经济发展与环境保护之间的矛盾，需要分析"一带一路"区域投资对于企业环境责任规制的制度需求，明确企业环境责任国际法规范协同的重要性，才能找到、找准企业环境责任的最优规范路径，促进经济与环境的可持续发展，确保海外投资活动不损害东道国的环境与社会福祉，以高质量国际投资带动区域高质量发展。

一、企业环境责任构建的国内需求

在"一带一路"背景下，作为区域经济增长主要驱动力的海外投资对区域协同发展的积极影响已得到普遍认可。中国提出"一带一路"倡议已经近十年，期间，共建国家成了中国企业投资首选地。《中国"一带一路"贸易投资发展报告 2021》显示：从 2013 年至 2020 年，中国与共建国家的货物贸易额从 1.04 万亿美元增加到 1.35 万亿美元，直接投资额达到 186.1 亿美元。

随着"双碳"目标的提出，中国的经济发展模式在不断趋向绿色化发展，因此，在"一带一路"海外投资中，中国有必要肩负起消除投资活动中对生态环境与自然资源所造成的消极影响的任务，推动构建人类命运共同体。[1]中国企业在国际经济政治舞台上扮演着愈加重要的角色，如何完善企业环境法律责任规制是中国以及共建国家都必须要直面的问题。但"一带一路"沿线法律规制进程的拖沓与环境法律效力的低下使得环境侵权屡禁不止。纵然企业承担环境责任毋庸置疑，在人权层面制衡环境侵权也早有先例，但企业在其投资过程中并未真正承担相应的环境法律责任的情况屡见不鲜，其后果从环境侵害上升至劳动纠纷甚至人权争议的情形时有发生，值得深究。实践中，由环境责任法律规制缺失造成的环境侵害案件和逃避法律制裁的事件时有发生。[2]面对如此层出不穷的环境污染事件，不禁让人想起了意大利法学家贝卡里亚曾经说过的一句话——"法律的力量应当追随着公民，如同影子追随着身体一样"。那么，对"一带一路"倡议下中国海外投资的企业环境法律责任进行规制的国际投资协定是否做到了如影随形地保护公民减少环境侵害，又是否注意到并试图改变程序法中存在的问题？这一切实践中的矛盾需要追本溯源回归于立法层面寻找答案。

近几十年，国际投资规则经历了从双边到多边的扩展历程。然而，与之相反的是与环境有关的投资规则却经历了从多边向双边的发展过程。为了寻求环境保护目标与国际投资规则之间的平衡，需要透视环境保护与国际投资的关系，抓住国际投资规则中环境保护与投资保护之间冲突的根源，改变实体投资规则和争端解决程序给缔约国环境主权和环境措施施加的限制，规范国际投资规则在环境保护问题上的条款形态与模式。通过系统研究国际投资协定中显现出的诸多环境法律问题及其深层原因，可以更全面、有效地针对海外投资保护与环境责任之间的矛盾提出解决对策。[3]当下除了要清醒地认识到国际投资协定中的环境条款存在诸多不足，还要在投资争端解决机制的设计中改变以国家经济发展为核心的思路，转换为环境与经济发展双核心的思路。[4]

---

[1] 彭德雷：《涉外法治视野下"一带一路"国际规则的建构》，载《东方法学》2023 年第 5 期，第 18 页。

[2] 路遥：《"一带一路"倡议下国际投资中跨国公司环境责任研究》，载《求索》2018 年第 1 期，第 66 页。

[3] 路遥：《"一带一路"倡议下国际投资中跨国公司环境责任研究》，载《求索》2018 年第 1 期，第 66 页。

[4] Chester B. Kate Miles, *Evolution in Investment Treaty Law and Arbitration*, Cambridge：Cambridge University Press, 2011, pp. 645~647.

二、企业环境责任完善的国际需求

企业环境责任是一个历久弥新的话题，对它的研究在不同时期具有不同的意义。与主权国家相比，随着国际投资的自由化与环境意识的全球化，企业环境责任显得愈发重要。将其放置在"一带一路"倡议的语境下进行研究，不难发现目前区域国际投资协定中的规则尚不成熟，或充斥着投资保护主义的倾向，或缺乏环境保护的实质，其合理性备受质疑。同样，由于母国和东道国的法律在管控企业环境责任方面缺乏力度，加之受管辖权所限，中国在东道国的投资行为很难适用母国国内法律，而东道国因吸引外资的需求而普遍缺失对海外投资的有效规制。就这种情况来说，在共建国家投资的中国企业的投资行为可以说处于国际投资协定、东道国法律和母国法律的管制"真空"。但这种"真空"并不意味着没有环境责任的产生，近几年来，中国企业海外投资环境风险时有发生。对此，2020年《"一带一路"项目绿色发展指南》提出，对于"一带一路"投资项目将基于减缓气候变化、污染防治、保护生物多样性三个维度进行考察，具体分为"红（重点监管类）、黄、绿（鼓励合作类）"三类，以带领"一带一路"沿线投资朝着绿色与高水平的方向发展。

此外，在国际投资竞争中，除却资金优势外，通过国际投资拉动劳动力资源的作用也不容小觑。企业环境责任对于劳动力资源的影响较为明显，从社会层面来看，企业环境责任的增强可以带动环境领域劳动力需求增长，其中绿色投资创造新型就业机会，可持续型投资促进就业稳定。在制度层面，国际投资协定在调节企业环境责任与劳动力资源配置之间的关系中发挥着重要作用。投资拉动经济增长、环境责任促进绿色发展，二者结合于国际投资制度之中必将为世界经济的可持续发展转型带来巨大的影响。

因此，"一带一路"背景下的国际投资规则与救济措施势必要通过法律规则的规制朝着投资与环境平衡化的方向动态发展。只有以实现实质正义为目标，矫正海外投资中的企业与其利益相关者在博弈中的实力失衡，才能保证中国企业社会责任的承担，促进可持续发展。通过协调国际投资协定和环境保护的目标、增强现有国际投资协定立法规制、完善国际投资协定司法制度等手段，祛除国际投资协定的过度投资保护主义倾向。通过倡导确立符合比例原则、正当程序原则和给予补偿原则的环境保护观来矫正国际投资规则与投资救济措施，即倡导通过法律措施、规则的创制以及国际投资协定体系的完善来推动国际投资朝着更加平衡、绿色的方向发展。从形而上的价值，到形而中的规范，再到形而下的事实，在循环往复中解构和诠释，探寻中国海外投资中企业合理承担环境责任的思路、路径和建议。

第二节　"一带一路"背景下企业环境责任的国际法规范协同意义

"一带一路"海外投资中的企业环境责任问题需要国内国际制度规范的共同调整。鉴于其区域发展特性，需要首先完善国际层面的规范协同，从而引导国内制度的同质化规范维度。从双边、多边和区域性国际投资协定的角度出发进行分析，通过法律规范引导企业承担环境责任，以国际习惯法和企业环境责任相关理论作为基础，以国际法规范协同促进"一带一路"国际投资活动中的环境保护和可持续发展。

一、助力"一带一路"投资绿色发展转型

本书立足于"一带一路"海外投资领域最为重要的发展与争议主体——中国企业，从环境责任这一目前学界关注度极高的视角出发，对双边、区域性的国际投资协定的基本规则进行分析和比较，对当前国际社会与"一带一路"国际投资中发生的重大环境污染案例展开探讨。"一带一路"国际投资者应赞成投资自由化，认为投资自由化能有效促进全球经济的发展，但不主张以追求最大化利润为目标、违背环境保护标准的过度扩张的投资自由化；"一带一路"国际投资更应主张投资绿色化，当前经济环境下中国是"一带一路"海外投资活动的主要参与者，必然需要肩负起环境责任，与其他投资主体共同致力于经济与环境的可持续发展。此外，通过对"污染避难所"假说与"污染光晕"假说的探讨，印证了企业在制造环境问题的同时也可以通过引导规制利用其解决环境问题。对此，既要反对过度的自由主义的扩张，同时又不赞成过度的环境保护的膨胀，而是要在国际投资与环境保护中寻求一种法律制度层面的平衡。在制度建构方面，提出通过东道国、母国与投资者多方面、立法与司法多层面、原则与规则多视角的规制路径促进中国企业的"一

带一路"海外投资活动的绿色化发展。

二、调动"一带一路"投资的法律规范引导作用

造成"一带一路"海外投资环境问题的主要因素之一就是企业的环境侵害行为，而在"一带一路"沿线进行海外投资的中国企业通常具有巨大的经济体量、充足的资金和先进的科技，因此通过法律规范引导企业主动承担环境责任具有实践意义。虽然大多数环境公约与投资协定均并未对企业环境责任予以直接规定，但是在企业社会责任基础上演变而来的国际习惯法或可以成为受害人诉讼请求权的基础，对此可以通过对企业环境责任的规制帮助环境侵害的受害人利用正当司法途径获得相应救济。此外，还需要从可持续发展理论、公平责任理论，以及企业社会责任理论的视角出发权衡和解读企业环境责任国际规范发展；从双边投资协定、多边投资协定，以及区域性国际投资协定的层面出发梳理、分析和总结国际投资协定的优势和不足；从东道国、母国，以及投资者的角度出发归纳和指出环境责任的分配与承担。以上三个层次针对国际投资协定的考证与分析对于正在进行的与即将进行的国际投资谈判的角逐与利弊权衡等均有一定的参考价值。同时，对于中国企业在"走出去""一带一路"倡议指引下进行的国际投资也具有一定的指导意义，有助于减少由国际投资引发的环境外部性争议，引导海外投资的绿色化发展，预防海外投资的高环境风险。

第三节 经济发展与环境社会保护之间
法律制度层面的平衡路径

对于"一带一路"企业在海外投资中承担环境责任的依据和限度需要回归理论层面予以探究。从规制现状来看，立法和司法层面的不足提高了企业在海外投资中导致环境问题的可能性，进而引发了东道国政府对企业行为采取管控措施，与可持续发展理念相冲突。法律制度层面的平衡路径需要强调企业应以可持续发展为导向，将私人经济利益与环境公共利益相协调，深度解读与践行公平责任理论和企业社会责任理论，强调环境责任的全球共担以及企业在社会中的责任扩展。

一、企业承担环境责任的理论分析

从可持续发展角度进行理论分析的学者观点主要有两种：一种认为从企业发展的长期战略高度来看，可持续发展的内在要求与企业海外投资远期经营目的理应是一致的。如刘万啸[1]认为，当投资者的私人经济利益与人类和各国的环境公共利益发生冲突时，前者应让位于后者，或者在这之中应该寻求一种合理、适当的平衡。国际投资与环境保护的互相协调应该处于可持续发展概念中的核心地位。另一种观点则认为，在海外投资的企业对东道国的环境保护与社会资源等均造成了严重的不良后果，从而导致东道国政府需要对企业投资行为采取各种形式的管控，其结果必然是造成与可持续发展的理念和国际投资的长远发展利益相悖。

针对环境领域中的公平责任，我们可以从如下几点加以阐述：第一，公平责任认为地球的生态系统是一个有机的整体，保护地球生态环境是全人类共同利益的体现，所以国际社会的全部主体需要为此承担共同的环境责任。第二，公平责任强调的是有差别的责任，是实质意义上的公平。美国学者约翰·罗尔斯[2]认为，可持续发展、公平责任、生态契约与社会责任之间是相互衔接的关系。如果从社会公平正义的视角来看，应当将社会视为一个世代相继的公平体系。那么，对于所共享的环境资源，作为人类及其后代应当同样秉承着全球公平的理念，以此理念作为指导，化解"一带一路"沿线各国在环境法律责任分担上的分歧。更为合理的环境责任分担，可以更有效地提高环境保护力度，进而在全球范围内推进可持续发展。

中国学者主要从两个方面对企业社会责任的内涵进行了解读：一方面，将传统的企业目标范围进行拓展延伸，从对股东利益与公司财富最大化的片面追求，向促进企业利益相关者[3]甚至整个社会利益的最大化扩展。另一方面，视企业为所谓与"社会公民"同样担负环境责任的"企业公民"，并从

---

〔1〕 刘万啸：《全球治理视野下环境保护与国际投资体制的冲突与协调》，载《齐鲁学刊》2017年第4期，第99~102页。

〔2〕 ［美］约翰·罗尔斯：《作为公平的正义：正义新论》，姚大志译，中国社会科学出版社2011年版。

〔3〕 贾娟娟、李健：《投资视野下战略性企业社会责任与财务绩效关系的实证研究》，载《北京理工大学学报（社会科学版）》2022年第3期，第168页。

这个角度将企业社会责任定义为主要包括各类型、各层级责任在内的综合型责任。国际上关于企业社会责任的学者观点大致可以被归纳为两种：一类观点认为，在关心长期资本增长的同时企业也应该相应地承担义务，并相应地履行社会责任。另一类观点则认为，企业对社会的贡献就是其经济利益的最大化，作为经济实体的存在目标必然是追求利润的最大化，而企业对于社会资源的利用率会随着利润的增长而增长，从而为社会做出更大的贡献。

二、国际投资协定中企业环境责任的规制现状

从国际立法层面上看，要求企业承担环境责任的基础包括以下三个部分：第一部分是国际公约，例如国际人权公约、国际劳工公约、国际环境公约等；第二部分是各项会议中所提出的国际宣言，例如《世界人权宣言》《斯德哥尔摩宣言》等；第三部分是没有法律约束力的国际文件，例如《全球契约》等。余劲松[1]认为，专门针对企业社会责任的，目前国际上还主要是那些没有法律约束力的规范在发挥作用。围绕双边、多边、区域性国际投资协定中的环境法律规制，中外学者从不同的视角对其进行了研究。基于此研究基础，若要找到企业环境责任在国际立法中的根源问题，需要从东道国、母国与投资者三个角度系统梳理，从投资协定签订主体出发考证国际投资协定对三者权利义务的设置现状，以便更好地进行中国海外投资的对策分析。

从国际司法层面上看，著名的企业海外环境侵权案件均由于环境责任缺失造成，而这些案件的共同性是发掘深层原因的指引。其中，责任主体确定、管辖法院确定、不方便法院原则适用、用尽当地救济原则适用、仲裁程序、争端解决机制等问题均需要重点关注，以便在"一带一路"区域内最大限度地实现司法制度对于企业环境责任承担的规制与引导，为中国海外投资的顺利开展和环境风险隔离提供可行性。

三、国际投资协定中企业环境责任完善的衡平进路

关于国际投资协定中环保条款设立原则的方式，本尼迪克特·金斯伯里、

---

[1] 余劲松：《跨国公司法律问题专论》，法律出版社 2008 年版，第 408 页。

斯蒂芬·希尔[1]认为，比例原则在平衡国际贸易制度目标与相冲突的政府合理目标时发挥着日益重要的作用。伯恩斯[2]指出，正当程序原则的本质就是限制政府权力和保护公民权利。罗伯特·库伯和托马斯·乌伦[3]认为，对东道国政府的征收权只有在受到"合理补偿"与"公共目的"的双重约束下，才能保证对私人财产权利的保护，其目的是创造出更多的社会净福利，而不至于因征收权的滥用而降低该措施的有效性。

关于增强现有国际投资协定立法规制的方式，菲利浦·桑兹等[4]指出环境影响评估机制的引入能够在源头确保环保意识渗透到国际投资协定之中。在缔约环保条款时应引入专家参与争端解决制度。朱明新[5]对非法间接征收提出假设，在正当程序要件和公共目的要件不发生任何变化时，东道国的规制措施的歧视性程度与东道国所应担负的损害赔偿之间为正比例关系。山姆·鲁特瑞尔[6]提出考虑设立国际投资仲裁的上诉机制的目的是增强投资仲裁裁决在法律解释与适用上的一致性。黄世席[7]指出，在处理国际投资争端时应对投资争端的特殊性以及国际投资仲裁员兼任当事人的代理人的情况予以考虑。

关于完善国际投资协定相关司法制度的方式，张庆麟、郑彦君[8]认为，国际投资中，能否认可与保障公共利益直接决定着东道国规制权是否可以实现。刘万啸[9]指出，依据国际投资仲裁实践，对于东道国而言，解决投资者

〔1〕 [美]本尼迪克特·金斯伯里、斯蒂芬·希尔：《作为治理形式的国际投资仲裁：公平与公正待遇、比例原则与新兴的全球行政法》，李书健、袁岐峰译，载《国际经济法学刊》2011年第2期，第48~114页。

〔2〕 [美]詹姆斯·麦格雷戈·伯恩斯等：《民治政府：美国政府与政治》（第20版），吴爱明等译，夏宏图、陈爱明校，中国人民大学出版社2007年版。

〔3〕 C. Robert and U. Thomas, *Law and Economic*, New Jersey：Prentice Hall, 2011.

〔4〕 Philippe Sands et al., *Principles of International Environmental Law*, New York：Cambridge University Press, 2012, pp. 3276~3277.

〔5〕 朱明新：《国际投资法中间接征收的损害赔偿研究》，载《武大国际法评论》2012年第1期，第276~278页。

〔6〕 L. Sam, "ISDS in the Asia-Pacific：A Regional Snap-Shot", *International Trade and Business Law Review*, 19（2016），p. 26.

〔7〕 黄世席：《可持续发展视角下国际投资争端解决机制的革新》，载《当代法学》2016年第2期，第30~33页。

〔8〕 张庆麟、郑彦君：《晚近国际投资协定中东道国规制权的新发展》，载《武大国际法评论》2017年第2期，第70~81页。

〔9〕 刘万啸：《投资者与国家间争端的替代性解决方法研究》，载《法学杂志》2017年第10期，第91~102页。

与国家间投资争端的最佳解决方式并非投资仲裁。随着更多国家开始对国际投资仲裁这种投资争端解决方法进行重新审视，在国际层面也在加紧研究例如调停、调解、协商等更具可预见性且更为高效的替代性投资争端解决方式。

为了实现"一带一路"背景下经济发展与环境保护之间法律制度层面的平衡发展，对于中国海外投资的企业环境责任规制至少可以从确立环境条款纳入原则、增强现有国际投资协定立法规制、完善国际投资协定相关司法制度三方面入手加以分析讨论。

本章小结

新质生产力的提出对于中国经济发展而言意义深远，新质生产力正是绿色生产力。在向创新、绿色、数智、融合四个方面重点发力的时代下，中国经济必将走向高质量发展之路。借助国际投资这种高质量发展的模式可以通过"一带一路"传递到全世界。对此，企业环境责任的国际法律规制需要树立区域投资绿色化导向，以实现"一带一路"区域绿色投资为导向，促进中国企业环境责任承担的法律制度基础优化。从法律规制到法律治理的多个视角去探讨海外投资环境规则全面化、中国企业环境责任承担主动化的进路；明确责任规制协同化规则，以"一带一路"企业环境责任区域协同为思路，探寻中国企业承担环境责任并引领绿色投资的责任与进路，提升区域环境规则的结构合理性，为中国在国际投资与贸易领域实现突围提供理论支持；探寻制度构建衡平化目标，以寻求投资与环境利益平衡点的观点为指导，摸索"一带一路"投资中企业环境责任规制不足的法律解决路径，构建区别于传统高呼投资保护或高举环境保护大旗的区域投资与环境规则。

第二章

"一带一路"倡议下企业环境责任建立的理论基础

第一节 企业环境责任的性质界定

当前经济环境下，海外投资企业控制着全球对外直接投资的命脉，在财产利益的驱动下，投资者势必会最大限度地开发自然资源，这样难免会打破生态环境的平衡，[1]因此企业环境责任[2]的承担需要国际社会在多层面多角度地进行引导与规范。不论以何种观念维护发展与自然的关系，顺应时代的学说其根本目的应是寻求人类既非顺从自然又非征服自然的一种人与自然和谐相处的自由。[3]而对于这份珍贵自由的追寻必然需要中国海外投资企业肩负起环境责任，共同致力于环境与投资的可持续发展。

一、国际演进：从公众环保运动发展到 ESG 投资[4]

随着二战结束，世界经济进入了高速发展时期，但同时也带来了许多负

---

〔1〕 张庆麟主编：《公共利益视野下的国际投资协定新发展》，中国社会科学出版社 2014 年版，第 121 页。

〔2〕 本书所指跨国公司环境责任并非基于国内法而产生的民事、刑事、行政责任，而是国际投资协定中的环境条款所赋予包括跨国公司在内的投资者的责任。而跨国公司的环境损害仅指在国际投资活动中由跨国公司这种特殊主体，对东道国造成的生态破坏、环境污染以及由环境引起的财产或人身方面的损害，并且其责任主体为跨国公司而非归责于国家。

〔3〕 曹孟勤、黄翠新：《论生态自由》，上海三联书店 2014 年版，第 349 页。

〔4〕 ESG 投资是倡导责任投资（responsible investment）和弘扬可持续发展（sustainable development）的理念。ESG 具体包括环境（Environmental）、社会责任（Social）公司治理（Governance）三个维度。

面影响，譬如生产活动导致环境污染、资源短缺等问题。在此背景下，欧美兴起了公众环保运动，抵制生产活动中对社会、环境产生负面影响的企业。同时，消费者的消费行为也发生转变，并由此催动生产的转型。由于公众开始偏向为环保产品买单，企业为了树立企业形象并迎合客户需求，逐步开发绿色产品，注重生产过程中的环保问题。从整体来看，绿色消费促进了绿色发展。

尽管直至 1987 年可持续发展的完整概念才被《我们共同的未来》首次提出，但在此之前，可持续发展观的精神实质已经被许多国际法律文件的具体规定所体现，而这些法律文件构成了企业环境责任承担的法律规制基础。《关税与贸易总协定》（General Agreement on Tariffs and Trade，GATT）第 20 条规定的一般例外允许缔约方采取"为保障人类、动植物的健康与生命所必需的措施"以及"与国内生产与消费的限制措施相结合，对可用竭自然资源加以保护的相关措施"。虽然 GATT 在环境保护方面作出了规定，但该协定仍偏向于国际贸易的推动与发展，并片面强调对贸易自由化的追求，因此 GATT 的环境条款有名无实，对促进可持续发展型贸易的作用极为有限，招致了世界范围内环保主义者的强烈抨击。鉴于 GATT 在环境规制方面的历史教训，《北美自由贸易协定》（North American Free Trade Agreement，NAFTA）的谈判方尝试将环境保护纳入谈判议程，在序言中提出了可持续发展观，以求将环境与投资有机地结合起来，这也被 2020 年 7 月生效的《美国-墨西哥-加拿大协定》（United States-Mexico-Canada Agreement，USMCA）所继承。2005 年，成立于加拿大的非政府组织——国际可持续发展研究所（International Institute for Sustainable Development，IISD）发表了《关于为可持续发展进行投资的 IISD 国际协定范本》（IISD Model International Agreement on Investment for Sustainable Development，简称"IISD 范本"）。2012 年英联邦秘书处发表了《将可持续发展纳入国际投资协定：发展中国家指南》，同年联合国贸易和发展会议（United Nations Conference on Trade and Development，UNCTAD）在其发布的《2012 年世界投资报告》中提出了"可持续发展的投资政策框架"。该框架包含了"可持续发展投资决策的核心原则""各国投资政策指南"和"国际投资协定要素：政策选项"三个部分。该框架涵盖的可持续发展主要强调了企业社会责任、环境与社会发展等内容，倡导各国在所缔结的国际投资协定中以可持续发展作为导向。鉴于对可持续发展型国际投资的追求，越来越多的国家和地区开始审查与修改所缔结的国际投资协定，认为符合可持续发展要求的国际投资协定应至少包括

UNCTAD 投资政策框架所载明的关于为可持续发展目标等公共利益提供监管权保障的规定，诸如各方明确承诺不应为了吸引投资而放松环境、安全或卫生标准的条款，防止企业在国际投资中规避环境友好型方式以追求投资利益最大化。

近年来，越来越多的国际投资协定，包括双边投资条约（Bilateral Investment Treaty，BIT）、包含投资内容的自由贸易协定（Free Trade Agreement，FTA）等开始逐渐纳入环境条款，致力于规范外国投资者环境责任与降低对东道国环境的负面影响。UNCTAD 发布的名为"国际投资治理的改革"的《2015 年世界投资报告》回顾了 2014 年全球外商直接投资（Foreign Direct Investment，FDI）的政策趋势与资本流动，提出了对国际投资体制进行改革的专项行动方案。UNCTAD 认为，国际投资体制改革会面临五大挑战，其中第一大挑战、第四大挑战与环境相关。第一大挑战要求保障缔约国的监管权。国际投资协定或多或少会对缔约方的国内决策权造成限制，在体制改革中必须确保这种对主权的限制在合理的范围内，且不会影响可持续发展目标的达成与缔约方公共政策的推行。第四大挑战是保证负责任的投资。体制改革要解决国际投资对环境、人权等公共利益造成的消极影响，但又不能抹杀其对经济发展所做出的贡献。《2015 年世界投资报告》提出了应对这两种环境挑战的政策方案，在保证国家公共政策空间方面，应更详细地限制、界定与阐述间接征收等条款，并以例外条款的形式对环境政策作出保留；在确保负责任的投资方面，需要将投资者责任等条款纳入国际投资协定，要求投资者履行企业社会责任以及东道国法律中的相应规定；在保证投资质量方面，应将缔约方"不得降低标准"等条款纳入国际投资协定，要求缔约方守住环境底线并履行环境保护的监督义务。从保证国家公共政策空间、保证负责任的投资与保证投资质量的相应对策中可以看出，国际投资协定正在逐渐向可持续发展的方向转变，而环境条款的纳入与完善则成了转型的重要标志。

伴随着从西方社会民间自发运动到各国政府、国际组织重视环境条款的规制，再到环境责任渗透到除国际投资以外的金融、贸易等领域，各国企业也逐渐在企业发展规划中融入了可持续发展战略，[1]掀起 ESG 投资的改革浪

〔1〕 A. Jaffar et al., "The Effects of Corporate Social Responsibility Practices and Environmental Factors through a Moderating Role of Social Media Marketing on Sustainable Performance of Business Firms", *Sustainability*, 12（2019）, pp. 1~33.

潮。2004 年，联合国规划署首次提出了 ESG 投资概念，并认为该原则不仅是衡量企业是否具备足够社会责任感的重要标准，也是影响股东获取长久利益的重要因素。近年来，伴随着"双碳"目标的指引，中国也开始逐步标准化 ESG[1] 和可持续投资的定义，可持续投资逐渐成了一种趋势。ESG 投资不断发挥对企业环境责任的积极作用，通过借助国际投资协定这个媒介，在不断完善环境条款的同时也可以推动 ESG 投资继续向前发展，二者相辅相成共同促进企业环境责任的承担。ESG 投资可以实现环境保护、投资保护和投资自由化的共赢，协调不同主体的公共利益与经济利益冲突。环境保护的根本目标与投资保护的根本目标应当是统一的，都是为了追求人类的持续生存与发展，因此没有必要在两者之间作出非此即彼的选择。尤其是对于发展中国家来说，国际投资是促进经济增长、谋求人民福祉、提升本国国力的重要手段。但从另一方面来看，在国际投资中受益的发展中国家也应当认识到，缔结国际投资协定的根本目的不仅是促进投资不断增长，而是要兼顾在可持续发展原则下环境目标的实现，最终在全球范围内建立具有共同性、公平性、可持续性的国际投资新秩序。上述国际协定、文件与 ESG 投资将投资自由化与可持续发展观相结合，倡导吸引国际资本不能以牺牲环境利益为代价，致力于推动环境标准的提高和环境法律规范的完善。虽然现有的国际投资协定开始对企业环境责任做出积极回应，但是环境制度仍旧处于非均衡这一常态，环境制度的供给不足仍旧明显。要实现可持续发展这一人类共同的目标，应在投资自由化的同时合理配置自然资源进行环境保护，这需要进一步在国际投资协定中规制企业环境责任，通过建立和完善国际投资立法的各项制度与内容推进投资活动的可持续发展。

二、理论支持："可持续发展理论""公平责任理论""企业社会责任理论"

（一）可持续发展理论是企业承担环境责任的时代导向

第一，可持续发展作为一种先进的思想理念在中外源远流长，该理论经历了从被动到主动的历史沿革。在 1893 年的"太平洋海豹仲裁案"中，可持

---

〔1〕 郭宇晨：《双碳目标背景下的企业 ESG 信息披露：实践与思考》，载《太原学院学报（社会科学版）》2022 年第 2 期，第 30 页。

续发展原则对于处理国际环境与国际投资问题中的影响作用初见端倪。但这种端倪并不意味着国际社会意识到了环境问题的严重性，当现代环境问题不断恶化，人们才逐渐认识到了环境侵害所带来的严重后果，在国际社会对环境保护的密切关注持续提高之际，可持续发展理论才得以深入发展。在20世纪60年代，伴随着国际投资的迅速发展，严重的环境侵害事件在其投资活动地时有发生，环境问题逐渐成了社会各界所共同关注的一个时代问题，国际社会围绕着环境与投资问题展开了激烈的讨论。直到20世纪70年代末，国际社会就环境问题基本达成了较为统一的结论，即随着经济社会的快速与持续发展，环境问题频发，基于社会发展对自然环境以及自然资源的依赖性，需要及时对发展方式进行调整和转变，以保证经济可以持续不断地发展下去。可持续发展理论并非由学者主动探索而来，而是在国际投资活动造成的环境公害等事件的恶劣影响下应运而生的。

由此，1972年联合国于斯德哥尔摩召开了人类环境会议，该会议的顺利召开意味着国际社会对环境与发展之间的关系有了更为深刻的崭新认识。会议通过了《联合国人类环境会议宣言》（又称《斯德哥尔摩宣言》），虽然没有明确提出可持续发展的理念，但要求世界各国不可对可更新的自然资源实行枯竭性使用，显示出了将发展与环境相联系的考量。首次提出"可持续发展"一词的国际文件是《世界自然资源保护大纲》，这一文件由国际自然与自然资源保护同盟于1980年发布，但该文件仅提出了"可持续发展"这一用语却未对其进一步阐释。直到1987年，世界环境与发展委员会发表的研究报告《我们共同的未来》（又称《布伦特兰报告》）才对"可持续发展"一词正式予以解释。其对"可持续发展"的阐述为："既满足当代人的需要，又不损害满足后代人需求的能力的发展。"《我们共同的未来》这一报告更为突出的贡献是将可持续发展上升到原则与战略的高度，并经由第42届联合国大会所确认，从而在国际层面推动了世界各国（尤其是发展中国家）对可持续发展观的接纳，促进了环境保护方面的国际合作的达成[1]。

1992年联合国环境与发展大会完整地提出了可持续发展理论，并在可持续发展理论指导下对制定国际环境保护政策和提高环境保护水平达成了共识，标志着由跨国环境公害等事件引发的环境问题大讨论取得了阶段性

---

〔1〕 林灿铃等：《国际环境法的产生与发展》，人民法院出版社2006年版，第114~117页。

的成果。会议上公布的《里约环境与发展宣言》（简称《里约宣言》）指出："在可持续发展问题中人类处于主体地位，应当享有以自身与自然相和谐的方式过健康而富足的生活的权利。"大会还通过了《21世纪议程》。其中指出："投资对于保证发展中国家通过可持续的方式获得经济增长，用以满足人民的基本生活需求并改善人民的福祉极为重要。这种投资来源于国内与国际的财政资源，而财政资源又来源于外来投资与境外资本回转，但财政资源不能以损耗和破坏发展所依靠的自然资源来换取。"该文件明确了可持续发展与发展、发展与投资的关系，强调可持续发展为投资带来了挑战。

在此之后，可持续发展理论迅速为社会所接受，并被诸多国际性文件所采纳，进入了主动的发展时期。2002年，联合国召开可持续发展世界首脑会议，在会议报告的附件《执行计划》中指出"有利的投资环境""法治"以及"环境、社会和经济政策"是可持续性发展的基础，并且提出全球化为资本流动、对外投资等带来了全新的机遇。面对这种机遇与挑战并存的局面，拥护可持续发展观念的国家应及时采取行动在各个层面不断深入推进平等、开放、可预测、非歧视且有章可循的多边贸易、投资与金融体系。为了促进日益增长的国际投资遵守可持续发展原则，UNCTAD先后于2012年和2014年制定了《可持续发展投资政策框架》以及《为可持续发展目标的投资行动计划》，引导更多的国家在可持续发展理论的基础上进行国际投资条约的谈判，或对现有的国际投资保护条款进行改革，力图以可持续发展理论指引投资者的海外投资活动向绿色化发展。

第二，可持续发展理论具体揭示了企业忽视环境责任的承担所造成的影响。可持续发展原则逐渐从一项环境法中的基本原则扩展为国际经济法乃至整个国际法的一项基本原则，[1]进而真正对企业的环境责任的承担发挥积极的促进作用。对于可持续发展尚未出现权威性的定义，但对可持续发展最为广泛的定论是："既可以满足当代人的需要，又不损害后代满足其需求的能力。"根据国际法委员会的分析，这一概念的内涵包括发展中国家与发达国家良性互动的经济发展、自然资源的持续使用、公众参与和尊重人权、对环境

---

〔1〕 参见何志鹏：《国际经济法与可持续发展》，载《法商研究》2004年第4期；唐盛：《国际经济法中的可持续发展原则研究——从环境与贸易的视角》，载《法制博览》2016年第14期。

与发展的共同关注。[1]

具体而言，可持续发展的基本内涵由以下三点构成：第一，发展的公平性。可持续发展的公平性强调人类在占有财富和分配资源上的时空公平。这种时空公平主要包括两个方面：代内公平与代际公平。其中代内公平是指同一代际内的全部人类，无论其在国籍、种族、性别、经济发展水平、文化背景等方面的差异，在利用自然资源与享受良好环境方面均享有平等的权利；代际公平则要求本代人的发展不能对后代人的发展能力造成损害，以保证后代人可以利用自然资源进一步谋求发展的权利。第二，发展的可持续性。发展的可持续性至少包括社会持续性、经济持续性和生态持续性三个方面。社会持续性指导社会形式的正确发展，是可持续发展的目标。其要求提高人类生活水平、促进技术与知识的增长，实现人类的持续发展。经济持续性是指经济增长不能超越资源与环境的承载能力，这样可以延续的经济增长过程是符合人类持续发展要求的。经济持续性要求对经济增长的目的与方式进行重新审视，以对可持续发展进行引导，是可持续发展的核心。生态持续性要求生态系统秩序完整且良性循环，是可持续发展的前提条件。可持续发展以生态持续性为前提、以经济持续性为核心、以社会持续性为目标，唤醒环境意识、引导技术变革，促使全社会共同致力于环境利益与经济利益的协调与平衡，自觉约束自身行为。第三，发展的共同性。这既包含各国发展的共同性又包含环境与发展的一体化。各国发展的共同性要求，虽然各个国家不同的发展水平、历史沿革和文化背景差异导致实施可持续发展的政策和目标的步骤不能完全相同，但是各国在可持续发展进程中要采取共同的行动。这是由全球自然资源的有限性和整体性所决定的，各国需要将发展与环境保护相结合，正确认识发展对于自然资源与环境的依存性。而环境与发展一体化要求各国在制定政策法规和与经济发展相关的其他计划时，同时考虑经济发展与环境保护两方面的需求，平衡两者的关系，[2]促进环境与发展相互支撑、协调统一。

---

〔1〕 H. Kamal, "Searching for the Contours of International Law in the Field of Sustainable Development", "Report of International Law Association", New Delhi Conference (2002), Legal Aspects of Sustainable Development, 2002, p. 6.

〔2〕 刘传哲、张彤、陈慧莹：《环境规制对企业绿色投资的门槛效应及异质性研究》，载《金融发展研究》2019 年第 6 期，第 66~67 页。

因此，尽管目前可持续发展原则尚没有被具有法律拘束力的国际法渊源进行界定，但是我们可以总结出可持续发展理论的两个最基本的要点：第一，强调人类具有追求生存、生活与发展的权利，但这种权利的行使不能以破坏生态环境和耗竭自然资源的方式进行，而应以与自然和谐共处的方式谋求；第二，强调当代人对于当代社会经济发展的追求，不能以消耗后代人的发展基础这种自私、片面的方式进行，而应尽力保证为后代人留有平等的发展机会与同等的环境与资源基础。[1]可持续的自然资源与生态环境是人类社会发展的前提和基础。在国际投资活动中，企业是环境与资源的主要消耗者，其是否认真履行环境责任将直接关系到全球经济的可持续发展能否实现。目前，由于企业的环境责任的规制不足使得其怠于履行环境责任，其后果是对环境造成了严重的不利影响，损害了资源与环境的可持续性，破坏了经济与社会发展的根本基础。然而，市场主体均具有逐利性的特点，这种特性使得中国海外投资的企业很难积极、主动地承担环境责任，这就需要以可持续发展理论对企业承担环境责任加以引导。

（二）公平责任理论促进企业环境责任的合理化分配

可持续发展理论要求国际投资活动中的不同主体要共同致力于环境保护、承担环境责任，而公平责任理论还要求不同主体和同类主体承担共同但有区别的环境责任。依据公平责任理论，世界各国、社会组织等应当在公平的基础上，根据各自的能力、依据共同但有区别的原则，为当代和后代人类的共同利益保护生态环境，本着公平的精神处理环境问题。公平责任理论不仅强调形式上的公平，更强调实质上的公平。基于公平责任理论，不同主体之间应当承担共同但有差别的环境责任似乎已经成为共识，但值得注意的是由于生态环境区域间差别和同类主体区域内差别的存在，同类主体在环境利益分配和环境风险分担上常常并不公平。所以，我们应当树立一种新型的平等观，这种平等观并不单纯以地域或环境污染排放量为标准，而是从历史角度、现实角度综合考虑同类主体的责任承担。这种方式可以有效地平衡投资者、东道国与母国三者的环境责任分配。公平分配环境责任具有相互性和互惠性，不但可以提高企业的形象，而且可以促使各类主体共同致力于全球的环境质量的改善、生态资源的提升利用，继而使国际社会获得长远发展。

---

[1] 吕忠梅主编：《环境资源法》，中国政法大学出版社1999年版，第28页。

在不同国家和地区之间，因经济发展水平不均衡、国际投资类型的差异以及生态环境脆弱程度的不同，其环境问题的产生原因和后果存在区别。《斯德哥尔摩宣言》将环境问题大致分为两类：一是发展中国家因发展不足导致的环境问题；二是发达国家因发展过度造成的环境问题。1992 年，在《斯德哥尔摩宣言》的基础上，联合国环境和发展大会在《里约宣言》中，根据在环境问题制造上发展中国家和发达国家的不同责任，提出了公平责任这一概念并明确提出："鉴于全球环境问题的影响因素具有差异，面对环境问题时各国应承担共同但有区别的环境责任。"大会通过的另一份公约，即《联合国气候变化框架公约》也指出："各缔约方为了保护当代与后代人的利益，应当在公平责任的基础上，根据各方能力、依据共同但有区别的原则保护气候系统。"在国际法层面规定共同但有区别的环境责任的公约与文件构成了各国秉承公平精神解决全球环境问题的基础。

公平责任的实质是对公平的观念的反映，是极为抽象的一种理念层面的责任。[1]公平的理念看似通俗易懂，却很难被准确理解与总结。美国学者约翰·罗尔斯曾试图在其著述中对公平理念作出系统阐述："构成公平的正义是由许许多多的意识组成的，这些正义最终汇集成整体性的'基本理念'。其中最核心的理念是'社会合作理念'，即认为社会是一个世代相继的公平的社会合作体系，这一理念具有如下三个特征：其一，社会合作不是由某些权威命令所协调的社会活动，而是由程序和规则所指导的社会活动，而这些程序和规则需要为公众所承认并调节他们之间的合作；其二，该合作包含了公平的理念，即公众对于这些程序与规则在理性分析后普遍接受，那么所有人均需要依据这些程序和规则的要求行使权力并履行责任；其三，该理念包含了所有社会公众的合理利益期待与良善的观点，相互合作的社会公众依据其合理利益期待和良善的观点必有其一致的追求，这些追求规定于理念之中。"[2]

基于约翰·罗尔斯的观点，生态环境的保护和环境责任的承担是一种社会合作，这种社会合作需要包含公平的合作条款并考虑每个参与者的合理利益。此外，环境资源的有限性决定了在对资源利益进行分配时要考虑到不同

---

〔1〕 郑少华：《生态主义法哲学》，法律出版社 2002 年版，第 193 页。

〔2〕 〔美〕约翰·罗尔斯：《作为公平的正义——正义新论》，姚大志译，上海三联书店 2002 年版，第 7 页。

主体的需求，在保护生态环境的要求下应尽可能保证人与自然之间的和谐和人与人之间的公平，以达到环境公平的要求。法国著名环境法学者亚历山大·基斯对环境公平的概念进行了概括："其一，环境公平要求在分配环境利益时要达到当代人之间的公平；其二，环境公平主张环境利益分配要达到当代人与未来人之间的公平；其三，环境公平主张环境利益分配要达到人类与其他生物的物种之间的公平。"[1]同样，国内也有学者归纳了关于环境公平的三个问题，即人类生存依赖的自然资源分配的代内公平问题、代际公平问题以及种际公平问题。[2]

基于人类社会的共识，任何主体都需要对自身行为所产生的影响承担相应的责任，既然企业作为社会主体之一对环境造成了消极影响，那么其就必然应该对其行为承担相应的环境保护责任。

第一，作为发达国家在经济全球化中进行海外投资的主力军，在致力于在全球范围内进行资本扩张之余，海外投资企业也应该对其所造成的环境问题加以考虑，并对此承担相应的社会责任。在世界历史的发展进程中，发展中国家是国际投资造成的环境损耗的主要承担者。海外投资企业在发达国家向发展中国家转移污染的历史进程中扮演着极为重要的角色，其投资和参与了诸多严重污染与高环境风险的企业，是碳、氯、氟的主要消费者与生产者，占全球温室气体排放总量的比重较高，对气候环境造成了严重的影响。[3]

海外投资企业对全球环境与生态所造成的破坏与污染，主要有四种方式：其一，将污染密集型企业由发达国家向发展中国家转移；其二，大型采矿企业的非可持续性扩张；其三，发达国家"结构调整计划"推动的外部自由化政策使得发展中国家加大原材料出口；其四，向发展中国家大量出口洋垃圾。在国际投资的活动中，东道国环境利益损害很难得到补偿。这是因为商品价格将环境成本包含在内，由于企业在国际投资活动中消耗了东道国大量的环境资源，其就资源支付的对价并不包括对环境破坏的修复与赔偿。由此可见，其环境成本是以损害东道国环境为代价而产生的，而企业并未将环境损害的相应成本支付于东道国，从而造成东道国政府为企业环境侵害买单的结果，

---

〔1〕　[法] 亚历山大·基斯：《国际环境法》，张若思编译，法律出版社2000年版。

〔2〕　郑少华：《生态主义法哲学》，法律出版社2002年版。

〔3〕　参见《联合国1992年世界投资报告——跨国公司：经济增长的引擎》。

这种结果显然不符合公平的理念。在环境公平理念之下，地球作为一个世代相继、整体统一的环境载体，所有当代与后代主体都公平地享有自然资源与依赖生态环境的权利，对于这一公平原则的违反必须承担相应责任。为了环境责任的公平承担，企业应对其在国际投资活动中对东道国环境所造成的损害承担环境责任。同样，基于责任公平的视角，企业对其在东道国所造成的环境损害应以相应的获利为限，不应过分扩大也不应仅以子企业财产为限，从而使其获利和责任相互匹配。

第二，由于全球生态环境的整体性，各国都负有共同的环境责任，但是不同的国家维护环境的实际能力是有差距的，海外投资企业承担环境责任的能力相对较高。由于发达国家在工业化中提升了经济实力，对自然环境的破坏程度也较发展中国家更高，所以在确定各国共同环境责任之前要依据不同国家的实际投资情况对其责任加以区分。基于公平责任理论，应对如下几个因素予以考虑：①环境损害的造成原因。所谓"谁污染，谁治理"，在长达二百余年的工业化进程中，环境损害在很大程度上是由发达国家及其投资者采取大量消耗自然资源、大量排放污染物的生产方式造成的。②对环境损害进行预防的受益国。如果能在国际投资活动中对环境损害进行有效预防，或对环境损害进行有效治理，这种有利结果的主要受益国对于该区域的环境维护应当付出更多努力。③国际社会不同主体之间经济实力和经济承受能力的差别。经济承受能力和经济实力较高的国家可相应承担更多的环境责任，而发达国家的经济实力与经济承受能力则明显高于发展中国家。海外投资企业作为发达国家国际投资活动的主力军必然要遵循公平责任理论，按照共同但有区别的原则承担环境责任。

（三）企业社会责任理论促进环境责任制度供给增长

从宏观视角来看，可持续发展理论和公平责任理论为企业环境责任的承担奠定了基础；从微观视角来看，企业社会责任理论对企业承担环境责任作出了更为具体的要求。第二次世界大战之后，随着各国的经济复苏与相互扶持，海外投资的数量与规模在20世纪70年代之后快速提高。在推动经济全球化与投资自由化发展、拉动世界经济增长的同时，其迅速扩张也在全球范围内造成了越来越多的政治干预、劳动剥削、环境污染等社会问题，国际社会逐渐出现要求相关企业对此承担相应社会责任的呼声。基于这种新问题的产生，企业的环境等社会责任研究不应再依附于对社会责任的整体研究，而是需要作为新的独立研究对象进行探讨。由于国际投资的经济方式具有跨国性，在要求与规制其所应承担的环境责任时与国内规制区别显著。当然，这一特点也提升了法律规制的难度。企业承担社会责任的理论基础之一是企业社会责任（Corporate Social Responsibility，CSR）理论。所以，在对企业的环境责任含义进行分析，对企业环境责任承担的相关问题进行研究之前，我们首先需要对企业社会责任的理论和相关定义进行了解，以便为其后探讨企业环境责任理清思路。

在理论层面，企业社会责任的关注对象是投资者，从这一角度强调了企业应承担的社会责任，在企业的投资或者经营行为对人权、社会、道德、环境等公共利益造成侵害时，需要承担相应的赔偿义务。积极研究、推动企业社会责任并促使其最终形成理论的学者之一是霍华德·鲍恩。1953 年，霍华德·鲍恩在其名为《商人的社会责任》的著作中首次提出了企业需要承担社会责任的论调。书中指出了企业社会责任的含义，即企业具有一种职责与义务，要求企业以有利于社会价值观与整体目标实现的原则为指导从事经营行为、制定政策、拟定目标的活动。但企业社会责任的定义至今没有统一，如欧盟将企业社会责任明确为："企业社会责任要求本着自愿原则，企业可以将对社会与环境的关注投注到处理利益相关者关系与企业商业运作之中。"世界银行将企业社会责任定义为："企业社会责任可以被认为是企业对其利益相关者的一种承诺，这种承诺集合了体现遵纪守法、尊重环境、可持续发展等价值观的政策和实践。"1991 年，知名学者卡罗尔提出了关于企业社会责任的金字塔理论，该理论所认定的企业社会责任内涵是指，在某一特定时期内，企业被社会给予了某种期望，在这种期望中包含了慈善、经济、伦理、法律的期待，相应的企业应担负经济责任、法律责任、伦理责任和慈善责任。[1]

在国内层面，企业社会责任的目的是通过要求海外投资企业在追求企业利益与股东利益最大化的同时，还需要关注其他利益相关者的利益，最终实现社会的可持续发展。随着中国"一带一路"的发展布局，海外投资企业除却环境责任值得关注以外，其所伴随的劳动力跨境流动问题也值得关注，由环境污染导致的劳动力损害和人权问题屡见不鲜。企业社会责任既强调对社会应承担的义务与责任，又强调在履行社会责任的过程中实现社会与企业的

---

〔1〕　陈英：《企业社会责任理论与实践》，经济管理出版社 2009 年版，第 5 页。

互惠互利，既要求将经营目标与企业社会责任相统一，又要求把发展战略与企业社会责任相结合。承担企业社会责任并不意味着为了面对社会压力、防止社会舆论而被动地增加企业负担、牺牲企业利益，而是希望通过在企业最为核心的发展战略中纳入企业社会责任，促进企业社会责任承担，达到对经济与社会发展的双重促进作用，从而实现企业与社会的双赢。[1]

在国际层面，企业社会责任规制伴随着联合国"全球契约"计划和环境管理体系标准的向前推动，促进企业社会责任发展。时任联合国秘书长安南在 1995 年举行的世界社会发展首脑会议上首次提出了"全球契约""社会规则"的相关设想。次年，国际标准化组织（International Organization for Standardization, ISO）推出了保护人类环境的 ISO14000 环境管理体系标准。该标准希望通过建立一项国际通行的、符合各国环境法律法规的环境管理标准，规范各国企业的环境保护行为，以促进全球环境质量改善保证世界贸易公平的目的。该标准是帮助企业控制环境影响、提高环境表现的有力工具。1997 年社会责任国际（Social Accountability International, SAI）发布了根据《世界人权宣言》《联合国儿童权利公约》和国际劳工组织公约制定的有关工作条件的社会责任标准（Social Accountability 8000, 简称 SA8000），是全球第一个适用于不同行业的企业的、可用于第三方认证的社会责任标准。其后，在 1999 年的达沃斯世界经济论坛上，联合国秘书长正式提出了"全球契约"计划。该计划于 2000 年 7 月在联合国总部正式启动，这一计划的启动被称为"历史上在企业责任和领导能力议题上最大型和最重要的事件"。2007 年联合国全球契约会议通过了《日内瓦宣言》和其制定的 10 项国际企业社会责任准则。"全球契约"的 10 项基本原则源自《世界人权宣言》《关于工作中的基本原则和权利宣言》《里约宣言》及《21 世纪议程》，在环境方面明确要求企业应对环境问题要未雨绸缪，发展与推广环境友好技术，主动提高环境保护观念、承担环境保护责任。2010 年 ISO 发布的 ISO26000《社会责任指南》将社会责任（social responsibility）定义为："各类组织应以道德和透明的行为为其行动和决策给环境带来的影响承担相应责任。这些行为应将人类健康、社会福祉和利益相关者的期望考虑其中，符合可持续发展原则，符合国际规范与法律的

---

[1] E. P. Michael and R. K. Mark, "Strategy and Society: The Link Between Competitive Advantage and Corporate Social Responsibility", available at http://www.hbr.org.

规定，将这些规定融入组织决策之中，并于各种关系之中践行。"

伴随着经济全球化节奏的不断加快，国际投资活动与金融、贸易等活动的联系更加紧密，国际投资规则体系不断向多元化发展。因此，在企业环境责任规制中，势必要求在国际投资协定中纳入除却投资以外的内容，诸如知识产权、劳工权益与环境保护等。其中，环境保护及环境标准受到了社会各界的广泛关注，这些关注反映在环境制度方面就是环境制度供给的增长。制度需求引发了制度的生产，从而提高了制度供给。就国际投资协定中的环境制度而言，其制度供给至少受两方面的影响：其一，现有知识积累和科学知识进步。随着二者的增加，制度设计会更加全面，制度发展的成本也将逐步降低。[1]国际投资协定中环境条款的纳入伴随着环境意识的觉醒与环境科学的发展，人们为此不断完善环境制度设计，这是对环境制度需求的回应。其二，上层决策者的净利益。国家和地区的集权程度越高，上层决策者的净利益对制度供给起到的作用越大。[2]在国际投资活动中，随着环境污染的加剧，跨国环境诉讼数量急剧增加。不论是资本输出国还是输入国，为了降低环境成本，对于制定相对统一的环境标准与环境条款均逐步形成合意，因此环境制度供给增长符合决策者利益。

由于早期环境制度供给的不足，跨国环境侵害事件触目惊心，随着可持续发展观的深入人心，环境制度需求不断增加，环境制度供给不断增长。制度存在的必然性与合理性在于其是为了均衡制度需求与制度供给所达到的结果。制度均衡实质上是指制度达到了"帕累托最优"，但制度的非均衡才是常态。正是制度非均衡的这种常态导致了制度的不断变迁，不断出现的潜在利润促使人们寻求制度创新。[3]企业社会责任理论的发展与创新反映在国际投资制度方面，可以在国际投资协定中窥见一斑。

三、性质界定：提倡责任投资、弘扬可持续发展的投资方法论

国际投资活动是一项以追求经济利益为出发点的跨国经济活动，作为投

---

〔1〕　[美] R. 科斯等：《财产权利与制度变迁：产权学派与新制度学派译文集》，上海三联书店、上海人民出版社 1991 年版，第 336 页。

〔2〕　[美] V. 奥斯特罗姆、D. 菲尼、H. 皮希特编：《制度分析与发展的反思——问题与抉择》，王诚等译，商务印书馆 1992 年版，第 155 页。

〔3〕　卢现祥主编：《新制度经济学》，武汉大学出版社 2011 年版，第 180~181 页。

资者的海外投资企业需要在企业环境理论的指导下开展活动，从而做到在追求经济利益的同时得以兼顾环境利益。[1]可持续发展理论提出的基础是基于地球是全球所共有的一个有机整体，而海洋、土壤、大气等生命体的状态决定了地球自然环境的健康。基于公平责任理论，和环境与资源的共有性相同，环境污染所引发的全球生态危机也需要全人类共同面对，其责任承担强调公平性。企业社会责任理论认为，为了共同的环境利益，应在发展的同时在环境保护与生态资源开发、利用与管制方面达成合意并开展国际合作。因此，作为国际社会经济发展主要动力的企业主体必须认识到地球环境的整体性及其与发展之间的相互依赖性，积极投身到全球的环境保护行动中，在国际投资活动中守住生态红线和环境底线，以环境友好型技术在生态环境的承受范围内利用自然、改造自然，以环境法律责任为框架主动约束自身行为，进而实现环境与发展的互惠共生，促进可持续发展的实现。[2]

企业环境责任的内涵糅合了三种基本理论，要求企业在创造利润、对股东和员工承担法律责任的同时，还要承担环境的责任，是一种提倡责任投资、弘扬可持续发展的投资方法论。其不仅体现在环境相关国际文件中，还体现在《建立国际经济新秩序宣言》及《行动纲领》《各国经济权利和义务宪章》《越界情况的环境影响评价公约》等重要国际条约和文件中，这说明企业环境责任已经突破了环境领域，已经被诸多社会领域所重视，引起了各类国际组织的共同关注，甚至对国际法体系的构建产生了巨大影响。环境破坏与环境保护问题催生了大批首创性法律，这些法律最终成了国际法的组成部分。[3]受这些法律所约束的主体不仅包括国家，也包括海外投资企业等其他非政府行为主体，因此这些法律的完善与否与国际投资活动的责任化、可持续性息息相关。

首先，需要减少投资自由化对环境政策空间造成的挤压，促使企业承担环境责任。目前，在投资领域依然是以保护投资自由化为主要的趋势，[4]对与可持续发展息息相关的投资行为的可持续性关注较少。企业环境则并非片

---

〔1〕 张庆麟主编：《公共利益视野下的国际投资协定新发展》，中国社会科学出版社 2014 年版，第 116~117 页。

〔2〕 林灿铃等：《国际环境法理论与实践》，知识产权出版社 2008 年版，第 268 页。

〔3〕 张弛：《论可持续发展原则与国际法》，载《求索》2011 年第 11 期，第 161 页。

〔4〕 陈安主编：《国际经济法论丛》（第 6 卷），法律出版社 2002 年版，第 242~266 页。

面强调环境保护，而是主张在环境保护与经济发展的关系中寻求一个平衡点，既不过多限制投资自由也不过度挤压环境政策空间。投资自由化对于经济发展的巨大推动作用有目共睹，这种即期的、私人的、现实的投资利益使人们选择忽视作为发展代价的远期的、公共的、概念性的环境利益。但随着海外投资企业所造成的环境公害事件的严重后果被公之于众，人们意识到环境利益并非虚无缥缈，而是影响着每一个人甚至每一代人的切身利益。然而，作为首要的国际投资主体，企业基于利益驱使往往选择利用其强大的经济实力和相应的政治影响力，对东道国的市场与政策进行渗透与操控，将投资自由化投注于与东道国签订的每一份国际投资协定。这种渗透与操控当然需要东道国的相应配合，而迎合投资自由化的结果就是以牺牲东道国环境政策空间为代价。基于投资自由化的推行，对投资行为进行规制的国际投资协定甚少为企业设置环境义务，而是赋予其诸多投资相关的权利，造成权利与义务的严重失衡，从而与东道国尤其是作为发展中国家的东道国的环境目标与公共利益冲突频发。[1]企业为了最大限度地满足私人利益的追求，不断影响着东道国政府决策的作出，通过多种渠道对东道国政府施压，致使东道国的政策与法律很难体现其对可持续发展的努力。与此同时，投资者对东道国的污染转移、资源掠夺不断践踏东道国的环境标准与底线，此举在损害东道国环境公共利益的同时，也损害了人类社会的共同利益，有悖于可持续发展原则的要求。

其次，从企业的长远发展战略来看，企业环境责任理论的精神与其经营目的应当是一致的。如果企业在国际投资活动中造成了对东道国的生态环境与自然资源严重的破坏，引发了东道国国民与政府的高度关注，进而从政策和法律制度层面逐步对企业施加多种管控，这将与投资自由化的理念相悖，势必会对投资利益造成影响。在承受社会各界投注的环境保护压力时，为了保证企业的长远发展与投资的顺利推进，必须正视其所造成的环境危害，就东道国对环境公共利益的追求作出积极回应。这种回应应以可持续发展原则为指导，以不损害社会利益为出发点，在企业战略的高度纳入环境要素的考量，从而赢得社会各界的认可与尊重以利于国际投资合作的开展。依据可持续发展理论所要求的代内公平和代际公平，不同代际的公民以及不同身份背

---

〔1〕　刘笋：《WTO 法律规则体系对国际投资法的影响》，中国法制出版社 2001 年版，第 37 页。

景的公民，在使用与享有生态环境与自然资源的权利方面应当具有平等性。基于这种平等性要求，企业应在国际投资中约束投资行为，以担负环境责任的正面形象去主动承担，较之被动承担由环境侵害所造成的不利后果更为理性与明智。除了将可持续发展观纳入企业战略的具体制度，企业还应在企业文化中展现可持续发展，从意识层面树立正确的价值取向，指引、激励投资活动与经营行为的转变。[1]

再次，企业环境责任理论为企业的环境责任承担指引了具体方向。进入20世纪以来，国际投资总量和海外投资企业数量迅猛增长，推动了经济全球化的进程成为世界经济发展的新潮流。2002年国际法协会（International Law Association，ILA）的可持续发展委员会发布了《与可持续发展相关的国际法原则的新德里宣言》（简称《新德里宣言》）。该宣言首次明确提出了需要遵循的七项可持续发展原则：第一，各国确保可持续性自然资源利用义务原则；第二，公平原则与消除贫困；第三，共同但有区别原则；第四，采用预防生态环境、自然资源风险的方法原则；第五，公众参与、获取信息和司法救济原则；第六，善治原则；第七，一体化与相互联系原则。就《新德里宣言》提出的七项原则而言，其已经对可持续发展从国际法的角度作出了较为全面的概括。从代内公平的角度来看，责任划分可以依据共同但有区别原则，当东道国是发展中国家，而母国为发达国家时，应当根据各方具体经济实力的强弱情况适当调整各国义务，同时为企业设置明确的环境责任和义务，督促企业进行负责任的投资；从代际公平的视角来看，企业应当履行风险预防的义务，对国际投资活动对环境与社会可能造成的影响先行评估，将投资行为带来的负面影响尽可能降低并加以预防。

最后，中国在规制本国海外投资行为时，应遵循企业环境责任理论的指导。《新德里宣言》为作为发展中国家的东道国争取了一定的环境政策空间，中国作为发展中国家与世界第二大经济体有责任贯彻落实《新德里宣言》中的七项原则。从2001年中国加入世界贸易组织（The World Trade Organization，WTO）到现在，海外投资企业成了中国经济中的重要经济主体，拉动了中国经济的高速增长，成为中国经济发展的积极要素。但同时，我们更应清楚地看到，在国际投资繁荣发展的同时所带来的生态环境问题，充分重视可持续发展的价值

---

〔1〕 张晓君：《跨国公司的环境法律责任缘起》，载《甘肃社会科学》2004年第6期，第175页。

实现。随着中国经济的迅猛发展和"丝绸之路经济带"与"一带一路"倡议的提出，中国在国际投资舞台上的身份从单纯的资本输入国转变为兼具资本输入国与资本输出国双重身份。因此，如何在国际投资活动中贯彻可持续发展理念，如何在国际投资协定谈判中纳入可持续发展理论，成了中国进行海外投资时需要思考的问题。为了平衡投资与环境的关系，包括中国在内的诸多国家在国际投资规则的制定中愈加注重环境制度的设计，[1]环境制度供给不断增长。

第二节 企业环境责任的功能认知

企业环境责任具有规范、引导与协同各国责任的功能。环境问题是全球各国所共同面临的问题，解决环境问题仅仅依靠某些国家的力量是远远不够的，应当将环境问题放置于全球合作与区域合作的国际层面号召各国一同解决。基于全球社会合作的理念，人类社会由每一个现存国家所组成，在环境问题这一全球性社会问题面前，不论是发达国家还是发展中国家，在合作治理方面都应毫不推卸地担负起相应责任。一方面，在以企业为载体的国际投资活动中，资本输出国所获得的经济利益大部分是以破坏作为东道国的资本输入国的环境为代价所换取的。另一方面，资本输入国由于技术落后、经济实力薄弱、生态环境脆弱等原因，在环境问题的预防与治理方面需要寻求资本输出国的帮助与合作。在"一带一路"倡议背景下，各国发展的差异化要求国际投资活动的全面化，不论其是发达国家还是发展中国家，各国及其投资者均应在海外投资中承担环境责任。

一、企业环境责任的规范功能

在国际投资中，企业往往只计算直接影响商业利益的成本和收益，忽视由其投资活动造成的社会环境成本，甚至将其外部化转移给公众和未来。因此，单个市场实体的成本和收益与社会成本和收益非常不一致，导致了所谓的"外部不经济"。让企业承担环境社会责任，就是让企业将其经营活动产生

---

〔1〕 王光、卢进勇：《国际投资规则新变化对我国企业"走出去"的影响及对策》，载《国际贸易》2016年第12期，第46~49页。

的环境成本内部化。环境社会责任是基于环境法律法规规定的强制性环境义务。这些义务的设定是为了将企业的行为限制在合理的范围内，即合理利用环境资源。企业违反法定义务，将受到负面法律评价，并承担相应的法律后果，其义务和责任的内容和方法应围绕企业外部化环境成本的不同方式而确定。

为了实现企业的规范功能，企业环境竞争力的衡量被用作一种工具。环境责任法规和 ESG 投资标准都要求企业在节约资源和保护环境方面承担社会责任。换言之，企业必须在经济价值观的指导下改变现行的企业管理模式，通过管理层理念改进[1]实施环境管理，使其经济行为与自然环境和社会环境的发展相协调。[2]环境管理重视经济社会发展与生态环境的协调，以实现健康可持续发展的目标。追求海外投资利润不再是企业的唯一目标，而是企业健康可持续发展的基础。企业活动和生存所依赖的生态系统应该是其发展和追求的最基本目标之一。因此，加强国际投资环境管理体系建设也是十分必要的。环境管理体系是企业环境管理行为的系统化、完整化、规范化表达，有利于高效、合理地系统规范企业的环境行为，有利于实现企业对社会的环境承诺，确保环境承诺和环境行为活动所需的资源投入和有效措施；通过循环反馈保持企业环境管理体系的动态优化。企业运营环境管理体系能给企业带来的好处如下：其一，控制运营成本和环境风险。通过海外投资对资源的综合利用和产品附加值的增加，可以控制企业的制造成本、有效降低环境风险。其二，提升企业形象。公司通过树立良好的环境形象，实现了企业效益、投资效益和社会责任的全面提升。

对于社会外部的规范功能，以环境标准为工具。其一，全面实施环境管理系列标准的目的是从经济发展与环境管理的结合上规范企业以及社会组织等所有组织的环境行为，以最大限度地合理节约和合理配置资源，降低人类活动对环境造成的影响，通过在全球范围内实施标准，维护并改善人类生存和发展所依赖的环境。环境标准的实施为企业的环境管理提供了相应的规范，使企业的环境管理程序更加规范化，成为约束企业环境行为的有效机制，有

〔1〕 G. Kannan et al. , "Drivers and Value-relevance of CSR Performance in the Logistics Sector: A Cross-country Firm-level Investigation", *International Journal of Production Economics*, 2021（10）, pp. 1~14.

〔2〕 F. Christian, C. Vanessa and R. Joan, "Sanchis The Common Good Balance Sheet, an Adequate Tool to Capture Non-Financials?", *Sustainability*, 2019（11）, p. 23.

利于企业实现环境优先、综合管理、污染预防和全过程控制的持续改进。其二，健全环境信息披露制度。通过给予企业环境保护的压力，要求企业进行环境信息披露，[1]以满足消费者、投资者、管理者等利益关系人对环境信息的需求，将环境保护与其经济利益结合起来，[2]从而降低企业经济活动对环境可能造成的不利影响并使得在国际环境政策制定时能够作出更为有效的决策。

对于政府规制的规范功能，以法律规范为工具。其一，对于企业环境责任的落实，政府部门应在宏观层面实施必要的监督。其监督的主要内容包括：绿色市场准入制度与绿色税收制度。各国政府可以通过对市场准入制度进行引导，促使企业承担起环境责任。对达到一定环境标准的海外投资才能予以核准，同时相关管理部门还可通过注册登记备案，从中整理出可供相关企业参考的资源循环利用的信息。对于税收法律制度，各国应按照环境资源有偿使用和污染者负担原则，通过对投资者征税制度的调整，迫使相关企业承担环境污染或破坏生态所造成的外部成本，促使他们从自身经济利益出发选择更加有利于保护环境资源的生产、经营方式，真正达到促进产业结构和资源配置向有利于环境保护的方向调整的目的。其二，国际经贸制度中已有不少关于企业环境责任方面的内容，明确表明企业应承担环境保护之责任，并为此后制定企业如何承担环境责任的具体措施奠定了基础，提供了指导思想。但是，这些法律规定尚存在：过于原则性、坚持末端治理的理念、可操作性不强及违反时应承担法律责任之不足等问题。因此，有必要通过健全法律法规，使更多的利益相关方参与到环境治理中来，使投资者能够真正体现社会整体的利益、维护市场经济的良性运行和健康发展。

二、企业环境责任的引导功能

究其根本，环境问题的出现是由共同追求经济发展过程中资本输出国与资本输入国的不当行为所导致的，要解决环境问题首先要促使资本输出国与资本输入国共同处理环境与发展问题，在资本输出国环境污染转移过程中起

---

〔1〕 冯果：《企业社会责任信息披露制度法律化路径探析》，载《社会科学研究》2020 年第 1 期，第 17 页。

〔2〕 E. Arrigo et al., "Followership Behavior and Corporate Social Responsibility Disclosure：Analysis and Implications for Sustainability Research", *Journal of Cleaner Production*, 2022（10），pp. 1~19.

到主要作用的海外投资企业必然要为此付出努力。在国际投资活动中，海外投资企业利用资本输入国的环境法律规范不完善、环境技术落后、投资准入标准低等漏洞向其转嫁污染。不但掠夺性开发利用资本输入国自然资源，还在生产中适用本国淘汰的落后技术，将不符合本国环境标准的产业转移到发展中国家。相反，在本国则发展技术先进、环境友好的绿色环保产业。在此过程中，企业贯穿始末，扮演了对资本输入国自然资源巧取豪夺的角色，集中体现了其所代表的资本输出国对经济利益的追求。因此企业对于相应环境法律责任的承担难辞其咎。

首先，企业环境责任不但要求国家与地区之间共同承担国际环境义务，履行国际环境责任，还要求东道国、母国与投资者在环境责任承担面前具有共同性。具体来说，在国际投资活动中，东道国和母国在国家管理中均负有环境保护的责任。就东道国而言，进行环境保护是国家在对投资活动进行管理过程中所应承担的义务。对于合格的投资，东道国有权在投资准入阶段提出环境方面的要求，并在履行要求与投资激励措施过程中纳入环境规则对海外投资企业的行为加以引导。而在投资准入后，作为企业的管理者，东道国有权依据国内的环境保护水平制定符合发展要求的环境法律，当企业的投资行为给东道国的生态环境带来影响和威胁时，东道国也有权对企业进行惩罚。同样，投资者母国对本国企业的资本输出行为也负有监管义务。在投资实践中，投资者的国际投资行为不符合环境权利保障或不符合国际通行环境标准要求时，母国有义务对投资者的投资行为加以干预。相应地，作为国际投资中主要投资者的海外投资企业要承担保障环境的责任。作为国际经济关系的主要参与者，海外投资企业具有巨大的政治影响力和强大的经济实力，其商业行为已经给环境保护带来了诸多负面影响。依据环境公平责任理论，海外投资企业在享受国际投资收益的同时要积极承担环境责任。

其次，企业环境责任的履行有利于国际投资协定等包含环境条款的国际规则得到全社会的广泛认可。在环境领域中，因为生态环境和自然资源的社会共同性，要想遏制环境污染、解决环境问题就必须开展国际合作，而依据公平责任理念，发展中国家和发达国家需要共同承担起应当承担的环境责任。虽然各主权国家的经济实力有强有弱，但是在国际社会中的地位应当是平等的，这是在全球范围内保证环境治理工作顺利开展的合作基础。良好的秩序需要制度来维护，为了在各国间维持良好的环境保护秩序，需要制订让各国认同并自愿遵守的国际规则，这些规则体现在投资方面就是国际投资协定。国际投资协定作为缔约方所应遵守的法律规范，其中的环境法律规则对全球环境治理意义重大。国家之间基于环境责任承担而出现的纠纷和矛盾，势必会影响国际环境法律规则的贯彻落实，这往往是由国际环境法律规则在确立时违背公平责任原则从而丧失合法性造成的。各国对于法律的信仰与认可对国际环境法律规则的执行而言意义重大，因此确保国际环境法律规则的合法性与公平性是使这些国际规则被执行、实施与遵守的前提。只有这样，国际投资协定中的环境规则才能最终发挥出预防环境损害与规范投资行为的意义和效果。为了彻底贯彻落实国际环境法律规则，在规则的制定中要坚持公平性与合法性。在确立与企业环境污染责任规制相关的法律规则时，国际组织和主权国家都必须严格遵守公平的环境责任理念，同时听取资本输出国与资本输入国的立法建议，防止出现资本输出国操纵国际环境法律规则制定的情况。

最后，企业环境责任的确立有利于协调国际投资协定不同主体间的利益。随着投资全球化与自由化的不断推进，各国的经济实力整体上有所提升，经济对社会、文化等领域的影响力越来越大，其在全球环境治理等政治层面问题的解决中也必将发挥至关重要的作用。在全球经济中，投资者是重要的组织实体，在全球化进程中其逐渐成了世界经济发展的主要参与者和推动者。投资者在国际投资活动中必然与诸多利益主体相互关联，不同主体之间的利益纠葛极为繁杂。海外投资企业经营范围的国际性特征导致其所造成的环境问题不限于某一国家或地区，而是同时影响多个国家或地区甚至在全球范围内造成环境影响。基于其利益主体的多元化和影响范围的跨区域性，海外投资企业造成的环境问题的解决方式必然会涉及多方利益的协调，因此此类环境问题的解决实际上是各方利益主体互相博弈的过程。通过这种博弈的过程满足各方主体利益，从而达成一个共同满意的结果，以利于各方切实履行由此产生的法律义务和环境责任。所以，要解决企业所造成的跨国环境污染问题，必须遵守企业环境责任的精神原则来制定环境相关法律规则，敦促所有投资主体对其加以遵守与执行。

三、企业环境责任的协同功能

企业环境责任还强调企业在承担环境责任方面的差别性，其差别性的存在是区域协同功能发挥的重要基础。在环境责任承担中应树立一种新型平等观,即要求发达国家与发展中国家承担不同的环境责任以显示公平。这里的公平不是形式上的公平,而是一种实质上的公平,这种公平要求发达国家的企业基于其环境侵害承担与之相应的环境责任。生态环境的整体性和人类命运的共同性是环境保护的终极价值目标,而国家和地区之间的环境利益矛盾为实现环境保护的终极目标设置了现实障碍。正因如此,国际社会在环境保护这一极具特殊性的问题上达成了共同但有区别的归责原则,既要求所有主体毫无例外地承担环境责任,又依据不同主体的综合能力将环境责任差异化。诚然,共同责任并不等于平均、相同责任这种简单形式上的等分,不能依据地域、行业、污染物排放等单一标准确定,而要根据各国的具体国情和对生态环境造成的实际影响来划分。因此,结合工业化发展进程中发达国家对环境与资源的破坏与损耗,综合各国的科技水平与综合国力,发达国家应承担比发展中国家更多的环境保护责任。[1]在"一带一路"共建国家,其主要表现为资本输出国与资本输入国的差异,资本输入国是资本输出国进行国际投资的主要载体,在企业的发展与经营过程中,资本输出国应当秉承差异化协同原则,对资本输入国承担起更多的环境法律责任。

第一,企业环境责任的共同性要求东道国、母国与投资者在环境责任承担面前具有共同性,而差别性要求东道国、母国与投资者在环境责任承担面前具有差别性。依据企业环境责任理论,将由企业环境污染导致的环境争议狭义地限定于东道国与投资者母国之间的纠纷,仅通过磋商等非强制性措施解决显然有失公平。因为大面积的环境污染对东道国的环境公共利益侵害严重,东道国有权加强对境内环境保护事务的日常监管。所以,在国际投资协定的环境条款制定中:一方面要强调资本输出国与资本输入国共同但有差别的环境责任,另一方面还要给予并适度提高资本输入国对环境问题的日常监管权力。[2]在全球化的时代,东道国与母国在国际投资中的影响力日渐衰弱,而投资者的自主性日益强大,因此投资者在其所造成的环境污染问题面前应承担较之东道国与其母国更重要的责任。国际上有关规制投资行为的

---

〔1〕 吕忠梅:《环境法新视野》,中国政法大学出版社 2000 年版,第 175 页。

〔2〕 韦灵伟:《论实质公平原则对中美投资协定的适用》,载《中国市场》2016 年第 13 期,第 47 页。

文件大多是自愿性的，国际投资协定直接规定投资者责任的实践还处于初步尝试阶段。由于环境保护是东道国、母国以及投资者的共同责任，所以在未来很长一段时间内，国家的法律法规与投资者的自我规制仍是相互补充的关系。投资者既是环境问题的主要制造者，也是环境治理的重要主体。企业的环境责任源于其法律责任与社会责任。法律与社会均期望企业在谋求自身利益及其股东利益的同时，兼顾当地环境保护的需要，从而协调投资与环境的关系。只有以差异化协同原则为指导，制定以兼顾环境公共利益与经济发展权利为根本宗旨的国际投资规则，才能真正促成资本输出国与资本输入国双赢局面的实现，为世界经济的良性发展提供保障，最终实现人与自然的和谐相处。

第二，不同的企业在环境责任承担中也应具有差别性。企业作为生态资源的开发利用者，分为同类型开发利用者与不同类型开发利用者。显然，由于不同类型开发利用者对自然资源的需求与损耗不同，对生态环境的破坏程度也不同，受其污染物排放和资源利用的影响，其所承担的环境责任应该具有差别性。但同类型开发利用者也不是简单相等的，一旦同类型开发利用者身处不同地域，即便是污染物排放相同、资源需求相同的开发利用者，其所应承担的环境责任也将随之变化，这是由不同地域的生态资源功能性、生态环境脆弱性、环境违法处罚标准等不尽相同造成的。在社会资源和社会财富配置不平等的情况下，为了实现环境正义所追求的价值目标，需要实行有差别的环境责任，继而才能实现人与人之间、人与环境之间真正意义上的和谐共生。[1]在工业化进程中，各国为了人类社会的经济发展与技术进步对生态环境和自然资源施加了沉重的负担，迄今为止，这些负担仍主要来自发达国家。因为环境意识的薄弱与环境监管的空白，资本输出国的企业在国际投资活动中造成的环境损害可谓触目惊心，其对全球的环境损害需要担负相应环境责任。而如何确定各个主体的责任，需要以适度、公平为指导。保证各个国家、地区和投资者在协商国际环境责任承担时，能够与各主体的环境损害范围、程度、经济承受能力以及科技发展水平相匹配，在环境污染预防与治理方面为各主体建立明确的环境责任预判，从而充分发挥环境条款对企业环

---

[1] 秘明杰、孙绪民：《环境正义视角下的差别生态责任初探》，载《齐鲁学刊》2015年第3期，第71页。

境责任的引导与规制作用。因此，为了完善国际投资协定中的企业环境责任，应当积极引导各国、各地区在国际投资协定协商与缔结时秉承公平环境责任的理念，使得环境条款发挥积极作用并得以被遵守与执行。

协同既是思想，又是理念，在制定企业环境责任法律规范时必须予以遵守和落实。全球环境治理法律体系仍处于非均衡状态，这必然导致环境规制不合理与不公平现象的存在。其主要表现为发展中国家和新兴经济体的环境公共利益诉求在环境法律规制中不能得到充分反映。从 21 世纪初开始，发展中国家和新兴经济体对全球经济增长的贡献率追赶、逼平甚至超越了发达国家，全球经济格局发生了根本性的变化。经济格局与力量对比的演变使得发展中国家和新兴经济体要求构建能够完整反映和保障其环境权益的环境法律规范，催生了全球环境治理法律体系的变革。中国所倡导的"一带一路"国际级合作倡议反映了发展中国家和发达国家对共同发展的强烈意愿与诉求，这种跨区域的大范围国际合作恰恰需要在制定海外投资环境保护法律制度时本着公平责任的初衷，使各国及其投资者共同但有区别地担负起环境责任。

第三节　企业环境责任的规范塑造

企业环境责任性质常面临着归属于道德范畴还是法律范畴的问题，[1]在关于这一问题的探讨初期，企业环境责任多被认为属于道德责任范畴，但随着企业对政治、经济、社会、文化的影响增强，加之多种企业组织形式的出现与发展，其所牵扯的利益主体更加复杂、利益范围更加广泛，环境责任已经不限于单纯的道德认知问题。在企业环境问题突破道德范畴的同时，针对归属于法律范畴的企业环境责任的立法必要性也随之产生，各国相继将企业环境责任以法律的形式加以固定和规范。

一、企业环境责任的责任承担

企业是以追求利益为根本目的的社会组织形式，但对利益的最大化追求

---

〔1〕 赵旭东、辛海平：《试论道德性企业社会责任的激励惩戒机制》，载《法学杂志》2021 年第 9 期，第 115~116 页。

需要以国际投资的良性发展为前提。如果一个企业无视环境污染、使用落后技术、忽视环境保护，那么由此而来的负面评价将阻碍企业的进一步发展，进而影响其经营目标的达成。这样的结果显然不符合企业追求利益最大化的根本目的，无法使企业经营走上良性循环的发展正轨。因此，企业更好地发展与壮大的内在要求是维持长期良性发展，这种良性发展要求其承担相应的社会责任。在当今国际社会中不乏认真践行环境责任、热衷环保公益事业的企业，这些企业无一例外在国际社会上拥有着良好的口碑。很多国家的投资政策针对勇于承担环境责任的企业都有税费、投资待遇等方面的激励措施，这对于企业的长期良性发展而言大有裨益。

企业的环境责任是组成企业社会责任这一整体系统的子系统之一，是企业社会责任的重要组成部分。企业社会责任的基本原理是企业承担环境责任的主要理论基础，而企业的环境责任是企业社会责任在环境责任方面的具体表现。企业社会责任理论的关注点不同于可持续发展理论，后者回答了如何发展这一问题，是对传统发展思想的深刻反思和彻底否定。可持续发展理论是从宏观层面探讨环境保护与经济发展的理论，但是其并未深入挖掘企业承担环境责任的具体原因。因此，可持续发展理论不是对企业环境责任进行阐释的理论。企业环境责任明确将环境置于企业发展价值追求的首位，而不是单纯地将其与经济责任相并列，也未在环境保护的价值判断中融入政治、经济方面的考量，这与可持续发展理论的侧重点有显著的不同。

企业虽然不是严格意义上的国际法主体，但是《全球契约》《跨国公司和其他商业企业关于人权责任的准则（草案）》《跨国公司行动守则》、ISO 发布的环境质量管理体系（Environmental Management System，EMS）的标准、《工商企业与人权：实施联合国"保护、尊重和补救"框架指导原则》（以下简称《联合国工商业与人权指导原则》）等文件，都从各个层面和角度对投资者的环境责任与投资行为进行了规制。主要体现在要求投资者：其一，对环境保护问题应当采取预防措施；其二，采取有效措施减少环境污染；其三，将企业履行环境保护责任的情况定期报告；其四，针对企业侵害环境的行为制定相应的法律救济措施。[1]因此，企业需要依据相关规定自觉肩负起企业

---

〔1〕 张庆麟主编：《公共利益视野下的国际投资协定新发展》，中国社会科学出版社 2014 年版，第 151 页。

环境责任,对于在"一带一路"倡议指引下进行对外投资的中国海外投资企业来说,进行负责任的投资经营、积极履行企业环境责任,能够在帮助中国企业更好地融入当地环境的同时,对东道国起到积极带动作用,在东道国营造良好的投资环境,使投资项目顺利推进以保证企业与利益相关方的投资利益顺利实现。

二、企业环境责任的制度设计

(一)企业环境责任明确企业环境价值追求的优先性

从法律视角来看,国际投资协定和各国经济法是致力于调整市场主体的经济目的与社会目的之间矛盾的法律规范,有关企业国际投资所引起的环境矛盾应归属于该调整范畴,因此让企业承担相应的环境法律责任是国际法与国内法层面上的双重必然。可见,企业环境责任从最初的环境道德责任不断发展演变,至今已成为兼具环境道德责任和环境法律责任的形式,部分环境责任需要通过法律规制强制企业履行。

首先,就理论基础来说,承担企业环境责任的理论基础,具体而言有两种:一是"权力-责任"模型,一是"利益相关者"理论。其一,戴维斯提出的"权力-责任"模型是企业环境责任的理论基础之一,其主张从长远来看,企业如果不能按照对社会负责的态度去行使权力,其必将失去权力。[1]企业可以在生产经营中行使权力,使用自然资源、利用生态环境、排放一定污染物,但这种权利的行使必须在法律的框架之下。但是,在合法范围内行使权力并不意味着企业无需承担责任,若其对土壤、空气、水资源等造成不可逆的损伤,则应对环境利益相关者承担相应责任。权力从来不能被单方面地行使,权力行使的前提条件是企业需要在生产经营中承担责任,而这种责任就包括企业的环境责任。其二,自 20 世纪 90 年代以来,在评估企业社会责任的理论框架中,利益相关者理论[2]被认为是最为密切相关的。传统的公

---

〔1〕 K. Davis, "Understanding the Social Responsibility Puzzle: What Does the Businessman Owe to Society", *Business Horizon*, 1967 (10), pp. 45~50.

〔2〕 爱德华·弗里曼在《战略管理:利害相关者理论研究》(1984 年)一书中提出了利害相关者的思想,这个理论得到了广泛传播。该理论的核心内容是:企业是与相互影响的利益相关者(包括股东、雇员、顾客、供应商、债权人、政府和社区)相互联系的一个结合体,它有责任和义务为利益相关者和社会创造财富。所以,企业社会责任不仅仅是要为股东谋求利润最大化,而且也要为其他的利害相关者创造有益的利益。

司法理论强调把股东利益最大化作为企业发展的目标，但这种理论仅在企业发展能力有限且规模较小时可行。尤其是进入 21 世纪之后，随着全球经济的快速增长和投资全球化的不断发展，海外投资企业的数量激增，使得传统的公司法理论受到了巨大的挑战。利益相关者理论认为，企业进行生产经营活动，需要依赖于相应的自然环境，并且与环境进行一定的物质交换。而环境利益相关者是指同样依赖于环境，并因环境变化而受到影响的人。所以，企业应当认识到生产经营行为对环境所产生的影响并不单纯地作用于环境本身，也会作用于利益相关者。因此，企业应当在国际投资中约束自身活动对环境造成的消极影响，减少对利益相关者的损害。

其次，就国际规范来说，有关企业环境责任的规制可被划分为倡导性和强制性两个类型。倡导性规范包括无法律约束力的规范和政府间组织的框架性文件。前者包括《全球契约》以及非政府间国际组织制定通过的文件，后者以《联合国人类环境宣言》为代表。《全球契约》的 10 项原则中有 3 项是环境相关原则，来源于《里约宣言》和《21 世纪议程》的内容规定。《里约宣言》规定，企业在进行对外投资和生产技术出口时应当考虑在东道国的公众利益，担负环境责任。《21 世纪议程》第 30 章指出，工业和商业政策的实施可以将资源使用对生态环境的影响有效降低，通过负责任的商业组织进行负责任的投资可以推动更为清洁的投资和生产。1972 年签订的《联合国人类环境宣言》通过达成 7 项共识和 26 项原则指导企业承担环境责任，以合理方式进行投资。除此之外，1976 年经济合作与发展组织（Organization for Economic Co-operation and Development，OECD）制定的《跨国公司行为准则》要求跨国公司遵守东道国业务的政策法规，落实参与或缔结的国际规范，采取定期进行员工环境教育培训、评估生命周期、将环境绩效纳入企业管理的方式明确企业环境责任。

中国在"一带一路"投资中如若需要有效规避环境风险，需要以强制性规范作为制度保障，[1]不论是在国内法层面还是在国际法层面。在国际法层面，企业环境责任的强制性规范相对较少，主要为国际公约，这些公约的缔约主体虽然是国家，但对从属于各国的企业而言依然具有规制作用，是企业

---

〔1〕 华忆昕：《印度强制性企业社会责任立法的中国启示》，载《华中科技大学学报（社会科学版）》2018 年第 3 期，第 100~105 页。

承担环境责任的法律基础。如 1972 年出台的《防止倾倒废物及其他物质污染海洋公约》为了减少海洋污染明确限制从飞机、海洋设施和船舶上向海洋投弃废物的行为。再如，1989 年公布的《控制有害废物越境转移及其处置巴塞尔公约》严格限制了跨境有害废物转移的现象。当前专门规制企业环境责任的国际规范仍以倡导型为主，缺乏法律约束力和强制力，但是这并不意味着企业可以因此规避环境责任。企业若想获取最大利润，就必须推广环境友好技术，开展清洁生产，依据可持续发展原则发展循环经济，切实履行环保义务；[1]企业若想维持长期稳定的经济效益，需要主动在东道国承担环境责任，以建立良好的企业形象，保持与东道国国民、当地政府之间的和谐关系。

（二）"三重底线理论"为企业环境责任设置具体标准

上文提到了霍华德、卡罗尔、戴维斯等学者的理论，但最直观剑指企业环境责任的理论当属 1997 年英国学者埃尔金顿提出的企业社会责任"三重底线理论"（Triple Bottom Lines Principle）。卡罗尔提出了企业社会责任金字塔理论。该理论认为企业社会责任是有层次的，其结构与金字塔一致，塔顶是慈善责任，其下是法律责任，塔基是经济责任。埃尔金顿的"三重底线理论"在卡罗尔理论的基础上作出了变更和细化，其认为企业具有社会、经济、环境三重社会责任，且这三重责任具有底线。其中，企业的社会责任底线是按时依法纳税、保证员工劳动福利和遵守最低工资标准等；企业的经济责任底线是依法生产经营、达到营收与成本至少持平；企业的环境底线是遵守环境法律法规，严格遵守环境标准谨防排放超标。当今中国对企业社会责任的定义也主要来源于卡罗尔企业社会责任金字塔理论和埃尔金顿"三重底线理论"。

具体而言，"三重底线理论"符合可持续发展理论的要求，补充与细化了企业社会责任理论对企业环境责任的要求。从狭义上讲，"三重底线"被视为评价和衡量与企业经济责任相对应的企业社会责任与企业环境责任表现的一种分析框架。从广义上讲，"三重底线"要求企业据此对企业价值、企业行为和企业问题进行整体阐述与分析，以便预防和减少由企业不当行为引发的环境损害后果，确保企业在环境、社会和经济方面进行正确的价值创造。该理论在保证企业经营目的的同时充分考虑了公众、股东、政府、雇员、消费者

---

〔1〕［美］保罗·霍肯：《商业生态学：可持续发展的宣言》，夏善晨、余继英、方塑译，上海译文出版社 2007 年版，第 159 页。

等利害相关者的需求，使得在这一理论指导下所制定的具体标准获得了英国石油公司、壳牌公司等诸多大型企业的认可，在国际社会上反响强烈。"三重底线理论"不是对经济利益得失进行单纯计算的方法，该理论要求对企业效益的计算应从经济"成本−效益"的传统分析方法向综合分析经济、社会与环境"成本−效益"的方法转变。企业依据"三重底线理论"的分析方法所作出的投资决策，才可以从根本上契合企业社会责任的内在要求。"三重底线理论"推动了企业在国际投资中对环境、社会、经济成本与效益之间的关系进行重新评估，调整环境规范在企业战略层面的定位，将节约资源与保护环境作为获取更大经济利益、保证企业长期稳定发展的有效工具。

越来越多的企业意识到积极履行社会责任是其难以推卸的责任，承担企业环境责任在众多欧美企业中已经逐渐形成风气。譬如沃尔玛、IBM、耐克、英特尔等著名企业采用了"三重底线"理论所要求的信息披露形式，定期向社会公布有关企业社会责任的报告。该报告的披露内容包括企业经营状况以及企业在环境责任承担方面的表现。海外投资最大的弊端就是以牺牲环境、掠夺资源的方式谋求经济增长，致使部分国家或地区的生态恶化和环境污染之势积重难返，极大地破坏了东道国和相关地区的环境公共利益。这种以错误方式获得经济利益所导致的结果揭示了生态环境和自然资源的良好性与可持续性才是社会进步与经济发展的坚实基础。正因如此，"三重底线理论"要求将企业的环境责任置于与社会责任、经济责任同样重要的位置。[1]当前的环境形势与环境意识对企业的传统生产经营模式提出了挑战，企业需要增强环境责任意识、切实履行环境责任、使企业发展有益于社会、公众与环境，才能保证在激烈的全球竞争中立于不败之地。

三、企业环境责任的区域协同

回顾企业社会责任在中国的发展历程，其经历了从否定到被动接受再到积极探索的过程。改革开放后，中国经济飞速发展，但相关环境法律规制基本处于空白阶段，进入中国市场的外资企业所推进的企业社会责任被认为是贸易壁垒的一种而遭到否定。但随着国际投资的逐渐增加和中国市场的积极

---

〔1〕 朱永博：《招商引资企业绩效评估体系研究——基于"三重底线"理论》，载《中国商论》2016年第26期，第37页。

开放，社会逐步接受了这些所谓的劳工壁垒和环境壁垒。直到 2006 年，受到《公司法》[1]在第 5 条纳入企业应当承担社会责任的规定，国家电网公司发布首份中国企业社会责任报告等事件的推动，中国对于企业社会责任的认知由此正式进入了实践与探索阶段。但中国企业社会责任的承担仍面临诸多问题。诸如在政策层面，2014 年中央提出"加强企业社会责任立法"，并于 2015 年在关于创造和谐劳动关系的文件中对企业社会责任作出定义："切实承担报效国家、服务社会、造福职工的社会责任。"但至今仍没有政策文件在法治框架之下明确各方的责任界定和界限问题，以及企业的法律义务和社会责任之间的界限问题。对此，2015 年 6 月 2 日，国家标准委和国家质检总局联合发布了有关社会责任的系列国家标准，但该标准与 ISO26000 在主体范围与国际规则的适用上有所冲突。随着亚洲基础设施投资银行（Asian Infrastructure Investment Bank，简称"亚投行"，AIIB）等组织的设立与发展，企业社会责任会愈加国际化，如何平衡国内标准与国际标准的适用值得关注。2017 年 6 月16 日，中国工业经济联合会首次发布推荐"一带一路"中资企业社会责任路线图，提出了"一带一路"区域企业社会责任能力建设的五项基本原则、三大推进机制和四方面具体行动，号召"一带一路"工商协会联盟成员、联合国机构、相关国际组织、工商业代表共同推动"一带一路"沿线中资企业更好地履行社会责任，促进区域可持续发展。中国企业亟待调整对于企业社会责任的认识，参考埃尔金顿提出的企业社会责任"三重底线理论"，在国际投资活动中承担社会责任与国际社会接轨。

可持续发展理论、公平责任理论与企业社会责任理论三者之间是相互衔接的。企业作为国际投资的主要参与者，应当理性地将可持续发展理念、公平责任理念体现在环境保护的具体行动上，依据企业环境责任理论承担起对全球特别是发展中国家的环境责任。基于上述理论，企业应承担环境责任的原因有两个：其一，国际投资中企业基于对经济利益的追求，对给东道国所造成的环境恶劣影响置若罔闻。而且，其行为对于环境的破坏，往往侵害了环境相关的人权，诸如公民权利与政治权利中的生命权（rights to life），文化与社会权利中的健康权（rights to health），水权（rights to water），集体权利

---

　　[1]《公司法》，即《中华人民共和国公司法》。为表述方便，本书中涉及我国法律文件，直接使用简称，省去"中华人民共和国"字样，全书统一，后不赘述。

中的土著人民权利（indigenous rights）等，[1]因此应要求其承担相应责任。其二，面对其所得恶果，海外投资企业具有绝对的经济实力与先进的环保技术，可为东道国环境的可持续发展承担责任并做出贡献，从而保证生态资源的循环利用以及对环境与人权的保护。为了更好地引导企业承担环境责任、促进可持续发展，《跨国公司行动守则》等诸多国际文件明确界定了企业所应承担的社会责任标准与原则，以求促使企业公平地承担环境责任。[2]

本章小结

时至今日，人类逐渐从藐视自然的自我陶醉中清醒过来，决定重新审视之前种种不当行径，对于环境的态度经历了从破坏到保护、从宣传口号到实践落实、从此前一贯坚持的"人类中心主义"环境观到"非人类中心主义"环境观的转变。这些意识层面的变化不可避免地推动历史的洪流向生态友好化发展，而作为人类社会文明所缔造的经济全球化趋势标志的海外投资企业，必然受到人类意识进步的影响，被动或主动地寻求经济发展与环境之间的平衡点。习近平总书记在2023年金砖国家领导人第十五次会晤中指出："我们要坚持公平正义，完善全球治理。加强全球治理是国际社会共享发展机遇、应对全球性挑战的正确选择。""一带一路"作为中国主导的国际性倡议，表明了中国从一味被动接受"全球化"到现在正面应对来自国际的各种审视的转变，这是一个很大的进步。在海外投资活动中，中国企业在承担社会责任方面已经主动地迈出了第一步，为了公平地承担环境责任，共促经济可持续发展、同享区域发展机遇，中国企业要继续不断提高企业环境责任的建设，积极投身国际投资绿色化的发展洪流。

---

〔1〕　UNEP Compendium on Human Rights and the Environment: Selected International Legal Materials and Cases, 2014, p. 3.

〔2〕　李先波、徐莉、陈思：《国际贸易与人权保护法律问题研究》，中国人民公安大学出版社2012年版，第83～85页。

第三章

"一带一路"背景下企业环境责任在法律层面的制度梳理

第一节 "一带一路"倡议下企业环境责任的新需求

在国际法层面，企业环境责任主要被规定在国际环境协定与其他国际协定的具体环境条款中，就国际投资领域而言，则主要反映于国际投资协定的环境条款中。在国际投资协定中，环境条款经历了从无到有、从少到多的过程。因此，相应地，企业环境责任，尤其是环境法律责任的构成也经历了同样的过程。对于国际投资协定中环境条款的发展，需要从其渊源入手，追本溯源地探究其发展过程背后的最根本动力。以此作为以中国为代表的广大发展中国家在国际投资领域谈判中的指引，为环境条款的纳入和环境保护的协作提供有力保障。在"一带一路"新格局下，中国的海外投资逐年增长，中国应给予海外投资环境保护以真正的关注。中国企业在共建国家的海外投资中更应注重对环境法律风险的把控，从源头规避环境法律风险的产生，从而实现"一带一路"的绿色发展。

一、寻求企业环境责任的主动承担路径

（一）国际投资协定中纳入母国环境保护的责任与义务

国际投资协定已经从片面追求投资利益向平衡环境与投资利益的方向发展。诸多国际投资协定对于东道国的权利与义务均作出了规定，虽然很多条款仍需进一步完善，但可以看出其向环境利益保护方向发展的动向。就母国

的责任与义务而言，UNCTAD 明确提出了母国应当对海外投资者进行监督和规制，以确保这些投资者有动力、有依据开展对可持续发展有益的投资，促进东道国的可持续发展。[1]诚然，基于母国对于本国企业的管辖权，其有责任监督企业的海外投资行为，以确保企业的海外投资与东道国的社会公共利益相一致，但这种法律制度在发达国家很少存在，国际投资协定对于母国的责任与义务的规定也鲜而有之。

国际投资协定的具体条款基本以赋予母国及投资者权利和保护其利益的规定为主，且母国及其投资者很少承担责任。[2]这样的法律体制难以维持权利与义务的一致性，大大削弱了法律的稳定性，因此国际投资协定在逐步寻求东道国及其人民与母国及其投资者之间的利益平衡。现实中，包括中国在内，愈来愈多的国家从单纯的资本输出国或资本输入国身份转变为兼具两者的双重身份，这使得母国的环境责任问题也得到了发达国家的支持。以往的 BIT 由于过于偏重保护母国及其投资者的利益且忽视规制其责任而饱受诟病，因此 UNCTAD 在 2003 年的报告中建议应当在新一代的 BIT 中增加母国及其投资者的责任，以确保国际投资关系中母国、投资者和东道国三者之间权利义务的平衡。响应 UNCTAD 的号召，2005 年国际可持续发展研究院提出了《可持续发展国际投资协定范本》，该范本细化了母国的环境保护义务，规定母国需要对国际投资进行环境影响评估，并应东道国要求为此提供及时的资金或技术支持；为了更好地约束投资者的行为，投资者应遵守东道国的相关政策法规，还要求母国履行不妨碍东道国或受害人利用司法程序追究投资者民事责任的义务。[3]相应地，在国际投资协定中，母国的环境保护责任与义务也在逐步明晰。

第一，BIT 虽未明确指出母国应承担何种环境义务与责任，但以赋予缔约方环境责任的方式予以明确。2004 年美国 BIT 范本第 2 条第 1 款规定了包括母国在内的缔约方应努力确保不因吸引投资而任意放弃或减损环境保护措施，

---

〔1〕 UNCTAD, World Investment Report 2003, FDI Policies for Development: National and International Perspectives, 2003.

〔2〕 韩秀丽：《中国海外投资的环境保护问题研究——国际投资法视角》，法律出版社 2013 年版，第 128 页。

〔3〕 Article 29, Article 30 and Article 31, "ISD Model International Agreement on Investment for Sustainable Development", available at http://ita. law. uvic. ca/documents/investment_ model_ int_ agreement. pdf.

并且为了确保这项义务的实际落实，还在条款中特别纳入了磋商程序。第 2 款则赋予了缔约方为了社会公共利益而采取环境措施的权利。2012 年美国 BIT 范本在 2004 年范本的基础上对环境规则做了进一步细化、明确，并且强调缔约方拥有管理本国环境事务的权利，明确了缔约方的环境政策法规在环境保护中的重要地位，如 2012 年范本第 12 条第 1 款确认了在环境保护方面，缔约国本国的环境政策法规和参与缔结的环境多边协定有着极其重要的地位。此外，2004 年加拿大 BIT 范本第 11 条规定了包括母国在内的缔约方需要履行环境保护义务，不可以为鼓励投资而放松本国环境、安全、健康措施，也同样规定了就一方认为不恰当鼓励的问题提起磋商的程序。

第二，FTA 作为后起的国际投资协定类型，在规制母国环境保护责任方面的发展却不甚理想。投资自由化和保护投资是早期 FTA 的关注重点甚至是唯一的价值目标。作为投资者的母国必然致力于支持本国投资者促进其投入产出接近或达到帕累托最优。早期投资者母国、东道国与投资者在环境保护应让位于投资保护的问题上达成了前所未有的契合。这种契合投注于国际投资协定，表现为投资协定中缺失环境规则、环境规则因缺乏实质内容而沦为摆设或必须依附于其他投资规则而适用。在 FTA 中，美加两国的环境条款最为具有示范效应，其中美国签订的一部分 FTA 有专门的环境章节，如美国-摩洛哥 FTA、美国-秘鲁 FTA 等，而加拿大签订的 FTA 则设立了具有环境事务管辖权的环境委员会。但这两个典型发达国家的 FTA 中基本都没有明确涉及母国环境保护义务与责任的规定。而作为发展中国家的中国所缔结的国际投资协定仍然欠缺对环境保护的有效关注，部分国际投资协定虽然初步涉及了环境问题，但对于环境保护的规定仍然不够完善。中国与"一带一路"共建国家签订的 FTA 中，仅中国-格鲁吉亚 FTA 设立了"环境与贸易"专章，其他国际投资协定未规定环境保护具体条款，或仅在序言中简单阐述了对环境保护、可持续发展等问题的关注。这是由于中国国际投资的东道国多为发展中国家，因此在投资协定条款设计之初就是为了保护中国企业在海外的权益，并非向作为投资者母国的中国施加环境保护的责任。

第三，在多边投资协定中，母国的环境责任较之 BIT 更为全面，对企业环境责任的影响也更为深入。能源宪章协定（Energy Charter Treaty，ECT）第 19 条具体规定了包括母国在内的各缔约方所应采取的环境保护措施。条款不仅吸收了可持续发展理论，要求各缔约方考虑其参加的环境公约项下义务并以经济有效的方式践行可持续发展，减少能源、资源类投资活动给环境带来的消极影响，还纳入了国际环境法中的预防原则和污染者付费原则两项主要基本原则。ECT 明确指出，各缔约方应实施预防措施努力遏制环境恶化，且缔约方同意对其污染者所造成的环境污染负担费用，其中当然包括由国际投资活动造成的污染。这些规定从约束包括母国在内的缔约方层面，明确为企业承担环境责任提供了法律基础。《跨太平洋伙伴关系协定》（Trans - Pacific Partnership Agreement，TPP）第 2 条规定了本章设置的目标，即为了促进经济与环境政策的相互支持、保证高水平的环境措施和环境法律的有效落实、提高缔约方处理与经济活动有关的环境问题的能力，以及促使缔约方认识到以可能变相限制缔约方的贸易与投资行为的方式制定环境政策法规或实施环境措施是不适当的。通过 TPP 第 2 条可以看出，TPP 也对母国的环境义务作出了规定，但又强调了环境规制不能对贸易和投资造成变相限制，使得母国将对于企业环境责任的关注置于投资活动之后。当然，大部分投资者母国对此乐见其成。

在当代国际法中，外国投资者的母国除了负有保护本国企业和国民的义务之外，还要承担防止本国企业和国民在本国境外实施有害环境的行为的义务，这样的观点逐渐获得了社会各界的重视。如规范危险废物转移的《巴塞尔公约》等公约规定了国家有采取实施许可证制度等环境措施预防其企业和国民将危险废物运输到其他国家的义务。但是，这些国际公约主要规定的是与领土相关的义务，即缔约方要防止从其领土范围内向其领土范围之外出口废物，而不是防止缔约方在其领土范围之外的企业和国民进行废物进口。国际法实践尚未在条约或判例中明确规定，在非因国家指示，国家仅对其企业或国民的环境侵害行为知情而未加以阻止的情况下，母国是否应承担相应的国家义务与责任。母国仅在因疏于监管本国企业在本国境外的侵害环境等公共利益的不当行为时，有义务向因这种不当行为而遭受损失的受害者提供救济。目前缔结的国际投资协定开始逐渐突显母国需要承担环境保护义务的价值取向，但母国所承担的至多为软法义务，权利与义务不平衡的问题仍旧普遍存在。母国的环境保护义务与责任及母国对海外投资的环境规制义务仍需进一步规制。

（二）国际投资协定中强化投资者环境责任的规制

由于海外投资企业的商业活动具有跨区域性的特征，单纯依靠某一国的力量不能对企业在多国境内的投资经营活动同时加以管控。这往往会造成难以对在不同国家开展投资活动的企业的环境侵害行为进行全面评估并进行相应规制的后果，因此在国际投资协定中纳入投资者的环境责任显得尤为重要。在国际投资协定中，投资者的环境责任通常体现在实体性条款中，一般以企业社会责任条款的形式出现，而投资者的环境权利通常反映在程序性条款中，一般表现为投资争端解决机制条款的形式。但这些条款仍在不断完善的过程中，容易导致企业海外投资环境侵害的发生。

首先，为了完善海外投资中的企业环境责任规制，以联合国和 OECD 为代表的政府间国际组织做出了很多尝试和努力。例如，2000 年 7 月 26 日正式实施的《联合国全球契约》是由时任联合国秘书长安南发起、邀请工商界领军人物一起参与的一项国际倡议，要求缔约者与联合国和社会各界共同支持并履行普遍的社会责任和环境责任。另一个例子是，2005 年，联合国秘书长也提出了"负责任投资原则"（Principles for Responsible Investment），邀请世界各地的主要机构投资者参与制定，自 2006 年初开放由各方签署。"负责任投资原则"为企业建立了明确的框架，要求企业在进行投资决策时综合考虑社会与环境治理结构，追求社会目标与投资利益之间的平衡，并体现了发达国家引领的在国际投资中承担企业社会责任的潮流。截至目前，已有一百多家资产所有者、资产管理人和专业服务提供商公开支持"负责任投资原则"。UNCTAD《2012 年世界投资报告》提出了"可持续发展投资政策框架"，其中包括"国际投资协定要素：政策选择""各国投资政策指南"和"可持续发展投资决策核心原则"。报告还提出，可持续发展应涵盖社会发展与环境、企业社会责任等方面，并倡导各国在可持续发展理念指导下缔结环境友好型国际投资协定。OECD 的《跨国公司指南》是多边投资协定（Multilateral Agreement on Investment，MAI）草案的一个附件，该文件第五部分的环境专章具体规定了跨国公司所应承担的环境责任。根据专章规定跨国公司的环境保护义务至少包括建立环境管理制度、公布环境评估报告、披露公司环境活动信息、降低或防止环境破坏等。不过，由于《跨国公司指南》这一文件是发达国家单方面制定并提出的不具有强制力的自愿遵守型规范，未能将发展中国家的环境保护立场充分体现，最终导致各国丧失了参与 MAI 的积极性。依据 2011 年最新修订的《跨国公司行为准则》，其前言第 5 条与一般政策提出了跨国公司应当尊重人权，促进可持续发展的概括性规定，并特别设置了第 6 章这一环境章节,对跨国公司在投资活动中的环境责任加以具体规定。例如,要求跨国公司在国际投资活动中遵守东道国政策法规的同时,还要充分尊重国际环境规则的规定;[1]对环境影响进行评估并建立环境影响的迅速报告机制;促进制定具有环境意义和经济效率的环境政策等。可见,该准则的规定比较详实,不过通过各国自愿接受的方式规范跨国公司环境责任的履行仍缺乏约束力。以上文件虽然属于缺乏约束力的软法且缺乏执行机构和监督机制,但为在国际投资协定中纳入企业环境责任条款起到了促进作用。

其次,早期的国际投资协定鲜少涉及企业社会责任条款,以 NAFTA 为例的国际投资协定多以规制缔约国环境责任的方式间接纳入对投资者的企业社会责任的规制,并多以暗示条款为主。晚近的国际投资协定逐步纳入了企业社会责任条款,通过专款或专章的方式明确对企业社会责任进行规定,多以明示条款为主。这些国际投资协定大多都针对东道国对投资活动进行监管制定了具体的义务和详细的执行措施,同时鼓励企业承担企业社会责任,对企业环境责任的规制产生了积极的作用。例如,2007 年挪威 BIT 范本在序言中规定"强调企业社会责任的重要性",并于范本第 23 条规定"负责管理条约的最高机构——联合委员会在相关时刻,应当讨论有关包括环境保护、公共健康和安全、可持续发展等企业社会责任的问题"。2008 年加拿大-哥伦比亚 FTA 在序言和第 816 条中强调了包括母国在内的缔约国应鼓励企业承担企业社会责任,规定"缔约方致力于促进受其管辖的或其领土上的企业尊重国际公认的企业社会责任标准和原则并实施最佳实践"。"缔约方应当鼓励其领土上的或受其管辖的企业自愿地将国际公认的企业社会责任标准并入其内部规则政策,诸如各方已经签署或支持的原则声明。这些原则处理诸如劳动、环境、人权、社会关系和反腐败。缔约方应提醒这些企业在内部政策中引入此类企业社会责任的重要性。" 2008 年加拿大-秘鲁 FTA 对企业社会责任也有类似规定。此外,在该 FTA 附件《加拿大-秘鲁关于环境问题的条约》第 6 条中规定"缔约双方应鼓励其境内的企业自觉地践行企业社会责任,以加强经济与环境目标的一致性"。2011 年欧洲议会通过决议呼吁在欧盟未来缔结的每一个包含投资章节的 FTA 中都包含企业社会责任条款。

---

〔1〕 〔美〕S. P. 赛西:《制定全球标准:跨国企业行为准则创建指南》,杜宁译,北京大学出版社 2010 年版,第 132 页。

TPP 的规定比现有的 BIT、FTA 等国际投资协定都更进一步。其不但将环境保护条款纳入国际投资协定，成为独立确立的一个章节，而且通过制定"环境合作协定"这种补充协定的模式，将对环境条款的遵守与执行作为允许一国加入 TPP 的必要条件和前提，如果缔约方否认或拒不执行"环境合作协定"则被视为主动退出 TPP。TPP 在环境专章第 10 条中纳入了企业社会责任条款，规定每一个缔约方都应当鼓励在其管辖范围之内所运营的企业自愿在其政策与实践中采取与环境保护目的一致的企业社会责任，并应保证与缔约方支持或接受的国际公认环境标准和指导方针相一致。TPP 框架立足于现有的国际环境保护协议，试图将被成员方公认并达成共识的环境公约以寻找最大公约数的形式纳入 TPP 框架，对现有的国际规则进行调整和整合，从而构建关于环境法律的一揽子协议的模式。环境规则经过许可程序即可进入 TPP框架，成了对成员方具有约束力的国际投资政策。这样一个通过纳入投资协定框架之内的方式，将软法规则转换为硬法规则的过程，有助于增强 TPP 框架内环境规则对国际投资的环境监管的执行力，也为企业环境责任规制提供了值得借鉴的国际立法模式。[1]

从 2004 年开始，中国缔结的国际投资协定在序言中纳入了可持续发展条款，其中部分条款还对环境保护的要求予以明确，以达到促进投资者承担企业环境责任的目的。2013 年中国-坦桑尼亚 BIT 比之中国在此之前所缔结的BIT 中有关环境的条款规定有明显进步，主要体现在序言条款与第 10 条环境、安全与健康措施的条款之中。其中的序言条款效仿了 2010 年《中国投资保护协定范本（草案）》的表述方式，提出了对投资者承担企业社会责任进行鼓励的要求。虽然这一条款的"鼓励"一词用语仍然较为软弱，但是作为在序言条款中首次纳入企业社会责任的全新规定不失为一大进步。中国-韩国 FTA虽未明确规定企业社会责任，但在"经济合作"专章明确指出两国的所有经济模式合作都要"通过促进缔约双方间的贸易和投资，增强竞争力和创新能力，创造和增加可持续的贸易和投资机遇，以促进可持续的经济增长和发展"，这当然包括国际投资活动。因此，国际投资协定条款对于投资者企业社会责任的规定有益于净化国际投资环境，从而为国际投资的绿色化发展指引方向。

---

〔1〕 李丽：《TPP 中的 CSR 条款及其影响与启示》，载《WTO 经济导刊》2018 年第 7 期，第 20~22 页。

二、调动绿色投资的市场推动作用

(一)贯彻绿色投资理念倒逼企业环境责任承担

绿色投资提出的背景是可持续发展这一全球经济发展战略。绿色投资成了解决经济增长面临的资源环境约束问题、落实企业环境责任的新思路。首先,发展绿色投资有利于实现可持续发展。实施可持续发展战略是当今世界各国的共同追求。可持续发展是以生态和环境保护为基础,兼顾经济和社会共同发展的理念,强调"在不超过生态系统承载能力的情况下评估生活质量",并强调管理人类对生物圈的利用,使生物圈不仅能够满足当代人的最大可持续利益,而且能够保持其满足后代需要和愿望的潜力。实现可持续发展需要多种努力,其中绿色投资是一种重要方式,因为绿色投资坚持社会效益、经济效益和环境效益的统一。其次,绿色投资可以促进循环经济发展。循环经济作为一种新型经济模式是实现可持续发展的实践形式之一,其核心是生态经济。发展循环经济有利于环境、社会和经济的共同发展。针对发达国家与发展中国家在实施可持续发展战略中存在的矛盾和诸多难题,要求各国采取统一的做法,即以循环经济为载体,努力推进经济效益好、科技含量高的新型工业化道路,充分利用资源、减少环境污染、发挥人力资源优势。

中共十六届三中全会提出了统筹人与自然和谐发展的任务,这种新的发展观要求我们在保持经济高速增长的同时,通过大力发展绿色投资,实现可持续发展的能力不断提高、生态环境不断改善、资源利用效率显著提高、人与自然关系和谐,推进整个社会走上生产发展、生活富裕、生态良好的文明发展道路。

在"一带一路"背景下,对于中国企业的海外投资而言,以绿色经济发展倒逼企业环境责任承担是社会、经济发展的必然需求,也是进一步开拓"一带一路"共建国家市场的环境要求。企业进行资本化绿色投资不仅可以保护生态环境,还可以获得经济效益,包括企业绿色固定资产投资和绿色可再生和清洁能源开发、节能降耗技术研发、绿色技术创新、绿色产品创新、废物循环利用等项目的资金投入。其具体方式有二:其一是通过融资约束手段;其二是通过政府财政手段。对于融资约束而言,就是通过绿色金融的各项监管要求反作用于国际投资项目,使其投资者达到绿色投资标准。绿色金融,又称低碳金融、环境金融或可持续金融,是旨在减少温室气体排放的各种金融制度安排和金融交易活动的总称。绿色金融的兴起主要是由于人类意识到了全球变暖问题的重要程度，从而将环境保护引入金融领域，进而产生了节能环保产业，并针对企业对环境造成的负担进行约束，甚至对企业进行经济惩罚，所产生的一轮绿色革命。而绿色金融体系则是指通过一系列金融工具，譬如绿色信贷、绿色债券、绿色股票指数和相关产品、绿色发展基金、绿色保险、碳金融等以及相关政策，来支持在现有经济的基础上，向绿色化低碳经济转型的制度安排。建设绿色金融体系的重要性在于，其可从多方面引导更多社会资本从原本的污染性投资转型为投资绿色低碳行业，从而达到减少环境负担的目的。[1]

对于政府财政而言，就是通过政府对于环境友好型投资项目的具体评估要求，促使企业在投资项目选择、运行阶段以补贴标准为红线，履行企业环境责任。具体而言，政府可以提供绿色贷款贴息，其中德国绿色信贷政策的一个重要特征就是国家参与。德国通过国有控股的政策性金融机构，为中小企业的海外项目融资提供帮助。但此举对于财力雄厚的海外投资企业并不能起到实质性的激励作用。为此，政府可以采取价格补贴的方式，使清洁能源企业、团体或个人投资者得到一个长期保证购买其产出的价格，让投资者可以得到较好的回报，从而形成绿色项目，不断提升吸引社会投资的能力，从而继续加大项目环境投资，引导投资项目环境友好化的良性循环。此外，政府还可以采取税收优惠的政策，激励投资者规范自身投资行为。以美国为例，其有价证券的收益必须被计入投资者收入总额并缴纳所得税。为吸引投资者投资绿色债券，政府对绿色债券免缴收入所得税。2013 年马萨诸塞州成了第一个自主发行免税绿色债券的州政府，债券发行所得资金将直接用于环保基础设施建设。在公司债方面，国会于 2004 年通过了总额达 20 亿美元的免税债券计划，参加计划的免税债券必须是致力于推广新能源的基础设施建设债券，债券投资者可以豁免联邦所得税。

对于绿色投资的功能发挥需要政府政策执行力度的保驾护航。其一，政府应提升大环境规制方面的执法力度，充分发挥环境规则的促进作用。当政府在环境监管的最佳范围内，于税收、保险、信贷等方面对企业给予金融支持

---

〔1〕 韩圆：《"一带一路"倡议下绿色金融的可持续发展探析》，载《商展经济》2023 年第 20期，第 109 页。

和帮助时，企业的投资意愿将继续增加。同时，政府在实施环境规制政策时，应确定合理范围，避免盲目扩大环境规制范围，致使环境规制负面效应显现，造成企业绿色投资行为的扭曲。其二，环境监管应适应企业实际条件。[1]部分大型企业，尤其是国际投资规模大、受政府影响多的企业，对于环境监管的敏感性较弱。对此，可以将企业社会责任承担作为评价企业的依据之一，以促使企业进行绿色投资。对于中小企业而言，由于其对环境监管的耐受性较弱，因此具有较强的绿色投资意愿，对此政府应鼓励企业进行绿色投资，在给予优惠政策的同时提供适当的资金支持，使企业可以在投资环保的同时实现经济效益。

（二）推动 ESG 投资激活绿色市场劳动力需求

在国际政治经济复杂波动的环境下，国际投资为了降低外部环境风险从而在投资绿色化中寻找出路。"一带一路"投资中中国企业海外投资因环境风险遭到中止甚至终止的事件时有发生。为了进一步降低"一带一路"投资风险，推广 ESG 投资是可选路径之一。就"一带一路"共建国家而言，国际投资不仅能带动经济增长，而且创造了更多的就业机会，对于劳动力资源的整合、调整具有重大影响。ESG 投资可以促进绿色就业，培养和带动当地再生能源、绿色建筑和清洁技术等领域的专业技能人员，从而在劳动力市场上创造新的就业机会。ESG 投资促进企业采用更高的劳动标准和更好的工作环境，这有助于提高员工的满意度和忠诚度，降低员工流失率。此外，许多 ESG 重点领域的工作要求较高的技能水平，促使企业和政府加大教育和培训投资，提高整体劳动力的技能和生产率。通过投资于社会责任项目，如社区发展和基础设施改善，ESG 投资可以帮助提高落后地区的经济条件，创造就业机会、激活地区劳动力市场。

在企业角度，通过绿色投资政策可以倒逼企业环境责任承担，在社会投资角度，明确 ESG 投资规范可以引导资金流向绿色投资项目，进而从内部与外部双重作用于企业环境责任承担的主动化目标。ESG 评级评价以环境、社会责任和公司治理为"三支柱"，是一种高度融合了可持续发展理念的评级标准。一方面，ESG 评级是企业在非财务因素方面投资行为的量化结果，能够

---

〔1〕 刘传哲、张彤、陈慧莹：《环境规制对企业绿色投资的门槛效应及异质性研究》，载《金融发展研究》2019 年第 6 期，第 70 页。

展现企业在促进可持续发展、履行社会责任方面做出的贡献；另一方面，ESG评级本质上倡导了企业长期生存的经营理念——兼顾获利与社会公义，通过引导金融资源的流向，促进企业形成可持续的ESG经营理念。在传统的金融投资策略中，资本具有天然的逐利倾向，逐利理念与社会公义常常是鱼与熊掌不可兼得。而在ESG投资策略中，除了金融逻辑中的逐利理念以外，还关注环境影响、社会责任和公司治理等非财务因素，借助价值中性的金融工具巧妙地兼顾了获利倾向与社会公义，倡导ESG投资能够优化资源配置，有利于实现企业、环境和社会的和谐发展。譬如，2019年，拥有13亿美元的洛克菲勒兄弟基金会作出了退出所有化石燃料投资的决定。

MSCI、汤森路透、高盛、机构股东服务公司等组织推出了自己的ESG评级体系，尽管这些国际ESG评级体系推出的时间较早、内容较成熟，但是，如果直接在中国的海外投资项目中加以应用则存在三个突出的缺陷。其一，这些国际评级体系的评级指标没有体现跨国投资、跨国项目、跨国经营的特殊性，无法精准适用于"一带一路"区域的特别商业环境。其二，国际ESG评级体系的指标权重设计不能完全贴合中国国情与中国投资现状。目前，中国企业的ESG报告或相关信息多属于自愿性披露范畴，并且不同企业ESG披露的标准有很大差异，给ESG评级带来很大障碍。其三，现有ESG框架中的治理（G）局限于公司治理的范畴，忽视了广义利益相关者的治理和被治理，在相关治理机制缺位的情况下，弱化了公司的环境友好（E）和社会亲和（S）的水平。

从投资者投资需求、避险需求和合规趋势三个层面考虑，构建中国本土化的ESG评级体系，使其适用于"一带一路"投资项目的新需求亟待解决。其一，从投资者投资需求出发，ESG评级是一把衡量的标尺，有助于投资者从非财务的因素挖掘优质企业，比如此次新冠肺炎疫情对企业而言是一次压力测试，当疫情全面缓解、经济复苏时，投资者定然会更青睐那些疫情防控期间ESG表现好的公司。其二，从投资者避险需求出发，ESG评级是防范风险的避雷针，帮助投资者避免遭受由投资问题公司带来的明显损失。近年来，澳大利亚的山火、东非蝗灾等各类灾难性事件频频发生，投资者开始警惕气候变化的"绿天鹅"事件，出于避险需求会更加关注企业在ESG方面的表现。其三，从合规趋势层面考虑，随着ESG投资理念日渐成熟，目前有多个国家要求机构投资者披露其ESG投资策略，这也是未来合规层面的发展趋势。

例如，在瑞典，机构投资者需要披露其 ESG 投资状况；在法国，机构投资者除了披露 ESG 投资策略，还必须披露机构投资者对气候目标做出的贡献。

对于适用于"一带一路"投资项目的中国本土化 ESG 评级体系的构建，从关系地位分析，需要从公司治理这一制度基础入手加以研究。近年来，中国财务造假、伪劣产品等爆雷事件影响恶劣，比如瑞幸咖啡 22 亿元财务造假、长生生物公司假疫苗事件。这类事件反映出了一个本质性的问题——利益相关者治理的缺陷。科学的 ESG 评级应该升级"治理"的内涵，即从"公司治理"到"利益相关者治理"，关注各利益相关者的治理参与与行为治理，以自洽于 ESG 的独特诉求和逻辑。

对于中国企业 ESG 的科学评级，不仅要兼顾 ESG 愿景、ESG 组织和 ESG 行为的三个层面，还要充分重视中国的国情和企情于"一带一路"投资的真实需求，不能生搬硬套海外的 ESG 评级体系。具体而言：第一，根据环境友好和社会公义的需要，对公司治理的评级进行调整和优化，扩展到利益相关者治理。企业应将 ESG 融入利益相关者治理的机制，应积极主动而非被动应对 ESG 要求的利益相关者治理价值观。第二，评级标准必须体现行业特性。不同行业在环境影响、社会责任和利益相关者治理内容上可能存在非常大的差异，比如高污染行业需要特别关注企业在环境影响方面的投资表现，因而在设计指标体系时要考虑行业差异带来的指标、权重差异。第三，不同所有制差异，纳入不同所有制参数，能更好地反映不同所有制企业在 ESG 视角下的异质性。第四，精准化至项目内容。由于"一带一路"共建国家众多，各国发展水平参差不齐，其环境标准与环境要求并不相同。因此，在 ESG 评级中应精准化至不同项目内容，其投资背景、东道国环境标准等差异化被因素应考虑在内。以免"一刀切"式的标准认定造成国际投资障碍。第五，考虑企业的发展阶段，实现"放水养鱼"和"能者多劳"的辨证施治，对不同发展阶段企业的 ESG 评级使用差异化的方法。

另外，需要特别强调的是，ESG 评级不仅要听其言，更要观其行。拥有 ESG 价值观并不意味着企业总是按照这些价值观行事，ESG 评级必须重视价值观与行动之间存在的差距。ESG 评级不能仅仅关注企业披露的公开信息，更要深入观察企业真实的运营状况。近年来，中国出现了一些社会责任异象，有的企业利用社会责任信息披露进行形象管理，旨在吸引投资者的注意力，掩盖企业经营状况的实际情况。尤其是对于海外投资的中国企业而言，其项目地点在中国境外，便于掩盖和美化项目与企业的环境责任问题，促使企业的环保积极主义愈演愈烈。由于中国并没有强制性地要求企业披露 ESG 报告，对于海外投资为主的企业，ESG 评级不能仅仅关注企业披露的信息，还需通过多渠道观察企业真实的运营状况。

总体而言，在环境问题凸显、全球经济起伏的今天，中国 ESG 评级系统的构建迫在眉睫。但是，ESG 评级并非终极目的，通过 ESG 评级倡导 ESG 经营理念，以评级促发展，培育与社会环境休戚与共的共生型企业，让中国企业的海外投资成为绿色化投资的标杆，为世界推进 ESG 经营理念贡献中国智慧才是最终归宿。

第二节 "一带一路"背景下国际经贸协定中环境规则现状

不论是在理论层面还是在法律层面，在国际投资领域内企业都需要承担相应的环境责任。在国际投资活动中，企业承担环境责任的基础包括现已制定并生效的国际投资协定。在国际投资协定中规定的环境条款实质上是就环境保护方面在缔约各方之间建立起一种契约关系。基于这种契约，不但使东道国因环境保护而采取规制措施的主权权利加以增强，而且同时也对作为投资者的企业的环境义务承担进行强化。其中因国际投资协定中环境条款的设立而产生的东道国环境规制权是东道国主权在环境领域的体现。

一、国际经贸协定中企业环境责任的法律渊源

（一）国际投资协定中纳入环境条款的背景

关于国际投资协定的渊源，不同学者的观点略有差异。有学者主张国际投资协定的渊源主要有 BIT 和包含投资章节的 FTA，[1]也有学者主张还应包括多边投资协定在内。[2]但从更为全面的角度，其渊源还应包括区域投资协定。国际投资协定中的环境条款是指在双边投资协定、区域投资协定、包含投资章节的自由贸易协定和多边投资协定中以保护生态环境、自然资源为主

---

〔1〕 On 2010 May19, Kyla Tienhaara submits to the Department of Foreign Affairs and Trade with a Paper Named "Investment-State Dispute Settlement in the Trans-Pacific Partnership Agreement".

〔2〕 韩秀丽：《中国海外投资的环境保护问题研究——国际投资法视角》，法律出版社 2013 年版，第 44 页。

要内容的权利义务关系。早期的国际投资协定并未纳入环境条款或仅隐晦涉及。二战后，全球迎来了第三次经济自由化的浪潮，国际与地区之间的经济流动不断增强。20世纪80年代以来伴随着经济全球化的纵深发展，国际贸易与国际投资愈加频繁。最直观的表现是发达国家输出资金与技术，而发展中国家输出劳工与资源。在输出与被输出的过程中，发达国家与发展中国家的有限资源被再次优化配置。在这场看似"双赢"的各取所需的交易中，发达国家成功降低了成本并大力开拓了市场，发展中国家则赢取了发展机遇并吸纳了先进科技。国际投资的迅猛发展意味着机遇与挑战必将并存，发达国家在签订投资协定时不断要求提高投资保护的水平，发展中国家则在投资领域限制与开放程度的划定中举棋不定。在投资自由化不断深入的进程中，"投资"一词在投资协定中的定义不断扩大、许多限制行业领域陆续对外国投资者开放、投资争端解决方式持续突破传统模式，发达国家与发展中国家不断为自身利益而奋斗。为了解决发达国家与发展中国家日益增加的投资摩擦，诸多国际投资协定应运而生，而这些国际投资协定不可回避的问题之一就是突出的环境问题。

投资自由化浪潮中，不论是发达国家还是发展中国家均普遍获得了经济利益，但是投资活动对全球环境产生的负面影响不容忽视。20世纪60年代以来，随着西方发达资本主义国家的迅猛发展，资本输出快速增长，国际投资发展迅速，重大环境公害事件开始不断出现。[1]由于经济实力的不均衡，在很长一段时间中，发展中国家往往扮演着资本输入国的角色，为了吸引投资者投资换取经济发展，其不惜以牺牲环境为代价。较低的环境标准与不断的妥协让步，让发达国家的投资者选择将一部分能耗高、污染重的产业转移到了发展中国家。这种"污染转移"在短期内助力了经济发展，长期则造成了环境问题的层出不穷：水资源、土地资源、动植物资源的恶化；酸雨、臭氧空洞、PM2.5等大气污染现象严重；固体废物、有毒有害化学品危害人类健康。

以中国为例，外商投资企业在中国有四个不同的发展阶段：第一阶段是起步阶段（1979年—1985年），由于中国外资政策尚不明晰，外商投资总规模较小，对环境的影响并不突出。第二阶段是发展阶段（1986年—1994年），

---

[1] 陈琢：《跨国公司行为纠偏的生态指向》，人民日报出版社2015年版，第40页。

随着《鼓励外商投资的规定》的施行，大量外资开始涌入制造业、化工业等污染密集型行业，中国环境污染态势严峻。第三阶段是调整阶段（1995 年—2005 年），随着社会对环境负面影响的关注，部分企业引入了环境友好技术、加强企业环境管理，但由于外商投资规模的持续扩大，其负面环境影响仍在继续。第四阶段是协调阶段（2006 年至今），随着国内环境意识的苏醒与不断提高，国家大力倡导可持续发展，低水平、高消耗、高污染的外资项目已经被明确限制进入。这四个阶段中，投资与环境的矛盾逐渐凸显，以至于引发了环保意识的觉醒。2007 年与 2015 年修订的《外商投资产业指导目录》均明确表示外商投资需要遵循可持续发展原则，鼓励投资循环经济、清洁能源等，调整与优化外商投资结构。2016 年《中国外商投资发展报告》显示：FDI 与绿色发展问题受到重视，外商投资企业社会责任状况继续改善。报告援引《金蜜蜂在华外商投资企业 CSR 报告研究 2015》数据，显示 2015 年外商投资企业社会责任报告数量增加，外商投资企业不断探索企业与社会和环境共赢的实践方式。

与国际投资发展阶段相结合，从历史纵向来看，中国的外商投资法治环境也同样经历了四个阶段：起步阶段（1979 年—1991 年）、发展阶段（1992 年—20 世纪末）、国际接轨阶段（21 世纪初—2007 年）和完善阶段（2008 年至今）。[1]中国对外资的政策愈加公开透明，但其中涉及环境保护的法律规制亟待加强。自 1982 年中国与瑞典签订了第一个 BIT 以来，截至 2023 年 12 月，根据商务部条法司的统计：中国现行有效的 BIT 共有 104 个，但其中涉及环境保护的寥寥无几。中国身兼国际资本输入国与国际资本输出国两种角色，在国家倡导"一带一路"的大背景下，中国的海外投资日益增多，但国际投资中环境保护条款的缺失使中国海外投资面临较大的环境风险。在外国企业给中国环境带来威胁的同时，中国的企业在海外的投资同样面临环境风险。近十年来，中国海外投资项目在行业分布上集中在矿产行业、能源与电力行业、建筑与房地产行业、交通行业与金融行业等主要领域；在地域分布上主要集中在东南亚、非洲和南美等环境相当脆弱的发展中国家和地区，极易造成环境问题的产生。一些中国企业的海外投资项目已经或正在引起环境问题。例如，2010 年中国水利水电建设集团公司在苏丹的卡及巴尔大坝建设过程中

---

〔1〕 任鸿斌：《中国外商投资环境评价与发展》，载《国际经济合作》2014 年第 7 期，第 27 页。

对当地土著居民权利与土壤造成了破坏,从而被要求撤出该项目;2011 年紫金矿业集团股份有限公司在秘鲁的里奥布兰科铜矿项目被指出存在重大环境风险,面临处罚;2013 年中国石油天然气集团公司在非洲乍得地区的油田作业违反了当地石油业环保法规,被处以高额罚款。

由此可以看出,国际投资协定中环境条款的纳入,并不仅仅是资本输入国在呼吁,资本输出国为了保护本国在海外投资中所面临的环境风险,尤其是在应对"投资者-国家争端解决"(Investor—State Dispute Settlement, ISDS)这一投资争端解决方式时,也同样重视环境条款的构建。因此,在资本输入国环境意识逐步觉醒的过程中,海外投资容易面临环境风险,各国均需考虑如何将绿色、环保的可持续发展理念融入海外投资,国际投资协定中的环境条款由此产生并不断发展。

(二) 国际投资规则中纳入环境条款的历史演进

基于国际主权原则,在其领土范围内,东道国有权对环境事务进行独立自主的处理,采取环境规制措施是东道国在环境领域中行使国家主权的方式之一。[1]国际投资协定中有关东道国的环境权利通常规定于例外条款中,而环境保护义务则反映在序言条款和专门条款中。

第一,国际投资的增长与环境意识的觉醒催生了国际投资协定中的环境条款,如今看似寻常的环境条款在制定初期经历了较长的历史演进过程,早期的国际投资协定并未对企业环境责任予以关注。1972 年在瑞典首都斯德哥尔摩召开的联合国人类环境会议是国际环境法发展史上第一个重要的里程碑,这是首次在全球范围内探讨环境保护问题。在该次会议之后直至 1992 年在巴西里约热内卢召开的联合国环境与发展会议(United Nations Conference on Environment and Development, UNCED),这之间的 20 年中,环境保护与经济发展的矛盾日益突出。因此,1992 年的会议第一次把环境保护与经济发展相结合进行探讨,该会议制定了一系列重要文件(如《气候变化框架公约》《生物多样性公约》《里约宣言》《21 世纪议程》等),并提出了可持续发展战略。自此之后,环境与经济的关系逐渐进入法制轨道。早期调整环境与经济关系的文件主要集中在国际贸易领域,因此对于环境与投资关系的调整大多间接地通过 WTO 框架下的国际条约来进行规范。例如,1991 年签订的《与贸易有

---

〔1〕 马迅:《国际投资协定中的环境条款述评》,载《生态经济》2012 年第 7 期,第 1 页。

关的投资措施协议》(Agreement on Trade-Related Investment Measures, TRIMs) 是世界上第一个专门规范国际贸易与投资关系的国际条约, 其与 1994 年签订的《服务贸易总协定》(General Agreement on Trade in Services, GATS) 通过 GATT 的环境例外条款[1]间接地涉及环境与投资关系的调整。[2]反观国际投资协定的制定与发展过程, 其对环境与投资的调整涉及较晚。从二战之后到 20 世纪 60 年代, 仅在 1948 年出台了《哈瓦那国际贸易组织宪章》这一有关外商直接投资最早的国际协定, 又在 1949 年出台了《外国投资公平待遇国际法则》这一没有约束力的国际协定。从 20 世纪 60 年代到 20 世纪 80 年代, 1965 年制定的《解决国家与他国国民间投资争端公约》(简称《华盛顿公约》)、1976 年制定的《国际投资和多国企业宣言》、1985 年通过的《多边投资担保机构公约》与 1988 年制定的《美加自由贸易协定》, 仍与之前的国际投资协定一样, 未关注环境与投资问题的调整, 更未对企业环境责任有所规制。直至 20 世纪 80 年代后, 各国在制定国际投资协定的过程中考虑将环境保护的内容纳入国际投资协定的构想才初见端倪。

第二, 1994 年生效实施的 NAFTA 是首部明确纳入环境条款的国际投资协定, 受 NAFTA 启发, 晚近诸多国际投资协定在序言条款、例外条款和专门条款中纳入了环境条款。其一, 序言性环境条款, 是在国际投资协定的序言部分纳入的环境条款。在缔结国际投资协定时, 缔约方选择在序言部分纳入环境条款主要是为了在宏观上维护东道国环境利益和投资者利益之间的平衡, 防止被指责为了投资自由化的追求而忽视环境保护的要求, 并且与国际投资协定中其他类型的环境条款保持一致。其二, 环境例外条款是一种规定基于环境保护的事由, 东道国可以免于履行国际投资协定项下的投资保护义务, 并可以采取必要措施实现环境保护之目的的防御性条款。环境例外条款为东道国维护生态环境、达到环境保护目标开辟了 "免责" 通道, 但这种例外条款仍然是服务于国际投资协定的投资条款的实体法义务下有限度、有条件的例外, 以尊重缔约方在国际投资协定项下与投资保护相关的实体性权利为前提。目前, 大部分国际投资协定在处理环境保护与投资保护问题时往往会选

---

〔1〕 GATT 1994 与环境有关的条款主要有第 2 条对进口产品征收税费的规定, 以及第 20 条关于一般例外的规定。

〔2〕 张薇: 《论国际投资协定中的环境规则及其演进——兼评析中国国际投资协定的变化及立法》, 载《国际商务研究》2010 年第 1 期, 第 56 页。

择纳入环境例外条款。[1]其三，专门环境条款是指在国际投资协定中对环境保护与投资保护关系进行直接调整的专门条款，这一类型的条款主要出现在FTA的"投资"专章或"环境"专章中。FTA"投资"专章的专门环境条款多以赋予东道国采取环境保护措施的权利或规定东道国不得为吸引投资而弱化环境保护义务的形式出现；FTA"环境"专章专门环境条款则更具体地规定了东道国处理投资与环境保护之间的权利和义务，甚至包括投资协定与环境协定效力关系的协调。例如，2015年中国-韩国FTA"环境与贸易"专章第16条第5款，2017年中国-格鲁吉亚FTA"环境与贸易专章"第3条。这些条款对投资者的环境责任规制提出了更为具体的要求。

第三，国际投资规则经历了从双边到区域再向多边的扩展历程，然而与之相反的是晚近时期与环境有关的投资规则却经过了从多边到区域再向双边的逆向发展过程，这一演变过程是对环境保护意识在世界范围内觉醒并不断细化深入发展的最好诠释。为了规范投资者的跨国投资行为，减少对环境造成的恶劣影响，在全球性的多边投资协定缔结不顺利的时代背景下，从20世纪90年代以来，一些区域投资协定逐渐开始规范投资过程中的环境问题。[2]除了NAFTA以外还有例如1990年生效的欧共体与太平洋、加勒比、非洲地区国家集团签订的第四个《洛美协定》和后续签订的《科托努协定》，1998年签署的《东南亚联盟投资区框架协议》，2004年签署的《南亚自由贸易协定》（Agreement On South Asian Free Trade Area，SAFTA）等区域国际投资协定，其中都无一例外地纳入了环境条款。与此同时，BIT中环境条款的发展也开始提速，1994年美国BIT范本就在序言部分强调了投资与环境协调，其后签订的美国-阿塞拜疆BIT、美国-玻利维亚BIT已成为国际投资协定中处理投资与环境保护的先行者。自进入21世纪以来，国际投资协定的质量与数量与日俱增，国际投资协定也开始进入晚近发展的新时期。作为BIT典范的美国BIT范本明确了保护环境的紧迫性和重要性，并通过纳入更为具体、详尽的环境条款来处理环境与投资保护问题，许多国家在签订BIT时也不仅仅纳入序言性环境条款，而且选择在例外条款与专门性条款中同样提及环境保护。随

---

〔1〕 黄世席：《全球气候治理与国际投资法的应对》，载《国际法研究》2017年第2期，第12~22页。

〔2〕 刘哲堃：《"一带一路"倡议下中国区域贸易合作与出口产品质量研究——契约环境视角》，载《工程管理科技前沿》2023年第4期，第45页。

着国际投资协定中环境条款纳入的增加与内容的细化，企业环境责任规制也逐渐得到完善。

二、序言条款中纳入可持续发展义务

国际投资协定中的序言条款以目标性和宗旨性的规定为主，在序言条款中纳入的环境条款是各缔约方为实现可持续发展目标而在保护投资自由化的国际经济协定中所做的努力。而国际投资协定序言性环境条款的主要特点表现为具有目的和宗旨的含义，在序言中通常会提及坚持可持续发展、进行环境保护对促进投资的作用与意义；或认同改善生态环境、加强环境合作是可持续发展得以实现的重要方式；又或者明确保证会通过与环境保护相一致的方式推动投资保护目的的实现。尽管序言条款的宣誓性效力较强而实质性效力较弱，但其对投资协定的条款解释起到了重要的辅助和指引作用。[1]

东道国的可持续发展义务在 BIT、FTA、区域性以及多边投资协定中均有体现。第一，与 FTA 相比，BIT 纳入环境条款相对较晚，对于企业环境责任的制约性较弱，需要进一步强化。[2]1994 年之前美国所缔结的 BIT 未纳入环境条款，在 1994 年 NAFTA 签订实施之际，美国在 BIT 范本以及其后缔结的 BIT 中才逐步纳入了环境条款。1995 年美国-阿尔巴尼亚 BIT、1998 年美国-玻利维亚 BIT 的序言中较早引入了环境条款，[3]2004 年与 2012 年的美国 BIT 范本的序言条款也有类似的规定。2004 年美国 BIT 范本的序言中表述："期望以与促进环境、安全和健康，以及国际公认的劳工权相一致的方式，达成这些目标"，在 2004 年之后美国与其他国家缔结的 BIT 中，基本上照搬了范本中的序言，[4]2012 年美国 BIT 范本较之 2004 年版基本相同并无明显进步。同样，在诸如 2004 年加拿大 BIT 范本、加拿大-秘鲁 BIT 和日本、瑞典、芬兰等其他国家签订的 BIT 中也出现了"承认促进和保护投资应有利于促进可持续发展"等条款。中国有 1984 年、1989 年、1997 年以及 2010 年四代 BIT 范

---

〔1〕 张庆麟主编：《公共利益视野下的国际投资协定新发展》，中国社会科学出版社 2014 年版，第 3 页。

〔2〕 张光：《论国际投资协定的可持续发展型改革》，载《法商研究》2017 年第 5 期，第 161～170 页。

〔3〕 本书所引 BIT 均来自联合国贸易与发展会议 BIT 数据库；中国的 BIT 均来自商务部条法司文本投资条约数据库，相关国家的范本除特别注明外均来自其本国相关网站。

〔4〕 例如 2005 美国-乌拉圭 BIT、2008 美国-卢旺达 BIT 等。

本。[1]其中，中国 2010 年 BIT 范本在序言中明确规定："愿增强两国间合作，促进经济稳定、健康和可持续发展，提升国民生活水平。"与此相对，中国在 2010 年以前签订的 BIT 序言极少提及环境问题，其后也仅在 2011 年中国－乌兹别克斯坦 BIT 相较于 1992 年版在序言中增加了环境条款。中国与"一带一路"共建国家签订的 BIT 大部分缔结于 1996 年之前，当时中国经济与今日不可同日而语，部分 BIT 甚至缺少国民待遇条款，更不会考虑环境保护问题。

第二，区域性国际投资协定序言条款对于投资者的环境责任制约较之 BIT 更为有力。FTA 序言的环境条款大多效仿 NAFTA 中的相关条款，而 NAFTA 的环境条款则脱胎于 WTO 的环境保护序言条款。NAFTA 的序言条款规定："为了完善环境法律与规章，促进环境法律规章的实施，同时保证经济稳步增长，各国应该：①制定落实环境保护相关的目标；②确保公众福利维护的灵活性；③促进可持续发展；④进一步完善环境法律法规并认真落实。"NAFTA 的该条序言规定则成了重要的环境保护条款，被众多的国际投资协定所纳入。相较于 NAFTA，1998 年生效的 ECT 是另一个关注环境的区域投资协定，其在序言条款中提出了具体的环境公约的作用，将《远距离跨界大气污染公约》及其议定书、《联合国气候变化框架公约》以及其他国际环境公约纳入其中，希望以国际环境公约指引 ECT 缔约方的环境保护措施与行动。但由于 ECT 未将遵守国际环境公约作为公约义务加以规定，造成这些国际环境公约对 ECT 的缔约方不具有法律约束力。虽然 ECT 的努力最终以失败告终，但是其将国际环境公约加注于国际投资规则之中，试图通过此种方式更好地保护环境的做法值得肯定。

第三，与 NAFTA 和 ECT 相比更为有进步的是 OECD 在 1995 年到 1998 年起草的 MAI 草案和欧盟与加拿大签订的综合经济贸易协定（Comprehensive Economic and Trade Agreement，CETA）。该草案对于投资者的环境责任制约更为全面，其中与环境保护相关的序言条款规定："各缔约方承认环境政策在引导投资以环境友好方式进行从而保证可持续发展这一方面中所扮演的角色十分重要""为了保证此项协议的实施与制定符合可持续发展的要求，该协议需要遵循《里约宣言》《21 世纪议程》等国际环境公约的相关规定，将风险预

---

[1]　韩秀丽：《中国海外投资中的环境保护问题》，载《国际问题研究》2013 年第 5 期，第 111 页。

防原则和污染者付费原则纳入其中"。该草案再次强调了环境保护原则，要求协定的缔约方在国际投资活动中必须遵守其中的环境条款，不因吸引国际投资而转移。虽然关于 MAI 的谈判最终被搁浅，但是该协定草案向参与谈判的各个国家明确强调了可持续发展原则在国际投资规则制定中的重要地位。而CETA 则在序言条款中提出，应保证缔约方在其领土范围内的规制权，并在合法公共目标中纳入了公共道德。

各类序言条款中的环境保护内容大体相同，这些条款通常直接或间接地宣扬树立可持续发展观对于国际投资活动的重要性，也有一些序言条款纳入了国际环境公约，从而将环境保护的规定具体化，以利于在解决与环境相关的投资争议时以环境条款作为案件裁决的依据。一方面，序言式环境保护条款为部分未规定具体环境条款的国际投资协定规范投资者投资行为、纳入环境保护条款奠定了法律基础。另一方面，此类序言条款为解决与海外投资企业环境侵害相关的投资争议提供了法律解释渊源，为投资争端解决机构作出保护环境公共利益的解释打下了基础。但是，由于序言条款的宗旨性与倡导性特征，此类条款只是粗略表明了各缔约方在可持续发展理论指导下实现环境保护的愿望，但没有对缔约方的权利和义务进行具体规定。同时，由于部分国际投资协定是在投资保护主义导向下所缔结的，因此其中所纳入的环境保护与可持续发展目标与促进投资与贸易自由化目标的地位是不可同日而语的。因此，东道国实现可持续发展的动力尚不可与其对经济发展的追求比肩。

三、例外条款中的确认东道国环境保护权利

目前，大部分国际投资协定为了制约投资者的环境侵权行为通常会采用纳入环境例外条款的方式。从环境例外条款的内容形态上来看，国际投资协定通常采用了一般环境例外条款与具体环境例外条款。从具体类型上划分，环境例外条款最主要可以被分为一般例外条款、间接征收例外条款和重大安全例外条款三种类型。从环境例外条款的最终实施效果来看，其本质上是对东道国在国际投资协定之中投资保护义务的减损或免除。国际投资协定中纳入的环境例外条款的特征可以被归纳为两点：其一，环境例外条款是存在于国际投资协定包含的投资实体条款义务中，有条件、有限度的例外。环境例外条款需要被明确规定于国际投资协定之中，并且必须满足特定的条件与限度。这种"条件与限度"既要求尊重协议项下其他缔约方在保护投资方面的

实体性权利，也要求在最大限度内对东道国国内政策法规及环境保护利益的合法性予以承认并善意遵守。其二，环境例外条款的存在意味着为东道国开辟了一条实现维护动植物、国民的健康或生命、保护环境等环境目标的"免责"通道。东道国为了达到保护生态环境、自然资源可持续发展的目标，可以援引国际投资协定中的环境例外条款来证明东道国政府实施的限制投资措施是合法而且正当的，不需要因与投资协定项下的投资保护义务相背离而承担责任。

第一，在国际经济领域，影响最为广泛的一般环境例外条款是 GATT 1994 第 20 条的（b）项与（g）项，该条款以赋予东道国环境权利的方式约束投资者的环境侵害行为。根据第 20 条的规定，该协定项下的所有规定均不得解释成对缔约方加强或采取环境措施予以限制，但缔约方所采取的环境措施不得变相限制国际贸易，也不得在国际贸易中任意采取不合理的差别待遇。这种被允许采取的环境措施包括：第 20 条（b）中为保护动植物和人类的生命与健康所必需的措施；（g）项中的与国内限制生产与消费的措施配合实行的，对非可再生的自然资源进行有效保护的相关措施。这两项条款表明，多边贸易体制允许其成员方把国家环境目标放在优先位置，优先于不得采取歧视性贸易措施、不得增加贸易限制等一般义务，但必须以一般环境例外等合法的手段进行。GATT 1994 也存在一些问题，例如由于第 20 条使用的"必需""不合理""任意""变相限制"和"自然资源"等词语的含义过于宽泛、极不明确，不可避免地引发了许多争议。但是，由于在 WTO 体系中，第 20 条的一般环境例外是与环境保护联系最为密切的条款，在与投资有关的国际条约中被广泛纳入。一些区域投资协定与 FTA 就使用了以 GATT 1994 第 20 条为蓝本制定的一般环境例外条款，例如 NAFTA 第 2101 条、USMCA 第 14.16 条与第 24.4.2 条、中国-东盟 FTA 的第 12 条、中国-新西兰 FTA 第 200 条、2012 年中国-加拿大 BIT 第 33 条、加拿大-智利 FTA、新西兰-新加坡 FTA 第 71 条、日本-新加坡 FTA 第 7 章服务贸易与第 8 章投资章节等都以与直接复制 GATT 第 20 条的规定类似的方式将一般例外纳入其中。《印度与东盟综合经济合作框架协定》第 10 条则在第 20 条的基础上加入国家安全、考古价值的规定。2007 年《东南部非洲共同市场投资合作协定》与 2009 年修订的《东盟综合投资协定》两个区域投资协定也参照了 GATT 第 20 条制作了一般环境例外条款。与之相较，BIT 纳入一般例外条款的进程相对滞后，但

1998 年毛里求斯-瑞士 BIT、1999 年阿根廷-新西兰 BIT、1999 年澳大利亚-印度 BIT 纳入了一般环境例外规定，晚近的中国-加拿大 BIT 也规定了一般环境例外。但目前一般例外条款用语不明、表述宽泛的问题仍然存在，导致此类条款在投资领域内解决海外投资企业的环境保护问题发挥的作用相对有限。

第二，与在国际投资协定的投资保护条款中加入一般环境例外条款相比，加入具体环境例外的规定可以增强东道国行为的针对性，避免给予企业可乘之机。目前，最为常见的是在"间接征收""履行要求"等条款中加入具体环境例外。在 USMCA 中也提出了国民待遇与最惠国待遇例外。[1] 其中第 14.4 条和 14.5 条明确提出基于环境考量对投资者或投资给予差别待遇，将仲裁庭这一倾向固化。首先，以"履行要求"条款为例，NAFTA 第 1106 条"履行要求"条款中的第 2 款和第 6 款就是针对履行要求的具体环境例外规定，USMCA 第 14.10 条的规定与此类似。履行要求的禁止的本意是，为了对国际投资进行保护而限制东道国对投资者肆意提出业绩要求或履行要求的行为。但是，随着环境保护要求的增长，若像禁止一般技术转移要求那样，同样禁止东道国要求母国的企业进行环境友好技术转移，并不考虑环境因素对当地购买、履行要求而一律予以禁止，则违背了东道国的环境保护目标，难以借助企业的投资活动提升东道国环境保护技术，因此在国际投资协定的履行要求条款中设置环境例外具有必要性。禁止履行要求的环境例外规定一般出现在 FTA 的投资专章以及 BIT 中。BIT 中的禁止履行要求的环境例外在 2004、2012 年美国 BIT 范本，2004 年加拿大 BIT 范本中均得到了体现。但是，这种具体环境例外条款仍然会受到国民待遇和最惠国待遇的限制，打破了发展中国家依据此类条款要求发达国家的企业在国际投资时转移环境无害技术的唯一希望。国民待遇要求发展中国家对待国内外投资者时，以其国内标准为准一视同仁，但由于发展中国家的环境保护技术与设备落后，环境保护水平较低，使得环境无害技术这一类高新技术难以被引进国内，无疑使得发达国家的企业规避了公平责任理论所强调的共同但有区别的环境责任承担，也与企业社会责任的环境要求背道而驰。

另外，在具体的环境例外中，于间接征收条款中纳入环境例外在国际投

---

[1] 梁咏、侯初晨：《后疫情时代国际经贸协定中环境规则的中国塑造》，载《海关与经贸研究》2020 年第 5 期，第 95 页。

资协定中也较为常见。在国际投资协定中，征收条款是一种重要的实体性条款，其设置目的在于防止东道国的征收措施过度侵害投资者利益，因此征收条款的丰富程度在某种意义上也象征着国际投资协定的投资保护水平。早期的国际投资协定中并没有关于间接征收条款的环境例外规定，但由于企业基于东道国环境措施提请投资仲裁的情况普遍存在，与环境侵害有关的投资仲裁实践的结果表明了在间接征收中纳入环境例外的重要性。于是，以美国、加拿大为首的发达国家在缔结的 BIT 和 FTA 中开始设置间接征收环境例外条款的相关规定。由于 NAFTA 首创的间接征收环境例外屡次经历仲裁实践中的挫折而未能实现环境保护目标，其后的 FTA 和 BIT 谈判与制定过程吸取了 NAFTA 的教训，在相关环境例外规定上实现了新的突破。这类协定以 2004 年美国 BIT 范本为代表。美国 BIT 范本的附件 B "征收"明确规定："除极少数情况外，缔约方为保护环境、安全、公共健康等合法的公共利益而设计并适用的非歧视性手段不认为构成间接征收。"这一规定在近年缔结的美国-韩国 FTA、美国-加拿大 FTA、加拿大-秘鲁 BIT、USMCA 中均被采纳。

当前，间接征收的环境例外条款具有两个特点：其一，间接征收的环境例外条款大多被规定在国际投资协定的附件当中，而在正文条款中直接赋予东道国这种制约企业环境侵害的权利的情况较少。如 2012 年美国 BIT 范本在附件中规定缔约方基于保护公众健康、安全和环境所采取的非歧视性措施，除极少数情况外不会被认定为构成间接征收。2008 年美国-乌干达 BIT 附录 B 规定："缔约国如果以保护公共福利为目的，采取保护本国公共健康、安全和环境的措施，不构成间接征收，无须对投资者进行赔偿。"再如，中国-新西兰 FTA 的附件 13 第 5 款规定政府为保护公众健康、安全、环境等公共利益实现，而采取的非歧视措施不被认为构成间接征收。其二，间接征收中的环境例外条款因被附加诸多限制且表述不明确，影响了在面对企业环境侵害时东道国权利的行使。如 2004 年、2012 年美国 BIT 范本对于条款中的"除极少数情况"未能作出明确阐述，导致存在即使东道国基于环境目的通过合理的方式实施环境措施的情况下，该环境措施也有被认定为间接征收的可能。2004 年加拿大 BIT 范本还要求环境措施必须满足"被合理视为因善意而采取和适用"的条件，这也就意味着需要对东道国的征收措施是否出于善意动机进行考察，但在条款中未对考察应该遵循的标准明确规定，从而影响了东道国环境权利的行使。TPP 这一多边投资协定在投资章节中关于间接征收例外的规定基本脱胎于 2012 年美国 BIT 范本，但其中将旨在保护"正当的公共福利目标"的非歧视性行为剔除于间接征收条款以及注明公共安全、公共健康及环境等只是指示性的非穷尽列举也较之范本有所进步。[1]

就中国而言，2006 年中国-印度 BIT 议定书第 3 条、2008 年中国-新西兰 FTA、2009 年《中国-东盟投资协议》第 16 条都引入了征收环境例外条款。2010 年《中国投资保护协定范本（草案）》第 6 条第 3 款是关于间接征收的规定："缔约方采取的为了保护公众健康、安全与环境等正当公共利益的非歧视性措施，不能被认定为构成间接征收。除如缔约方所采取的环境措施严重超过维护公共利益的必要限度时等极少数情况以外。"[2] 2011 年中国-乌兹别克斯坦 BIT 第 6 条环境条款表述与 2010 年《中国投资保护协定范本（草案）》的环境条款表述基本一致。2012 年中国-加拿大 BIT 第 33 条、2012 年《中日韩关于促进、便利及保护投资的协定》的议定书第 2 条、2013 年中国-坦桑尼亚 BIT 第 6 条均纳入了征收环境例外条款，且因加入了非歧视要求、成比例要求等而日臻完善。但中国投资协定也有征收例外条款的通病，即尚未对"极少数情况"进行条件界定或仅做不完全列举，且用语模糊语义不明，如中国-加拿大 BIT 中"以至于不能认为以善意方式采取和适用"的措辞。就中国作为资本输入国的身份来说，例外条款的不完善极易导致作为东道国面对企业环境侵害时束手无措，从而使环境权利"名存实亡"。而在"一带一路"新格局下，就中国作为资本输出国的身份来说，例外条款的用语模糊增加了中国被卷入针对企业环境诉讼的风险。

四、专门条款中设置不弱化或降低环境保护的义务

东道国不弱化或降低环境保护的义务条款常以专门条款的形式出现，被冠以"投资与环境"或"环境措施"的标题。这类条款或以"环境保护水平"条款的形式对东道国采取环境措施的权利予以正面规定，或以"环境法规执行"条款的形式对东道国不得为吸引投资而弱化环境保护的义务予以反面规定。首先，NAFTA 第 1114 条表现得最为典型，对东道国环境权利与义务

---

〔1〕 韩秀丽：《中国海外投资的环境保护问题研究——国际投资法视角》，法律出版社 2013 年版，第 72 页。

〔2〕 温先涛：《〈中国投资保护协定范本〉（草案）论稿（二）》，载《国际经济法学刊》2012 年第 1 期，第 133 页。

做出了示范,以期"曲线救国",对投资者的非环境友好行为予以制约。
NAFTA 第 1114 条中的"环境措施"第 1 款规定在第 11 章"投资"中的任何
规定都不得被解释为阻止缔约方对其境内进行的投资活动因维护环境因素而
采取、执行适当的管制措施;以及第 2 款规定缔约方承诺不做出因吸引投资
而降低国内健康、安全和环境措施的不合理举措,因此各协定缔约方不应为
吸引投资者进行投资而减损或者放弃,或提议减损或者放弃应采取的措施。
如缔约方认为另一缔约方进行了这种鼓励,可以提出与对方磋商的要求并且
对方必须进行相应的磋商。国际投资协定中的东道国不弱化或降低环境保护
的义务条款基本上都是在 NAFTA 第 1114 条的基础上进行的设计,其环境条
款的内容结构与具体表述基本与第 1114 条相似或相同。这些条款为了解决环
境保护与投资保护的矛盾,从内容上对东道国享有实施、执行和维持环境措
施的权利和不可因吸引投资而减少环境措施的义务两个方面进行了规范与调
整。另外,NAFTA 附属文件的《北美环境合作协议》(North American Agree-
ment on Environmental Cooperation, NAAEC) 在环境专章中规定了有关环境保
护水平的条款[1]和有关环境法规执行的条款[2]。

　　在此以后,在美国主导缔结的大部分包含环境条款的国际投资协定,例
如 2004 年美国 BIT 范本及美国牵头的 FTA,大多采取直接沿用 NAFTA 的规定
的方式,仅在条款用语上做出了些许调整。例如,2004 年美国 BIT 范本第 12
条规定"应尽力确保不免除或以其他形式减损环境保护措施",与该条款相似
的是 2002 年比利时 BIT 范本第 5 条。但是,由于这两个条款都采用了"尽力
确保"这种模糊性措辞,与 NAFTA 中"不应放弃或以其他形式减损"相对强
硬的用语相比其软法性质更为突出。其后所签订的美国-乌拉圭 BIT 第 12 条
以"投资与环境"作为标题、加拿大-智利 FTA 在第三部分第 G-14 条以
"环境措施"作为标题,继续使用了和 NAFTA 条款用语近似或相同的表述方
式。加拿大-秘鲁 BIT 第 11 条虽然以"健康、安全与环境措施"作为标题,

---

　　[1] NAAEC "环境保护水平"条款规定:"承认各方有权确定自己国内环境保护水平和环境发
展的优先事项,据此采取或修改环境法规和政策,各方要确保这些法规和政策规定和鼓励高水平的环
境保护并努力继续改善这些法规和政策。"

　　[2] NAAEC "环境法规的执行"条款规定:"任何缔约方不能不有效执行其环境法规;各缔约
方承认通过削弱或降低国内环境法规中的保护水平来鼓励贸易和投资是不适当的;任何缔约方都要努
力确保不以削弱或降低这些环境法规中的保护水平的方式放弃或损抑或提议放弃或损抑这些法规来鼓
励与另一方的贸易或作为在其境内设立、获得、扩张以及保持一项投资的激励措施。"

但在其表述和内容上仍使用了与 NAFTA 第 1114 条第 2 款相同或近似的表述，即不得降低国内环境保护措施的义务。以日本为主导缔结的双边以及区域投资协定大多以"环境措施"为题，只对 NAFTA 第 1114 条第 2 款的内容进行了保留，即仅在专门环境条款中纳入了缔约方不得放松环境措施的义务的规定。相较于 2004 年美国 BIT 范本，2012 年美国 BIT 范本的第 12 条第 2 款的规定使东道国不弱化或降低环境保护的义务由最佳努力条款义务变为了强制性义务，并扩大了义务范围，[1]从而赋予了东道国更大的环境规制权，扩大了东道国的政策空间，以达到制约投资者环境侵权行为的目的。但 USMCA 对东道国滥用环境规制权作出了规范，这一条款的设置是否会造成东道国环境权利的挤压仍需进一步论证。

此外，区域投资协定和多边投资协定也普遍纳入了东道国不弱化或降低环境保护的义务条款。作为区域投资协定代表的 ECT 只赋予了东道国实施环境规制措施的权利，而未对其规定具体的义务。如 ECT 第 18 条赋予了东道国能源资源管理权和环境主权；而 ECT 第 19 条则规定了缔约方应尽力采取预防措施降低对环境的不利影响保证可持续发展，并且原则上缔约方应承担相应的污染治理费用。该条不仅纳入了可持续发展的概念，还确立了污染者付费的原则，看似是对缔约方环境保护义务的规定。但是该条款用语上的模糊性，使得该条款没能赋予缔约方环境措施实际执行力，对于企业的环境侵权行为缺乏约束力，最终沦为了缔约方自愿遵守规定，不能被称为对缔约方承担了明确具体的义务。

在多边投资协定中，以 MAI 和 TPP 的相关规定最具代表性。受 NAFTA 第 1114 条的影响，MAI 专门设置了"不得降低标准"条款，其内容基本照搬 NAFTA 的表述。TPP "投资"专章的第 3 条规定了该章节和 TPP 中其他章节的关系，即在投资章节的规定和其他章节规定不一致时，在不一致的范围内其他章节优先。第 15 条"投资与环境、卫生与其他管理目标"规定，只要缔约方认为所采取的环境措施可以对保证在其管辖范围内所进行的投资活动将卫生、环境或其他管理目标考虑在内的结果有所促进，就可以采取这种符合

---

〔1〕 2012 年美国 BIT 范本第 12 条第 2 款规定："缔约双方承认通过弱化或降低国内环境法提供的保护来鼓励投资是不适当的。所以每一方都应确保其不以弱化或降低这些国内环境法中提供的保护方式，或通过持续的或反复的作为或不作为，未能有效地实施这些法律，放弃或以其他方式损抑，或表示愿意放弃或以其他损抑其环境法的方式，作为设立、收购、扩张或保留其领土上的投资的鼓励。"

本章规定的措施。TPP"环境"专章第3条规定得较为详尽："1. 缔约方认识到相互支持的贸易和环境政策与实践对于加强环境保护、促进可持续发展的重要性。2. 缔约方认识到，每一缔约方拥有设定其国内环境保护水平和环境优先事项的主权权利，并为此拥有制定、采取或修改其环境法律和政策的主权权利……6. 在不损害第2款的情况下，缔约方应认识到为了鼓励投资而减少、弱化环境法律所提供的保护的行为是不适当的。因此，缔约方不得以减少或弱化此类法律所提供的保护的方式以鼓励缔约方间贸易和投资的方式，豁免或减损或提议豁免或减损其环境法律……"其中措辞与2012年美国BIT范本类似，均是强制性义务，且因有"环境"专章所以内容较为详实，有利于从东道国权利义务的层面间接影响企业的海外投资行为。

总体来说，国际投资协定中东道国的环境权利和义务正在加强，对投资者的跨国投资行为的约束性也相应提高。从法律规范层面对东道国的权利作出明确规定，比事后通过判例法来确定东道国的权利更能保护东道国的利益，其可预期性使得东道国更能放开手脚在权利的边界内行使环境保护权利。[1]从正面确认环境规制权利并规定东道国不放松环境措施义务条款进一步提高了环境保护义务专门条款的完整性。此外，对行使不放松环境措施义务的形式进行具体说明，有利于将东道国的环境措施执行和法律法规相联系，促使企业在东道国法律法规的框架内采取环境措施，进而制约企业的国际投资行为。

作为东道国的发展中国家也在逐渐接纳此类条款。就中国而言，中国−加拿大BIT第18条"磋商条款"第3款指出，东道国降低国内环境标准的行为是不适当的，据此而产生的问题缔约方可以召开会议专门进行磋商和研究。2013年中国−坦桑尼亚BIT第10条的第1款明确了东道国不放松环境措施的义务，类似的环境措施条款在《中日韩关于促进、便利及保护投资的协定》第23条中也有体现。这些条款都属于环境保护义务专门条款。同样，中国−韩国FTA在其投资章节中也纳入了环境措施条款，规定为吸引投资而弱化环境措施是不适当的，要求各缔约方均不得为鼓励投资而放弃或减损环境措施。中国−瑞士FTA在第12章第2条第2款也做出了类似规定，但相比于中国−韩国FTA的强硬表述，中国−瑞士FTA的表述较为软弱，没有使用"不得放弃

---

〔1〕　韩秀丽：《中国海外投资的环境保护问题研究——国际投资法视角》，法律出版社2013年版，第93页。

或用其他形式减损环境措施" 这种明确有力的条款。这类环境保护义务专门条款在中国所签订的国际投资协定中较为罕见，在晚近所缔结的国际投资协定中才逐渐出现，但在《中国投资保护协定范本（草案）》中并没有设置。该范本仅在第6条、第10条第2款中纳入了征收例外条款与一般环境例外条款。在中国与"一带一路"共建国家所缔结的国际投资协定中更是鲜少见到此类条款。为了"一带一路"的绿色发展，避免中国企业的海外投资沦为"掠夺式发展"，对"中国环境新殖民主义""中国环境威胁论"等甚嚣尘上的论调做出有效回击，中国应在后续签订或重新签订的国际投资协定中积极纳入东道国不弱化或降低环境保护的义务的专门条款，在约束别国的同时也约束自己，共同促进经济的可持续发展。

五、国际经贸协定中企业环境责任的司法规制

（一）投资者母国确立有关环境保护的立法与司法规制

虽然国际投资协定对母国环境保护义务与责任的规制较少，但在母国环境保护的立法与司法规制中做出了相应的弥补。母国环境保护的立法规制是指母国立法适用于本国的海外投资及投资者。诸多 BIT 对投资者的管辖原则以设立地主义为主、以实际控制主义为辅，当海外投资者同时拥有双重或多重国籍时，也受母国的属人管辖。因此，与东道国规制相比，母国可以对其企业行使更大的域外规制权，企业在根本上仍受其母国法调整。在规制海外投资方面，以美国为首的发达国家大多奉行自由主义，并未针对海外投资环境管理进行相应的立法，美国也一直拒绝将其《国家环境政策法》适用于海外投资者。美国对其海外投资者的行为仅通过保险公司、银行和证券机构进行监管。美国是最早实施海外投资保险制度的国家，而海外投资保险公司的承保条件中都有关于环境保护的相关规定。以美国政府机构——美国海外私人投资公司（Overseas Private Investment Corporation，OPIC）为例，1998 年 OPIC 发布了一项环境手册，要求其所承保的投资项目在执行中必须尊重东道国的环境政策法规，所有的投资活动都必须遵守世界银行提出的相关环境标准。凡是对环境有重大影响的投资项目，OPIC 都将拒绝予以承保。企业往往需要母国银行通过贷款来填补巨大的资金投入，而银行为了避免盲目放贷，往往会对项目进行整体的环境风险评估。

环境影响评价法律文件主要集中在国际环境法领域，包括《里约宣言》

第 17 项原则，《联合国海洋法公约》第 204 条、第 205 条和第 206 条以及《气候变化框架公约》第 4 条第 1 款。为了规范环境评估的标准，2002 年依据世界银行集团《环境、健康和安全指南》和《国际金融公司环境和社会可持续性绩效标准》，世界主要金融机构建立起了一个适用于全部项目资本成本超过 1000 万美元的项目融资原则——"赤道原则"。该原则是为评估、判断与管理项目融资中的环境和社会风险提出的一项金融行业基准，以确保所融资的项目按照对社会负责的方式发展，避免该投资项目对生态系统和自然资源造成不利影响。如这些对环境的消极影响难以避免，则要求投资者采取措施降低不良影响或者对该不良影响予以适当赔偿。时至今日，花旗银行、汇丰银行等八十多家金融机构宣布采纳"赤道原则"，中国的兴业银行、江苏银行也宣布采纳该原则。另外，中国的深圳证券交易所与上海证券交易所均要求上市公司积极履行社会责任，[1]定期披露社会责任报告和海外投资的环境保护重大事件及相关信息。

　　母国环境保护的司法规制主要体现在跨国环境诉讼制度方面。受害人对于由海外投资企业造成的环境侵害提起跨国环境诉讼一般分为两种：一种是基于一般侵权而提起的诉讼，另一种是基于《外国人侵权求偿法案》（Alien Tort Claims Act，ATCA），亦称为《外国人侵权法》（Alien Tort Statute，ATS）而提起的诉讼。在第一种诉讼中，长期的司法实践表明，由于投资者母国多为发达国家，司法制度尤其是与环境保护相关的司法制度相对健全，且在母国法院提起诉讼将不涉及裁决在母国以外的国家得到承认与执行的问题，诉讼当事人多倾向于选择向投资者母国法院提起诉讼。但由于其中作为投资者的跨国公司的诉讼主体难以认定，很多跨国公司的母公司并不能对其境外子公司的环境损害承担责任，因此依据属地管辖原则向跨国公司母国法院提起一般侵权跨国环境诉讼也常常受到阻碍。在第二种诉讼中，其重点是 ATCA 的运用。1978 年美国出台了 ATCA。依据该法案，对于外国人提起的因美国公司违反国际法或美国所缔结条约导致的民事侵权诉讼案件，原则上美国联邦地区法院均享有初审管辖权。虽然依据 ATCA，似乎因美国跨国公司或在美营业的跨国公司所造成的人权或环境侵害行为而遭受损失的外国人均可以诉

---

〔1〕 孔粒、芮明杰、罗云辉：《中国上市环保核查制度改革的效果及影响因素》，载《中国人口·资源与环境》2021 年第 4 期，第 90 页。

诸美国法院。但实际上，外国人就大规模环境侵害提起的求偿案件一直被美国法院裁决为超出 ATCA 适用范围，即使原告试图将环境侵害上升至违反人权的高度也鲜少成功。[1] 尽管大多数依据 ATCA 提出的跨国环境诉讼案件可以取得管辖权，但美国法院最终基本上均依据不方便法院原则（forum non convenience）予以驳回，其受理的案件基本上都涉及跨国公司在东道国侵犯人权的案件中存在协助或共谋行为的情况。但不可否认的是，由于 ATCA 的存在，部分涉及大型跨国石油、天然气公司环境损害的案件，最终通过庭外和解的方式使得受害人得到了赔偿，从而使投资者间接承担了环境损害赔偿责任。但跨国环境诉讼中的母国往往是发达国家，其母国管辖权的规定却因欠缺公正的裁决而饱受诟病。

（二）跨国环境诉讼制度中明确母国管辖权的规定

母国法院对东道国领土内发生的环境侵权行为行使管辖权可以依据属人管辖，即诉讼当事人中有一方是母国的国民或企业，也可以依据属地管辖，即诉讼当事人一方是在母国境内的跨国公司母公司的子公司或分支机构。根据英美法系国家的实践，甚至可以依据"有效控制原则"行使管辖权，在该案件的被告于送达传票时位于母国境内且传票可以有效送达于被告时，母国法院就享有对该案件的管辖权；若被告是法人，则只要该法人于母国注册或进行商业活动，母国法院就享有对该法人的管辖权。[2] 英美法系国家还存在"长臂管辖"的规定。例如，伊利诺伊州规定："任何人只要在本州从事商业交易活动，不论其是否为本州公民也不论其从事商业交易的种类，均受本州法院管辖。"这使得法院很容易取得对环境侵权案件的管辖权。但基于上文所述，母国的管辖权在跨国公司环境侵害造成的一般跨国环境侵权案件与基于 ATCA 而提起的跨国环境诉讼中面临着诉讼主体不确定和不方便法院原则滥用两个困境。

以印度的"博帕尔（Bhopal）毒气案"为例，1984 年 12 月 3 日，印度发生了举世震惊的博帕尔毒气事件。美国联合碳化物下属的联合碳化物（印度）有限公司（Union Carbide India Ltd.）设于印度博帕尔的一处农药厂发生氰化

---

〔1〕 A. Z. Jennifer, *Multinationals and Corporate Social Responsibility*, *Limitations and Opportunities in International Law*, Cambridge：Cambridge University Press，2006，p. 211.

〔2〕 韩德培主编：《国际私法新论》，武汉大学出版社 2003 年版，第 473~474 页。

物泄漏，造成了巨大的财产损失和人员伤亡，严重的环境污染使成千上万的当地居民丧失工作能力。受博帕尔毒气事件的影响，印度博帕尔地区的经济与环境遭受了巨大打击，为向造成不良影响的跨国公司追责，印度政府与受害者将美国联合碳化公司告上法庭，向美国纽约南部联邦地方法院提起了索赔金额约为31亿美元的诉讼。但该诉讼的审理结果是被美国法院以"不方便法院"为由作出了驳回诉讼的裁定。这一驳回诉讼的决定相当于间接宣布了美国联合碳化公司这一跨国公司在举世震惊的环境污染诉讼中取得了胜利。在司法程序中碰壁的印度政府最终只得向跨国公司妥协，通过谈判的方式解决问题并于1989年2月通过庭外和解达成一项赔偿协议。在该协议中，美国联合碳化公司同意赔偿印度政府4.7亿美元但要求对方免予追究其他责任。[1] 印度最高法院对这一协议的合法性和有效性进行了确认。最终达成的赔偿协议中的赔偿数额不足原诉讼请求的1/7，这一悬殊的差距显然昭示了印度博帕尔地区的损失难以得到全面补偿。

这一案件同时反映出了诉讼主体与不方便法院原则中存在的问题。第一，对于诉讼主体不确定问题，最主流的"揭开公司面纱"（piercing the corporate veil）理论为在针对跨国环境诉讼中适用属地管辖于母国法院提起诉讼奠定了理论基础，其要求母公司对子公司造成的损害应承担责任。[2]该理论认为，虽然子公司和母公司是各自独立的法人，但只要作为受害者的原告只要能够证明在东道国的子公司或分支机构只是母公司实现自身利益或维护跨国公司整体利益的支配工具并实际受其支配便可追究母公司的责任。[3]但在本案中，原告认为造成损害发生的主体是跨国公司整体，跨国公司应当承担损害赔偿责任，从而向美国法院提起诉讼主张追究跨国公司的责任。这并非基于特殊情况下的直接责任，即"揭开法人面纱"，而是基于另一种理论——"整体责任说"。印度政府与受害者作为原告未将联合碳化物（印度）有限公司列为被告，而是突破有限责任制度和独立法人制度将其母公司——美国联合碳化公

---

〔1〕 "Bhopal Disaster", available at http://en.wikipedia.org/wiki/Bhopal_disaster#cite_note-Eckerman2004-3.

〔2〕 J. Sarah, *Corporations and Transnational Human Rights Litigation*, Oxford: Hart Publishing, 2004, pp.129~142.

〔3〕 不管母公司对附属公司或组织是否"实质性的拥有"，只要对附属公司或组织能够"有效控制"，即适用该原则。

司——诉上法庭是基于跨国公司的特殊性。跨国公司的最大特征在于其由分属不同国家的经济实体跨国经营和由母公司统一进行全球经营战略策划与控制。经济的统一性和法律实体的分属性使跨国公司构成了一个经济实体,但并不是一个法律实体。整体责任是指将跨国公司的母公司与子公司视为一个企业实体,将子公司视为母公司的代理人,母公司应对受其所控制的子公司的债务承担责任。[1]在司法实践中,基于属地管辖在母国法院提起诉讼仍具有相当大的难度,改变这种情况还需要跨国公司国际法主体地位的确定和属地管辖制度的完善双管齐下。

第二,对于企业尤其是跨国公司依据属人管辖提起的跨国环境诉讼而言,其常常因不方便法院原则的滥用而无法顺利进行。不方便法院原则是指在审理涉外民商事案件的过程中,一国法院依据法律规定对该案件依法享有管辖权,但出于对诉讼费用成本、证人、当事人与法院的出庭便利、当事人及其诉因的关系等方面的综合考虑,受诉法院认为存在一个较本法院更"方便"且具有管辖权的法院可以审理此案,或证明相较于该替代法院由本法院审理比较"不方便",据此对当事人提出的诉讼申请裁定中止诉讼或驳回诉讼,从而拒绝行使管辖权的一种程序性制度。[2]本案中,美国法院认为案件发生地在印度,受害者为博帕尔当地居民,而造成这一事件的直接责任人为印度籍高管,因此无法依据属人原则对该案进行管辖,就此援引不方便法院原则将该案退回当地法院审理。由于诸如此类的困难普遍存在于针对跨国公司提起的跨国环境诉讼中,2005 年《可持续发展国际投资协定范本》规定,母国有义务不妨碍利用其司法程序追究投资者的民事权利,2012 年南非发展共同体的 BIT 范本也对此作出了类似规定。基于属人管辖对跨国环境诉讼进行审理是母国法院不可推卸的责任,不能因不方便法院原则的滥用而致使母国推卸在国际投资活动中本应承担的环境责任。

明确母国的管辖权规定对于解决跨国公司环境侵害所造成的环境诉讼有极大的现实意义。虽然该制度目前还需解决诉讼主体不确定、不方便法院原则滥用等问题,但是这些有关母国管辖权的规定,为饱受跨国公司环境侵害之苦的国家、地区和当地居民增加了维护自身环境权益的方式。而这一制度

---

〔1〕 钱凯、王玉国主编:《国际经济法》,吉林大学出版社 2014 年版,第 32 页。
〔2〕 刘铁铮:《国际私法论丛》,三民书局 2000 年版,第 264 页。

的存在，也对在海外开展投资活动的企业起到了一定的震慑作用，让其将违法成本计算在内，重新审视对于环境责任的承担问题。

（三）国际投资协定中加入环境保护的程序性条款

国际投资协定规定了诸多实体性环境条款，但只有少部分国际投资协定确立了环境保护的程序性条款。这一情况说明相较于实体性环境条款，缔约方明显冷落了环境程序性条款，而这种"冷落"造成了海外投资企业在东道国造成的环境侵害难以得到有效管制。当然，这种环境程序性条款的缺失与投资争端解决机制的起源有关。第二次世界大战结束之后直至20世纪60年代，大量新兴国家建立，这些新兴国家与原宗主国之间因资源主权分配问题产生了难以调和的矛盾。由于原宗主国对本国的既得利益难以割舍，而新兴国家对本国资源主权势在必得，双方国家之间的关系曾经一度异常紧张。在此期间发生了一系列由东道国国有化或征收而引发的案件，对此以英美等发达国家为主导的众多资本输出国开始组织建立一种全新的国际投资秩序。在建立这种秩序的过程中缔约方发现善用争端机制对解决投资争端来说非常重要，而这种争端机制需要以完善的投资条款作为依托，因此仅依靠实体投资规范是远远不够的，需要在国际投资协定中增加程序性条款来解决环境与投资之间的矛盾。其后各国在投资协定中大量加入保护投资的条款，并依据1965年《华盛顿公约》建立了解决投资争端国际中心（International Centre for Settlement of Investment Disputes，ICSID）以解决投资者与东道国之间的投资争端。

ICSID的设立初衷是保护投资利益而非环境利益，其意义在于解决投资者不希望争端由东道国内国法院进行裁定，同样东道国也不希望依据母国法律对争端问题进行解决的矛盾。同时，这一机制可以让投资者直接对东道国政府提起诉讼，而不必依赖于投资者母国政府的介入。《华盛顿公约》并没有规定管辖范围与适用法律，这部分内容通常是在国际投资协定有所规定。但这样的方式也造成了一些问题。例如，美国BIT范本关于国民待遇的规定使得企业绕过了国际投资协定赋予的东道国对被提交的投资争端进行否决的权利，因此扩大了解决投资争议的途径。这就意味着即使企业在东道国造成了环境侵害，东道国为保护本国公共利益而采取管制措施，企业也可以直接将此争端提交于ICSID予以仲裁，从而严重削弱了东道国对企业的境内污染加以规制的权力。

为了扭转这一局面，最早将环境保护纳入程序性立法的是NAFTA。该协定并未对违反条款义务的行为设立惩罚性的制裁措施，而是在 NAFTA 的附件 NAAEC 中对这种程序性条款加以规定。例如，NAAEC 第 14 条规定："公民或者非政府组织可以对政府不履行环境法律责任的行为，通过向秘书处提交申请书的方式进行质疑。"第 15 条第 2 款规定："NAFTA 的缔约方可以就另一缔约方在执行与管理环境保护计划的过程中产生的问题进行申诉，若使用直接提请仲裁的方式处理此类问题，可能导致否决缔约方依 NAFTA 所获利益或导致实施罚金评估的结果。"《维也纳条约法公约》对附加协议效力问题进行了规定，指出投资协定的附加协议可以被视为该投资协定的内容而对其进行善意解释。因此，当投资者与东道国就环境问题引发争端时，争端解决机构可能会以 NAAEC 作为裁判依据，从而作出对环境保护有利的解释和决断。

NAFTA 还在投资仲裁争议解决程序中首创了"专家报告"程序，之后也被纳入了美国和加拿大的 BIT。即在不与仲裁规则的规定相冲突的情况下，除非争端双方均予反对的情况，否则仲裁庭可根据争端一方的请求任命一名或多名环境领域专家，就争端方在投资仲裁中提出的涉及环境等相关专业领域的事实性问题向仲裁庭提交书面报告。由于环境保护问题具有专业性，需要相关领域的专家提供意见，以"专家报告"程序的形式所得出的结论更加令人信服。自 NAFTA 首次纳入专家报告条款以来，加拿大、墨西哥和美国都开始对其早前所缔结的 BIT 范本进行相应修改，美国与加拿大两国甚至直接效仿 NAFTA 的相关规定，譬如 2004 年美国 BIT 范本第 32 条的规定。[1]2015 年签订的中国-澳大利亚 FTA 除了在序言中纳入环境条款，以及吸纳了 GATT 中的一般例外条款规定之外，还将专家报告这一程序纳入了投资仲裁争议的解决程序。这一规定解决了环境问题所面临的专业性、技术性问题，对于由企业海外投资行为引起的环境争议的解决具有重要作用。

中国所缔结的国际投资协定大多将 ICSID 列为争端解决机构，以处理由东道国环境措施引起的投资争端。从 1998 年中国-巴巴多斯 BIT 开始，中国将

---

〔1〕 2004 年美国 BIT 范本第 32 条规定："允许缔约国双方以'专家报告'的形式来探讨环境问题；在不影响依可适用的仲裁规则授权其他专家的情形下，仲裁庭应争端一方的请求，或者如争端双方不同意，仲裁庭可依职权指定一名或多名专家，以书面的形式就争端一方在程序中提出关于环境、健康、安全或其他科学事务等任何事实问题向其报告，该类专家报告限于争端方同意的条款和条件。"

接受 ICSID 争端管辖范围扩大至所有投资争端，[1]这标志着中国逐渐接受与调整作为海外投资大国的应有姿态，以更好地保护中国的跨国投资者。但同时，由于争端解决条款同样可被用于外国投资者在华投资，因此 ICSID 对于中国来说可谓是一把"双刃剑"。根据 UNCTAD 的《2023 世界投资报告》中国接受海外投资的体量排名世界第二，仅次于美国，中国兼具资本输出国和资本输入国的双重身份，因此在国际投资协定谈判中应更加谨慎地制定争端解决条款，将中国作为外国资本输入国的事实考虑在内。全面接受 ICSID 的管辖可能会导致中国不得不面对与环境相关的投资争议不断增加的风险，中国政府对企业所采取的环境监管行为以及中国企业在海外的投资行为均可能被诉至投资争端解决机构，从而承担败诉的可能，这不仅会影响到中国的环境规制权，而且会损害到中国企业的良好国际投资环境。随着"一带一路"倡议的深入推进，在共建国家开展海外投资的中国企业应坚持可持续发展原则、承担企业环境责任，并合理利用投资争端解决机制保护自身权利。因此，中国在拟定国际投资协定中的环境条款时，应完善投资争端解决机制，并允许东道国基于公共利益保护采取合理的环境措施，并对所采取的环境措施作出合理解释，以便于由环境措施引起的投资争端的顺利解决。

本章小结

国际投资协定中环境条款的纳入与企业环境责任的构成，为企业环境责任的承担奠定了基础。基于对国际投资协定中东道国、母国和投资者环境责任法律规制的梳理可以看出：其一，东道国的环境保护意识在逐渐加强。东道国对国内环境的保护更加重视，环境保护立法水平提高，对外国投资采取环境规制措施的动力增加。在国际投资中，中国政府及海外投资者将面临东道国环境保护水平提高的外在压力。其二，现行国际投资协定中母国海外投资环境保护责任与义务缺失。虽然母国的国内立法和司法起到了一定的补充作用，但是在国际投资协定中纳入母国海外投资环境保护责任与义务是必不可少的。其三，将投资者环境责任直接规定于国际投资协定值得肯定。"一带

[1] 中国从 1998 年与巴巴多斯签订的 BIT 开始，在 BIT 中接受 ICSID 管辖的投资争端范围，从"征收补偿引发的争端"扩大至"因投资产生的任何争端"。

一路"投资中中国企业兼具环境问题制造者与环境治理主体的双重身份,应在谋求经济利益的同时兼顾环境保护,承担企业环境责任。目前国际投资协定直接规定投资者环境责任的条款还较少,需要进一步增加和完善。中国一贯倡导"一带一路"的绿色发展,[1]为了实现这一目标,中国需要不断推进国际投资协定环境条款的完善,引领企业积极承担环境责任,参与 ESG 国际制度构建、以绿色投资拉动绿色经济、以绿色经济带动绿色就业、以绿色就业实现区域和谐共融。

---

[1] 董亮:《国际规范、环境合作与建设绿色"一带一路"倡议》,载《中国人口·资源与环境》2022 年第 12 期,第 147 页。

第四章

"一带一路"中国企业环境责任法律制度的问题分析

第一节　"一带一路"背景下区域环境规则对接失灵

根据中国商务部、国家统计局、国家外汇管理局历年的《中国对外直接投资统计公报》，纳入"一带一路"共建国家与地区统计的国家共有 63 个，在和中国有投资贸易合作的全部国家与地区中，"一带一路"共建国家占比为 32.6%。在"一带一路"共建国家内部，由于历史基础、资源禀赋、制度环境和发展阶段的差异，各国形成了不同的经济发展模式，在全球价值链中扮演着不同的角色，经济发展水平、发展活力和发展效率也呈现出不同的特征。"一带一路"共建国家经济发展不平衡、总体发展水平偏低。在"一带一路"共建国家中，除了以色列、新加坡等国家之外，大多数国家为发展中国家。因此，对于目前国际经贸规则中的环境条款和环境标准，很多共建国家以牺牲环境为代价追求最大化的经济效益，导致了沿线各国之间的环境规则以及各国国内环境规则与国际环境规制的对接问题。

一、共建国家环境需求与国际经贸协定协调性不足

"一带一路"共建国家从区域分布来看，覆盖了东南亚、南亚、中亚、西亚、中东欧及北非等地区；从土地面积来看，占全球面积的 1/3 以上；从人口规模来看，占全球人口总额的 60%；从国内生产总值（GDP）来看，占全球 GDP 的 32%。"一带一路"共建国家地域广阔，主要集中于东南亚、南亚、中亚、西亚、中东欧及北非等地区，以发展中国家为主，经济发展基础薄弱，

整体水平偏低。根据世界银行的数据统计：2019 年，沿线 58 个国家（叙利亚、伊朗、土库曼斯坦、也门和巴勒斯坦数据缺失）按现价美元计，GDP 总量为 142 405.31 亿美元，人均 GDP 不到世界平均水平的一半。但是，从变化趋势来看：2000 年以来"一带一路"共建国家经济总体呈现稳步增长态势，经济发展水平显著提升。与 2000 年相比，2019 年共建国家的 GDP 总量占世界的比重提升了 13%，从 17% 增长到 30%。其中，2012 年—2017 年增长了 3%。同期，共建国家人均 GDP 增长了 2961 美元，增幅达到了 132%，远远高于世界人均 GDP 同期增长 30% 的增幅。不过，从"一带一路"共建国家经济发展情况看，这种增长态势主要是由印度等国家的经济高速增长带动的。

按照世界银行最新收入划分标准进行分类：沿线 63 个国家中有 22 个国家属于中高收入国家、18 个国家属于中低收入国家、5 个国家属于低收入国家。其中也有 18 个国家属于高收入国家。高收入、中高收入国家多集中于西亚、中东欧地区，这些国家资源富集、油气资源丰富。而低收入、中低收入国家则多分布于南亚、东南亚和中亚地区。从经济发展总体水平来看，中东欧、西亚地区的国家发展水平较高，南亚、中亚南部以及东南亚地区的经济发展水平偏低。根据世界银行的数据，按现价美元计算，中东欧、西亚等"一带一路"共建国家在 2019 年的人均 GDP 约为 12 514.8 美元，比全球人均 GDP 11 435.6 美元高了 1079.2 美元。在"一带一路"共建国家中，2019 年人均 GDP 高于世界平均水平的国家有新加坡、卡塔尔、以色列、阿联酋、文莱、斯洛文尼亚、爱沙尼亚、巴林、沙特阿拉伯、捷克、立陶宛、斯洛伐克、拉脱维亚、匈牙利、波兰、阿曼、克罗地亚、罗马尼亚、俄罗斯。其中，以色列、新加坡属于发达国家，其经济发展在全球具有影响力；中东欧国家具备良好的工业发展基础与条件，经济发展长期保持较好水平；拥有丰富油气资源的西亚部分国家以及俄罗斯、文莱、哈萨克斯坦等国家，依靠油气出口支撑经济较快发展。

"一带一路"共建国家的环境状况与主要问题可被归纳为四点。其一，部分"一带一路"共建国家生态环境脆弱，人类活动频繁强烈。"一带一路"共建国家虽然面积十分广阔，土地面积接近世界的 1/3，但其人口众多，总人口占世界人口总量的 70% 以上，人口密度比世界平均水平高出一半以上。这也决定了"一带一路"共建国家的人口与资源存在不匹配的矛盾。从区域来看，沿线大部分国家和地区均处于气候及地质变化的敏感地带，自然环境十分复杂，生态环境多样而脆弱。从气候条件看，东南亚及南亚等地区受每年的台风影响，洪水高发；中西亚区域处于欧亚板块交汇处，地震频繁。从地形来看，"一带一路"共建国家既有高原山地，又包括平原海洋；既有森林草原，又覆盖了荒漠沙漠等复杂地形，不少共建国家土壤贫瘠，处于干旱、半干旱地区，沙漠化和荒漠化问题严重，森林覆盖率低于世界平均水平。中国科技部和国家遥感中心在2015年发布的全球生态环境遥感监测显示，"一带一路"区域裸地及人工活动强度较大的面积明显高于全球平均水平，而森林、草地和灌木丛所占比例明显低于全球平均水平，区域生态系统较为脆弱。其二，较多的"一带一路"共建国家发展依赖油气资源的开发利用，加剧了生态环境的脆弱，致使污染加剧。从经济发展对环境的影响来看，"一带一路"沿线大部分地区是经济水平较落后的发展中国家，目前城市化进程总体呈加快趋势。从发展方式来看，许多国家经济发展较为依赖水、油气、矿产资源的开采利用，而在开采利用过程中对环境的保护不足，这进一步导致生态环境脆弱性加大，空气污染、水污染、土地沙化、部分生物濒危等各类生态环境问题不断显现，严重影响地区可持续发展。其三，从具体区域来看，"一带一路"共建国家环境问题复杂而多样，各国生态环境特征差异明显。东南亚尤其是东盟地区受热带季风影响，降水较多、洪水高发，也是世界生物最为多样最为丰富的地区之一，这一区域面临森林锐减、水和大气污染、工业污染排放、垃圾成灾、有毒化学品污染以及生物多样性锐减等。中亚地区远离海洋，处于干旱和半干旱地区，是全球生态问题极为突出的地区，存在的环境问题主要有沙漠化和荒漠化严重、水资源短缺、水污染、大气污染等。同时，中亚地区还面临生物多样性锐减、土壤污染以及重金属污染等环境问题。南亚地区水污染严重，印度遭受着生活污水、工业排放废水、化学药品和固体废弃物的严重污染。中东地区不但水资源短缺还遭受两伊战争和海湾战争带来的"环境后遗症"，由于汽车和重工业发展，空气污染也十分严重。西亚面临土地荒漠化和森林进一步锐减问题，而蒙古国和俄罗斯等国家由于人为过度放牧、无节制使用草地和矿产资源开发导致了严重的草地荒漠化、沙尘暴和空气污染严重。其四，"一带一路"共建国家碳排放量增长速度高于全球的平均增长速度。"一带一路"共建国家在全球产业分工中的地位决定了大部分国家以能源、原材料供应为主，产业结构偏重高碳排放型。虽然目前人均碳排放量低于全球平均水平，但年均增速较高。从人均碳排放量、碳排放强度和参与自由减排程度综合评判的绿色低碳发展状态结果显示：各地区的低碳发展水平指数近年来均有上升趋势，其中中东欧地区上升最为显著。1992年至2014年，共建国家的人均碳排放量从2.69吨增长至4.43吨，总体呈现先波动下降后上升的趋势，年均增长率为2.3%。与全球平均水平相比，共建国家历年人均碳排放量均低于全球平均水平，但年增长率高于全球平均水平0.92%。从国家减排来看，1992年至2014年，共建国家的碳排放总量从93.71亿吨增长至201.16亿吨，年均增长率约为3.53%，占全球碳排放总量的比重从1992年的42.24%增长到了2014年的55.66%。从总体变化趋势来看，碳排放总量相对较高的国家主要集中在东南亚、南亚国家，而碳排放总量相对较低的国家则主要集中在中亚和中东欧。从碳排放增长速度来看，蒙古国、俄罗斯、中东欧等区域的碳排放总量呈下降趋势，东南亚、南亚、西亚和中亚的碳排放总量呈上升趋势。

基于"一带一路"共建国家的环境现状与环境需求，其对于国际经贸协定中的环保立法与政策需要更加具有区域针对性。鉴于21世纪以来国际环境保护法的不断发展，推动了各国环境立法的发展。就"一带一路"共建国家的环境现状，目前需要首先达到国际经贸协定中对于环境规制的基本要求，也就是在不造成经济进步巨大阻碍的前提下进一步规范和提升对于企业环境责任的规制水平。新的国际环境标准出台将推动一些国家更新国内环境立法。主权国家加入某项新的国际环境公约之后，大多需要进行国内转化才能使其具有可执行性，这就对国内环境立法提出了新要求。而"一带一路"沿线的大多数国家根据本国的绿色发展规划，也相应出台了环境保护政策，这推动有关政策条文升级为法律规制。近年来，"一带一路"共建国家环境立法加快。俄罗斯在2002年制定的《环境保护法》成了贯彻可持续发展、制定环境政策的基本法，2005年通过修订《行政法典》的方式进一步加大环境违法的行政处罚力度，2008年又提出了更加严格的大气质量标准。伊朗近年来加快了环境立法进程，针对土地综合治理、空气污染治理、水污染治理与保护、垃圾处理与生物资源保护等诸多领域进行了全面立法，并持续强化环境监管，注重公众参与。土耳其也加快了环境保护立法速度，陆续制定了《森林法》《环境保护法》《空气质量控制条例》《环境影响评估条例》《水体污染控制条例》等。其中，土耳其的《森林法》规定，除非公共利益需要，否则严禁侵害森林与缩小林地面积。《环境影响评估条例》则要求对所有工程项目进行环境影响评估,并针对重点项目增加环保部门审核,对于项目的环境监管措施贯穿于工程开发建设始终。

二、中国企业环境责任与国际经贸协定对接不足

近年来,在逆全球化、国际力量平衡变化等多重因素的影响下,美欧等致力于推动多边合作的主要经济体发生了观念转变,其对中国的政策与战略定位均发生了重大变化。自2020年初以来,2019年新型冠状病毒疾病进一步加剧了矛盾,使得一些国家的"去中国化"倾向愈演愈烈。因此,"一带一路"倡议、《中日韩自由贸易协定》以及《区域贸易伙伴关系协定》(Regional Comprehensive Economic Partnership, RCEP)等一系列中国主导的国际政策与协定对于中国继续开展对外投资合作而言更为重要。在后疫情时代,国际经济和贸易规则的碎片化甚至可能导致国际规则的部分撕裂,但强调环境问题仍然是不可逆转的趋势。中国在推动国际经贸协定谈判中注重环境规则的塑造,这既是基于中国国内经济转型的需要,也是基于中国对外形象塑造的需要。在这种国际背景下,中国加强与"一带一路"国家经贸合作的重要性和紧迫性进一步增强。针对"一带一路"倡议下对于中国向外转移落后产能和污染转移的"污名化"指责,中国需要在"一带一路"建设中平衡各方经济利益的同时积极塑造环境规则,从而保障区域经济贸易活动的可持续发展。[1]特别是,"一带一路"倡议也有责任促进以双边或诸边方式塑造区域经贸规则,并推动中国在新一代国际经济和贸易规则中的影响力。关注环境规则的形成和实施,不仅有助于减少共建国家对中国经济政策的疑虑,而且有助于以环境规则为突破口,增强中国在双边或诸边规则中的话语权。在后疫情时代,国际经济和贸易规则将变得更加碎片化,但环境规则的加强甚至硬法化已经成了必然的发展趋势。

对此,2022年1月5日,中国生态环境部、商务部联合印发《对外投资合作建设项目生态环境保护指南》(以下简称"2022版《指南》"),助力推动对外投资合作可持续发展和绿色"一带一路"建设,提升对外投资合作建设项目的环境管理水平,更好地构建以国内大循环为主体、国内国际双循

---

[1] 冯宗宪、于璐瑶:《"一带一路"的区域经济合作与自由贸易区战略》,载《北京工业大学学报(社会科学版)》2023年第6期,第47页。

环相互促进的新发展格局。通过梳理 2022 版《指南》的具体内容，对比与 2013 版相比呈现出的亮点和新意，结合中国企业环境责任与国际经贸协定中环境规则的对接问题，可以分析出对中国企业环境责任规制更新的相关建议。绿色是共建"一带一路"的鲜明底色。从昆明到格拉斯哥，随着《生物多样性公约》缔约方大会第十五次会议（COP15）的第一阶段和《联合国气候变化框架公约》第二十六次缔约方大会（COP26）在去年相继落幕，中国在生物多样性保护和应对气候变化等全球挑战面前继续积极履行国际责任。通过与覆盖 40 多个国家的 150 余家中外方伙伴共同成立的"一带一路"绿色发展国际联盟（BRIGC）、与 28 个国家共同发起的"一带一路"绿色发展伙伴关系倡议以及与英国共同牵头的"一带一路"绿色投资原则（GIP）等平台，中国致力于在对外投资合作中倡导绿色发展理念。在生物多样性保护方面，作为 COP15 的东道国和主席国，中国承诺将广泛开展生物多样性领域的双多边合作，助力发展中国家推进其生物多样性治理进程，缩小一些发展中国家在《联合国生物多样性公约》履约和可持续发展目标（SDGs）实现方面的差距。在应对气候变化方面，中国在全面部署和落实自身"双碳"工作的同时，致力于与"一带一路"共建国家一道结成应对气候变化的"命运共同体"，以"共同但有区别的责任"原则为基石，鼓励中国企业在遵循《巴黎协定》等国际公约和"一带一路"绿色投资原则等要求的条件下，开展对外投资合作。2021 年 9 月，习近平主席在第七十六届联合国大会一般性辩论上宣布中国将不再新建海外煤电项目，大力支持发展中国家能源绿色低碳发展。中国海外"退煤"对于全球能源转型的加速演进起到了重要的作用。落实到对外投资合作的项目层面，针对项目生命周期中可能产生的环境影响，中国国内包括商务部、生态环境部等部委着力加强对于共建绿色"一带一路"的顶层设计，鼓励企业按照国际通行标准或中国更严格标准开展对外投资项目的环境影响评估和尽职调查，将绿色融入投资决策和项目开展的全生命周期。相关指引性文件包括 2017 年 4 月四部委联合印发的《关于推进绿色"一带一路"建设的指导意见》、2021 年 7 月商务部和生态环境部联合发布的《对外投资合作绿色发展工作指引》（以下简称"2021 年版《工作指引》"）。2022 年版《指南》覆盖了对外投资合作建设项目的全周期，并分条罗列了对重点行业的环境管理要点。在中国全面开展生物多样性和气候领域国际合作的新格局下，2022 年版《指南》的发布标志着中国进一步引导企业"出海"过程中积极履行环境保护责任、推动对外投资建设项目高质量发展的决心。这不仅为提升国内国际双循环质量提供了重要支撑，而且全面展现了中国在共建"一带一路"过程中的绿色领导力。

对标 2022 年版《指南》对于中国企业海外投资的环境责任要求，企业需要采用国际组织和多边机构的通行标准或中国更严格标准开展投资合作活动，特别是在东道国（地区）没有相关标准或标准要求偏低的情形下。也就是在"一带一路"投资活动中需要遵循绿色国际规则并鼓励企业参照国际通行做法。此外，国际投资中需要明确国际标准和惯例在建设前的环境尽职调查、企业自身环境管理体系的完善以及项目退役期的生态环保工作等具体应用场景。对国际准则认可的加强符合中国构建绿色"一带一路"的要求。自 1999年中国开始实施"走出去"战略，政府始终鼓励中国企业遵守东道国的法律法规，以获得当地和中国的相关许可证和执照（通常被称为"东道国原则"）。然而，"一带一路"共建国家的法律法规、监管环境以及治理结构的健全程度差异较大，这也造成了投资者企业环境责任的履行差异化。[1]一些环境法规较为宽松的国家，对于大型基础设施项目的开发商和投资者几乎不作相应环境保障措施的强制要求和约束，或只要求采取较为基本的保障措施。在当地环境相关法律法规缺失的情况下，部分中国企业投资项目由于未能就当地生态系统和社区可能造成的环境及社会影响进行及时沟通披露而受到部分非政府组织和媒体的非议。除却声誉风险，缺乏可以依托的环境标准也为中国企业带来了实际的财务风险。因为国际投融资渠道（包括一些国际大型机构投资者、多边金融机构、国际银行特别是签署《赤道原则》的银行即"赤道行"）通常采用更严苛的环境和社会风险与影响的评价和管理标准，中国企业无法接轨国际标准将限制其拓展国际投融资渠道。

为了弥合中国企业环境责任与国际经贸协定中环境规制的差距，可以从三个方面加以优化：其一，强化配套的监管机制，建立差异化管理流程。各相关部委包括国家发展和改革委员会、商务部、国有资产监督管理委员会等需要在现有的审批和报备流程中纳入基于 2022 年版《指南》的相应指标要求。对绿色低碳项目，如风电、光伏等项目的审批实行"绿色通道"，将可能

---

〔1〕 张爱玲、邹素薇：《跨国公司在东道国履行企业社会责任的国别差异——以戴姆勒集团为例》，载《对外经贸》2017 年第 2 期，第 45~50 页。

对环境造成重大潜在风险的项目，如燃气发电、大型水电、矿山开采项目等列入重点监管列表，并且强制要求相关方披露在项目的污染处理、碳排放、生物多样性保护等方面的具体数值和治理情况。其二，聚焦生态环保能力差距，加强能力建设。首先要意识到中国企业在环境影响评价、环境风险识别与防控等方面仍有不足。因此，相关政府或行业协会需要牵头组织关于多边机构通行标准（如世界银行环境和社会标准、国际金融公司环境和社会绩效标准等）以及中国相关标准和最佳实践的能力建设工作。其中，针对基建、能源、交通等"一带一路"重点行业应开展相关环境和气候风险评价标准、评估工具的多轮培训。帮助中国企业在海外投资中更全面地与国际标准接轨，匹配多边银行以及一些国际商业银行的相关要求。其三，增加受众群体，在企业和金融机构两端同时发力。为了进一步提高中国金融机构对于海外投资项目的环境乃至社会和治理风险方面的把控能力，从而能够针对不同风险类型的项目实施差异化管理，建议国家金融监督管理总局、人民银行等监管部门联合生态环境部制定更贴合金融机构需求的相关指引和配套体系，积极推进 ESG 投资的发展。

第二节 "一带一路"背景下企业环境责任区域协同受限

产业转移是经济全球化的重要表现形式，目前全球产业转移仍在继续，得益于全球产业转移以及区域产业转移，一批"一带一路"共建国家展现出了强劲的发展活力，成了新兴的活跃经济体。但这些"一带一路"共建国家的创新能力不强、经济发展效率有待提高，目前承接的产业主要集中在劳动密集型产业和资本密集型产业，而技术和知识密集型产业偏少，其自身也尚未形成较强的自主创新能力。作为新兴经济体，这些国家普遍面临以上诸多环境问题，各国要求实现绿色发展、保护环境的意愿在不断提高，绿色转型步伐在不断加快，各国政府也在不断地采取措施加强环境保护相关的工作。由于"一带一路"共建国家面临的环境问题各不相同，各国采取的环境管理措施也各不相同。

一、环境标准与产业标准融合不足

作为全球产业转移的受益者，"一带一路"共建国家承接了不同产业的国际转移，不同的产业所带来的环境危害不尽相同。为了使环境标准实施与产业标准融合，从而进一步推动共建国家的企业环境责任区域协同化发展，需要先明晰"一带一路"沿线国家的产业分布特点。"一带一路"沿线地区既是世界矿产资源的集中生产地区，也是世界矿产资源的集中消费区，"一带一路"共建国家与地区供应了世界57.9%的石油、54.2%的天然气、70.5%的煤炭以及47.9%的发电量。但同时，"一带一路"共建国家消费了世界50.8%的一次性能源，包括41.1%的原油、47.1%的天然气、72.2%的煤炭和40.1%的水电。以钢铁而言，"一带一路"国家生产了世界71.1%的粗钢，但消费了世界70.7%的粗钢和70.3%的成品钢材，水泥生产量占世界的81.8%，消费量却占世界的83.2%，还依赖进口。从劳动生产率来看，"一带一路"共建国家呈现南亚、东南亚及东亚地区生产率低，西亚、中东欧地区生产率较高的空间格局。根据《"一带一路"沿线区域环保合作和国家生态环境状况报告》的统计：以2017年为例，在"一带一路"共建国家中，仅有33个国家的全员劳动生产率高于世界平均水平，其中中东欧地区有15个、西亚地区有13个、中亚地区有2个、东南亚有3个。此外，"一带一路"共建国家劳动生产率普遍不高，经济发展方式比较粗放，能源、资源消耗比重大，单位能效低，共建国家总体上还处于通过大规模的资源消耗和污染排放来推动经济增长的阶段，资源消耗和污染物排放依旧保持快速增长的势头，资源环境压力仍在不断加大。总体来看，"一带一路"共建国家单位GDP能耗、原木消耗、水泥消费和二氧化碳排放高出世界平均水平50%以上，单位GDP钢材消耗、有色金属消耗、水资源消耗等是世界平均水平的2倍或2倍以上。在"一带一路"共建国家中，创新水平最高的国家是以色列、新加坡等发达国家，其次是以印度、越南等为代表的新兴国家。此外，俄罗斯、捷克、爱沙尼亚、匈牙利、斯洛伐克、立陶宛、波兰、马来西亚和土耳其等国家的研发投入占GDP的比重也超过了1%，其他"一带一路"共建国家研发的投入比重均不足1%。其中，中亚的哈萨克斯坦、吉尔吉斯斯坦和塔吉克斯坦，西亚的巴林和伊拉克，东南亚的越南、菲律宾和柬埔寨，以及蒙古国、斯里兰卡等国家，研发投入比重不足0.2%。这些国家的经济发展主要依赖资源出口或者初级产品出口，技术投入或需求严重不足，发展方式较为粗放，可持续发展面临严峻形势。

虽然沿线国家的产业分布以及产业特点不同，但从区域来看，中亚国家比较重视绿色经济及生态安全，推动能源与环境相协调，东南亚国家的环境意识则处于被迫觉醒阶段。哈萨克斯坦在 2012 年提出了"绿色桥梁"倡议及全球能源环境战略，于 2013 年颁布实施了向绿色经济过渡的行动纲要。2014年，哈萨克斯坦总统纳扎尔巴耶夫在国情咨文中提出"绿色经济是哈萨克斯坦通往未来发展的必经之路"，强调哈萨克斯坦要大力发展新型投资、向绿色经济过渡、加强绿色技术研发、开展绿色能源合作、促进绿色交通网络建设。乌兹别克斯坦则希望改变落后的制造业和加工业这种单一经济结构给环境造成严重污染的经济发展局面，以继续保持经济高速增长的态势，于 2013 年通过了"2013—2017 年保护环境行动计划"，将环境可持续发展作为支柱行业，制定了"绿色经济原则的经济行业发展机制"。塔吉克斯坦经济发展面临能源瓶颈，在国家全面转型期，坚持环境保护的大方向，强调可持续健康的环境对于其经济增长的重要意义。2008 年，塔吉克斯坦与乌兹别克斯坦、吉尔吉斯斯坦、哈萨克斯坦和白俄罗斯签署了《建立绿色走廊协议》。而东南亚各国忽视经济、社会和环境可持续发展的经济发展模式则导致其发展受资源环境的约束越来越明显，资源过度开发和环境污染矛盾日益突出，要求各国必须加快推动绿色转型、实现可持续发展、明确绿色发展目标、推进绿色产业发展。

就具体的产业标准而言，企业除了要满足不同东道国的环境标准，还要在此基础上满足中国海外投资的国内产业标准与国际产业环境标准。首先，明确项目底线。除却承诺关于不再新建海外煤电项目以外，还应在实施能源项目时大力支持发展中国家能源绿色低碳发展，优先考虑清洁、绿色的可再生能源项目。针对包括交通基建项目在内的环境危害较大的项目，需要开展项目全周期管理，坚持"绿色、低碳、可持续发展"的指导原则，细化生物多样性保护的要求，充分考虑项目所在区域的生态功能定位，减少对当地生物多样性的不利影响，推动实现生物多样性保护和可持续利用。在项目建设前期，企业应对拟选址区域开展生物多样性调查、生态环境监测和评估等方式，掌握项目所在地及其周围区域的生态环境本底状况，将环境影响评估工作做细做实，避免流于表面。其次，针对不同类型项目的特点需要提出针对环境风险的配套避险与救护措施。譬如，企业实施水利水电项目、矿山开采项目、交通基础设施项目时，应尽量避免占用、穿越自然保护区和重要生物栖息地，确实无法避免的，可采取无害化穿越、建设野生生物通道等减缓或补偿措施,施工结束后及时开展生态环境恢复。"一带一路"生态环保大数据服务平台已纳入了一百多个国家的生物多样性相关数据。为了达到环境标准与产业标准的融合,可以通过科技手段将生物多样性保护纳入项目生命全周期的决策和管理之中,同时通过不同国家的环境标准、根据不同行业特点提出具体指导要求,将两者进行数据匹配分析。

同时明确国际投资中企业环境责任的正面和负面清单,探索构建一套项目分级分类体系。在"一带一路"国际投资中,可以先从重点行业、重点国家入手,为这一分级分类体系设想的先行先试奠定基础。

二、区域化环境合作的规范不足

当前"一带一路"区域化环境合作契合了两个共同体的理念,"一带一路"国家不仅是利益和责任的共同体,也是命运共同体、环境共同体,与构建人与自然生命共同体、人类命运共同体的理念高度契合。《推动共建丝绸之路经济带和21世纪海上丝绸之路的愿景与行动》明确提出要突出生态文明和绿色发展理念,加强生态环境、生物多样性、低碳化建设和应对气候变化合作,共建绿色丝绸之路。因此,"一带一路"区域化环境合作顺应了当前全球应对气候变化和发展环境保护的趋势,契合"一带一路"共建国家发展环境保护的内在需求。很多共建国家经济发展水平较低,拥有庞大的人口总量,生态环境比较脆弱,面临较多的资源、环境问题,这是共建国家开展环境保护合作的内在动因。为此,我国在"一带一路"区域化环境保护合作进程中做出了很多尝试和努力。首先,积极构建政府间的合作机制,比如环境保护部和联合国环境规划署于2016年12月签署了《关于建设绿色"一带一路"的谅解备忘录》,在此基础上启动联盟筹建工作。其次,推动企业对外投资,包括直接投资环保项目,比如中国节能环保集团于2016年牵头承包的孟加拉国砖瓦产业升级以及园区建设项目。此外还有,基础设施投资中的环保建设,比如,在公路、桥梁投资中修建环保设施。最后,我国也相继出台了一些规范性文件,以规范"一带一路"区域化环境保护合作中的投资行为。早在2013年2月,商务部和环境保护部就联合发布了《对外投资合作环境保护指南》,进一步推动中国企业在对外投资中的环境保护行为,这是我国政府针对海外投资加强保护生态环境而出台的专门准则。2017年4月,当时的环境保护部联合商务部等四部委发布《关于推进绿色"一带一路"建设的指导意见》,

从总体上明确了绿色"一带一路"建设的思路。2017 年 5 月，环境保护部又印发了《"一带一路"生态环境保护合作规划》，明确将生态文明和绿色发展理念融入"一带一路"建设。2017 年 12 月，国家发展和改革委员会联合全国工商业联合会等五个部门共同发布《民营企业境外投资经营行为规范》，从环境保护方面对民营企业对外投资作了引导。2017 年 12 月，国家发展和改革委员会发布的《企业境外投资管理办法》第 41 条明确规定，企业应注重生态环境保护。"一带一路"倡议实施中的环保合作对于中国及共建国家的环境保护起了重要的推动作用，企业海外投资也取得了不少进展，但企业环境责任仍面临诸多问题，由此引发的环境风险仍然时有发生。

　　这些问题和困难的成因之一就是共建国家的先天性环境资源问题。很多共建国家经济发展水平落后，生态环境较脆弱且人为破坏很严重。比如，陆上丝绸之路共建国家，生态环境状况跟中国西北部地区有类似之处，面临生态系统脆弱、地貌复杂、水资源短缺以及土地沙漠化严重等问题；海上丝绸之路共建国家生态环境相对好些，但也面临海洋资源的过度开发利用、近海区域海洋生物滥捕等问题，对海洋生态系统造成严重破坏。这些先天性环境资源问题对国家间合作造成了诸多困难，当然在一定意义上也是合作的契机。除此之外，区域化环境合作的根本原因是国家间环境保护合作机制不健全。其一，联合管理或执法机构不到位。各国环境管理体制及机构设置存在差异。这种情况下更需要加强联合管理或执法，但是现实是联合执法机构缺失，且缺乏稳定性、制度化的执法合作机制，从而容易出现环境保护合作中各自为政、重叠执法或者推诿现象。其二，信息沟通尚待完善。中国于 2016 年 9 月开始启动"一带一路"生态环保大数据服务平台门户网站，以更好地为"一带一路"共建国家提供环保信息服务。但是，如何利用平台更好地服务于环境保护执法及企业对外投资仍需要一个过程。其三，责任划分不清晰，尤其是体现在沿线相邻国家的环境保护合作中。由于环境保护的外部性、环境问题的跨区域流动性等，常常导致"公地悲剧"以及"搭便车"的问题出现。其四，各国对环境保护合作存有不同目标或心理。各国往往从自身利益出发，基于自利的理性经济人角度来对待自身的环保问题，导致环境保护合作效果不理想。另外，在对待海外投资问题上，一些国家常常以环境保护作为借口或挡箭牌对待国外投资企业。此外，发达国家的企业也经常以投资为借口把落后的生产技术和设备转移到环境保护标准较低的欠发达地区，以降低本国的环境污染程度。

造成国家环境保护机制的不健全原因有以下几点：其一，国家间环境立法与标准存在差异。"一带一路"共建国家不但自然资源条件、经济发展阶段不同而且法系多元。形式上，有的国家有环境法典，比如菲律宾、越南、爱沙尼亚等。内容上，有的国家制定了综合性的环境基本法，有的国家明确规定了环境权及其具体内容，有的则没有。有的国家有环境税或资源税的立法，有的则没有。此外，不同国家的环保标准也往往有所差别。其二，国际条约或自由贸易协定中环境保护条款的缺失或弱化。现行 BIT 很少涉及环境保护条款，即使规定了环境保护条款，其中大多也属于框架性、宣示性规定，全面性不足、保护力度较弱。如中国-印度、中国-乌兹别克斯坦等签署的 BIT、2017 年中国-格鲁吉亚签订的 FTA 等。其三，国内立法及规范性文件对海外投资相关的环境保护规范不足。一方面，中国发布的前述相关规范性文件效力等级较低，主要发挥宏观指引作用，法律的规范强制作用较弱；另一方面，现行环境立法以及对外投资立法对海外投资中的环境保护规范缺失。其四，企业自身问题。一些企业在对外投资中对环境保护往往存有侥幸心理，不按照环保立法及标准规定的流程、程序开展对外投资及运营。这些企业自身环保法律知识匮乏，缺乏完善的企业环境管理和风险评估体系，并且不了解东道国环境标准和环境保护法律规定，一旦发生纠纷，轻则承担罚款、重则承担刑事责任的后果。2009 年，中国在缅甸投资的密松水电站项目因环境保护问题而最终被搁置就是一个典型例证。

为了推进区域化环境合作，规范企业环境责任承担，可以从以下几点着手加以完善。其一，完善政府间合作机制。包括完善政府间信息共享机制；理顺政府间环保执法协调合作机制以及执法争议解决机制；建设环保示范基地，构建环境利益共同体。其二，充分发挥企业的主体作用。包括企业自觉遵守东道国的环保法律和标准；推动企业加强环保信息公开，定期发布企业责任报告。这既推动了企业自身环保建设，又为中国企业做了良好的宣传。比如，去年一个春晚节目的故事原型——中国路桥承建的肯尼亚蒙内铁路项目——就发布了中国企业第一份海外项目社会责任报告，其中很多篇幅涉及环境保护事项，充分体现了中国海外投资企业的责任担当。其三，完善双边或多边条约中的环境保护条款。如增加实体性、程序性规定以及纠纷解决条款，切实发挥条约及协定对环保合作的规范及指引作用。其四，完善中国国内环境保护及对外投资立法，为"一带一路"环保合作提供完备的国内立法支撑。

第三节　"一带一路"背景下企业环境责任法律规制欠缺

国际投资协定中的环境条款对于企业环境责任具有规制作用，但环境条款的效力问题往往导致其对企业环境责任的规制名存实亡。在国际投资仲裁的实践中与环境问题相关的投资争端屡屡出现，国际投资领域的环境保护问题受到了社会各界的重视，在部分国际投资协定中已经将环境条款纳入其中。但无论是从仲裁实践结果还是从环境条款纳入来看，国际投资中的环境保护目标的实现情况依旧不尽如人意。不仅国际投资协定中的环境条款设置还存在许多缺陷，而且仲裁庭裁决中暗含的投资保护主义倾向也使得环境条款形同虚设。针对"一带一路"区域的国际投资协定中的环境条款进行完善，首先要解决环境条款的效力问题，使其能够真正承担起在国际投资领域保护自然资源与生态环境的重任。国际投资协定中环境条款的效力问题主要体现在三个方面：冲突条款的缺失与受限、序言条款中环境条款效力低下、专门条款中环境条款设计不足。

一、国际环境规则条款供给不足

（一）冲突条款的缺失与受限削弱环境条款的实际作用

冲突条款是适用于解决或协调对同一事项进行规定的不同条约之间冲突的条款，即当对同一事项进行规定的两个及两个以上的条约之间的规定产生冲突时，规定哪一个条约应该予以优先适用的条款。[1]冲突条款可被分为实体性冲突条款和程序性冲突条款，前者如 NAFTA、TPP 中的冲突条款，后者则注重解决国际投资争端平行诉讼的"岔路口"条款。对于"岔路口"条款，后文会做详细分析，在此主要对实体性冲突条款进行剖析。

第一，冲突条款缺失致使企业环境责任优先性大打折扣，"一带一路"投资协定中应重视冲突条款的设置。一小部分国际投资协定中纳入了处理解决

---

〔1〕 International Law Commission, K. Martti, "Fragmentation of International Law: Difficulties Arising from the Diversification and Expansion of International Law", *UN General Assembly Document*, 2007, p. 268.

与协调投资协定与环境协定冲突的条款，例如 NAFTA 第 10 条及其附件就明确纳入了冲突条款。依据该条规定，在 NAFTA 条约义务与环境协定中的义务相矛盾时，在条约规定不一致的范围内，赋予环境协定义务优先地位。单独来看，这条规定对于规范国际投资活动、促进企业承担环境责任而言意义重大，但是由于 NAFTA 在第 104 条有关环境条款的规定指出"在缔约方可以选择其他同等合理的措施时，应选择对本协定限制最小的替代方式"，这一条款限定了冲突条款的适用范围，使环境协定中的规定难以真正适用于国际投资活动，抑制了冲突条款的实际应用。现今处理与环境协定有关的冲突条款在其他国际投资协定中几乎难觅踪迹，在实践中运用此类条款处理与环境协定关系案例更是甚少见到。虽然现今美国缔结了众多的 BIT，但是始终没有正面回答当投资协定中的义务同环境协定中的义务相互矛盾时，如何在这两种义务之间做出取舍的问题。美国签订的 FTA 也没有提供确切的用以解决投资协定与环境协定之间冲突与矛盾的方案。一般只是在表达执行环境协定的重要性的同时，也建议缔约方通过磋商寻求解决环境协定与投资协定冲突的有效方法。如果在国际投资协定中使用冲突条款对环境协定适用的优先性予以明确，将既有利于提高司法便利性，又有利于降低投资保护与环境保护之间的矛盾冲突。不同于 NAFTA 中实体性冲突条款解决投资协定与环境协定效力问题，TPP 中的实体性冲突条款涉及了同一投资协定中环境条款与投资条款的效力与适用问题，但 TPP 的实体性冲突条款用语问题增加了其适用的不确定性。TPP 投资章节第 3 条第 1 款规定："在本投资章节与本协定另一章存在任何不一致，就该不一致而言，以另一章为准。"这一条款明显用语明确，然而在其后几条解决环境标准执行与投资自由化关系的冲突条款上却措辞含糊而隐晦。TPP 投资章节第 9 条第 3 款（d）[1]与第 15 条[2]的规定所使用的"变相限制""不合理""考虑""必要的措施"等关键词本应对于行为性质的认定具有决定性的作用，但其不够准确的表述使冲突条款在企业环境责任承担实践

---

[1] "只要此类措施不以武断或不合理的方式适用，且不构成对国际贸易或投资的变相限制，则第 1（b）款、第 2（c）款、第 1（f）款、第 2（a）款和第 2（b）款不应被解释为阻止一缔约方采取或维持包括环境措施在内的下列措施：（i）保证遵守不违反本协定法律法规所必要的措施；（ii）保护人类、动植物的生命或健康所必要的措施；（iii）与保护可用尽的生物和非生物自然资源相关的措施。"

[2] "本章不应解释为阻止一缔约方采取、维持或实施符合本章规定的任何措施，只要该缔约方认为该措施能够适当的保证在其领土内进行的投资活动对环境、卫生或其他管理目标有所考虑。"

中发挥的作用难以预测。

第二，司法实践中，环境条款与投资条款的冲突难以解决，使得规范企业投资行为、促进环境责任承担面临重重困难。在国际投资协定中，与环境条款适用冲突矛盾最为突出的是征收条款，"一带一路"共建国家参与的国际投资协定亦是如此。征收条款是国际投资协定中重要的实体性规范：一方面，对于缔约方规定了保护投资者及其投资的实体义务，与投资者的投资利益休戚相关；另一方面，投资协定中征收条款的丰富程度反映了国际投资协定对国际投资者的保护水平的高低。目前，国际投资协定的环境条款在具体内容上的欠缺与国际投资协定中环境条款软法的特性直接导致其与征收条款的冲突产生。但大部分国际投资协定中都未明确规定环境条款与征收条款发生冲突时的有效解决路径，在国际投资仲裁实践中因环境条款与征收条款在同一案件中的适用难以协调，往往使东道国实施与环境保护相关的规制措施极易被争端机构裁决为间接征收，从而对东道国环境主权的行使起到抑制作用，更对东道国的环境主权提出了巨大挑战。[1]目前，对于冲突条款规定较为翔实的仅有 CETA 和与其相似的跨大西洋贸易与投资伙伴关系协定（Transatlantic Trade And Investment Partnership，TTIP），这两个协定均采用了"未决原则"和"已决原则"预防和禁止平行诉讼，[2]促使投资者在 ISDS、国内救济、国际仲裁与诉讼中作出选择。由于国际投资协定明确的给予投资充分保护的立法导向，导致条款设置偏袒投资者及其投资，而东道国采取的环境规制措施因此往往被仲裁庭认定为构成征收或间接征收，最终造成难以在国际投资中实现环境保护目的的结果。在冲突条款缺失时，投资与环境条款的冲突只能依靠环境例外条款进行规制，但早期的国际投资协定对征收的概念理解与界定十分片面，有关征收环境例外的规定一直处于空白状态，甚至把东道国因保护环境而采取的合理措施排除在征收条款的例外情况之外。而晚近时期，国际投资协定对征收条款进行逐步完善，将东道国的合理环境措施囊括于征收例外之中，以期达到可持续发展的目的。这种例外规定的形式较为统一，一般采取将保护环境等公共利益而迫使东道国采取的规制措施规定于征收或

---

〔1〕 韩秀丽：《从国际投资争端解决机构的裁决看东道国的环境规制措施》，载《江西社会科学》2010 年第 6 期，第 24 页。

〔2〕 朱明新：《"已决原则"和"未决原则"与国际投资平行诉讼预防》，载《东方法学》2013 年第 1 期，第 127 页。

间接征收适用的例外情况，东道国对于这种合理措施所造成的损害不需要向投资者承担赔偿责任。虽然例外条款逐渐增加，但在国际投资协定中的征收条款盘根错节，对于例外条款的适用仍设置了诸多限制，而间接征收的模糊规定也十分容易导致例外条款的适用冲突，加之国际投资协定中普遍缺位的冲突条款，使得国际投资活动中环境例外条款的实际作用更加削弱，环境条款的效力大打折扣。

（二）序言条款效力低下难以规范企业投资行为

"一带一路"共建国家参与的国际投资协定往往对于环境条款缺乏重视，仅在序言条款中有所体现。国际投资协定中的序言性环境条款的作用主要是简要阐述在国际投资协定中所涉及的有关环境问题的影响与基本情况，强调环境保护的重要意义，并对重要的环境术语、核心问题、关键词汇、环境概念予以界定。序言条款规定了国际投资协定的目的和宗旨，而协定的宗旨和目的是所有条款的精神和灵魂，制约和指引着企业具体环境权利义务的确定。在序言条款中明确环境可持续发展目标有利于在国际投资引发的环境投资争议中确保环境保护导向，并为规制企业环境责任的具体条款的纳入指引方向。从国际投资协定环境条款的发展与演进的历程来看，较早时期的环境条款主要出现于区域性国际投资协定之中，与此同时在少数发达国家所缔结的 BIT 中已经出现了环境条款的萌芽。但是，这一时期中的国际投资协定有关环境的规范仍以序言条款为主，基本上都采用了"告诫""忠告""宣言""认识到""意识到""希望"等富有劝诱性的弹性措辞。[1]当然，这些序言条款也会概括性地一般提及促进可持续发展型投资与环境保护的重要意义，并对改善生态环境与开展环境合作等目标予以确认。从序言条款的内容与形态上来看，由于此类环境条款对于具体环境方面的权利与义务没有明确规定，更鲜少对缔约方违反序言条款要求时所应承担的法律责任加以确认，[2]东道国很难依据序言环境条款对企业的投资行为施加规制措施。

第一，早期序言条款中的环境条款缺乏且作用有限，对企业环境责任的规制处于留白状态。1997 年美国-阿塞拜疆 BIT 在序言条款中规定："协定还

---

〔1〕 马迅：《国际投资协定中的环境条款述评》，载《生态经济》2012 年第 7 期，第 40 页。

〔2〕 金学凌、赵红梅：《国际投资法制多边化发展趋势研究》，载《海峡法学》2010 年第 4 期，第 59 页。

包括维持健康、环境、安全措施的其他目的。"〔1〕除了与阿塞拜疆 BIT 以外，在美国与玻利维亚缔结 BIT 时，美国政府在批准该协定时明确指出该协定的其他目的中应包括环境目标，并体现于序言部分的环境条款之中。但由于序言性环境条款并不完全具备与实体条款同等的法律效力，仅可以在缔约方发生投资争端需要解释协定具体条款与划定磋商范围时发挥辅助性作用。所以就早期国际投资协定来看，其中的环境条款受立法水平、立法技术与立法模式所限，在其序言性环境条款内容与形式设置方面表现出了一定的局限性，限制了平衡环境与投资利益保护之间矛盾作用的充分发挥，致使东道国与企业的投资利益冲突频现。但序言性环境条款的出现仍有其进步意义，特别是在早期的环境保护中，起到了限制投资保护主义横行的先行典范作用，引领了晚近国际投资协定纳入环境条款走向可持续发展的成熟发展之路。

第二，随着国际投资协定的不断发展完善，环境条款被写入投资协定的序言已变得越来越广泛，但对企业投资行为的实际规制作用仍旧有限。NAFTA 在序言中的规定将国际投资与贸易、环境保护与可持续发展联系起来，是国际投资协定谈判进程上的历史性进步。但是，NAFTA 的序言条款也没能摆脱固有缺陷、缺乏实体条文的性质，而只具有宣誓条约宗旨、表明缔约方对环境问题的共识的功能，其中采用的"促进"一词用语软弱，只能表达一种环境保护意向而非明确环境保护义务。同样，"与保护、维持环境相一致的方式"和"增强环境法律法规的执行和完善"等表述都只是表明在国际投资中各缔约方环境保护的意愿，并未给投资者设定具体责任与义务。一方面，这是因为序言本身的功能、性质与效力所限；另一方面，是因为美国、加拿大与墨西哥在缔结条约时并未将投资保护目标与环境保护目标的地位相等。虽然在后续签订的 NAAEC 的序言中申明了协议的目标涵盖 NAFTA 目标与环境保护目标，希望通过形成经济与环境政策的相互支持的格局促进可持续发展，但该协定仍具有上述问题。美国 2012 年 BIT 范本的序言明确了环境规则的引入，表明了"期望以与保护健康、安全和环境，以及促进国际公认的劳工权一致的方式，实现这些目标"，但这种进步并未能解决序言条款的效力问题。

---

〔1〕 "Azerbaijan Bilateral Investment Treaty", available at http://tcc. export. gov/Trade_ Agreements/All_ Trade_ Agreements/exp_ 002783. asp.

与 NAFTA 相比，MAI 的序言更进一步地阐述了环境保护的重要性。MAI 在序言中明确了经济应以可持续发展的方式增长，并重申了《里约宣言》与《21 世纪议程》中的有关环境承诺，明确了风险预防和污染者付费原则的实施计划。比之 NAFTA，MAI 的进步之处体现在其中具体的"环境承诺"之上，这一"环境承诺"意味着 MAI 将《里约宣言》与《21 世纪议程》中的环境承诺作为 MAI 的明确伴随义务，而不仅仅停留在呼吁和愿望层面。正因如此，MAI 谈判虽然未能最终达成共识，但其对国际投资中环境条款的设置已做出了宝贵的贡献。但是，由于《里约宣言》和《21 世纪议程》缺乏法律约束力，即便使用"承诺"二字，也难以避免环境目标的实现在国际投资中遭遇阻力，难以将保护环境定义为国际投资协定中缔约方的一项法律义务。不论是 MAI 还是 NAFTA 的序言条款，虽然都提及了可持续发展问题以及环境问题，但是由于序言条款用语空洞缺乏法律强制力与执行力，又缺少具体环境条款的补充，在实践中难以实现其环境保护的意义。相较于 NAFTA 和 MAI，TPP 的序言条款现实意义更加明确。TPP 在序言中屡次强调环境保护，其序言条款比之 NAFTA 的规定更为详尽，可见 TPP 对环境问题的重视程度。但 TPP 更为突出的进步之处在于其设立专章规定环境问题，如果缺少了环境专章的支撑，其序言条款对于企业环境责任的规制作用必将难以发挥。

序言往往会规定条约的宗旨与目的、基本作用、政治性声明、缔约背景，可以对解释条约用语含义以及指导国际司法实践起到一定作用，在一定范围内具有法律约束力，这种法律效力的有限性特征所带来的后果需要正视。以中国签订的 RCEP 和与大部分"一带一路"共建国家签订的 BIT 为例，仅在序言中所纳入的环境条款，由于未对具体的权利义务关系加以规定并完全依靠缔约双方的自愿遵守，其环境条款的法律约束力明显不足。因此，国际投资协定中所纳入的序言性环境条款主要存在的是法律效力低下的问题，东道国希望借助序言条款来实现环境规制，以达到保护生态环境、自然资源、平衡东道国与投资者利益的目的是很难实现的。这一情况也就导致为了国内生态环境、自然资源保护而在国际投资协定中纳入保证东道国规制措施实施权利的条款的最终效果并不明显。

（三）专门条款对企业环境责任的具体规定尚不完善

"一带一路"共建国家所参与的国际投资协定涉及的专门环境条款相对有限，规定尚不明晰。国际投资协定中的环境保护的序言条款起到统领全文的作用，冲突条款是显著的工具性条款，专门条款则是构成环境保护具体内容的骨血。专门环境条款主要指在国际投资协定中以"环境措施"或"投资与环境"为题，或以"环境"专章或附属性环境合作协定的形式出现，对缔约国环境保护义务进行规范的条款。具体包括为环境规制保留政策空间的规制权条款；环境事项及投资者－国家争端解决机制条款；东道国不弱化或降低环境保护的义务条款；普遍促进环境保护与合作的条款；要求缔约方履行其环境法律及法规的条款；设立委员会或其他机构履行、监督、鼓励协定中要求的环境措施的条款；说明投资协定与环境协定位阶关系的条款。这些条款均以约束包括投资者的投资活动为目的，大致可以分为两种类型：要求缔约国履行环境保护义务与保障缔约国环境政策空间。

现有的国际投资协定中环境保护专门条款（或称专门环境条款）在设计方面主要有三点不足：第一，环境保护专门条款的数量不足，难以构建完善体系规范企业投资行为。为了追求更好的合作、吸引更多的企业进行投资，发展中国家所签订的 BIT 很少设计专门环境条款。以中国为例，2012 年中国－加拿大 BIT 第 33 条（一般例外）第 2 款涉及了环境保护的规定："如此类措施不以不合理的或武断的方式适用，或不会对国际投资构成间接限制，则本协定中的条款均不被解释为阻止缔约方采取或维持以下措施……2. 保护人类、动植物健康与生命所必需的措施；3. 与保护可用竭的自然资源相关的措施。"此外，该协定第 10 条（征收）附录第 3 款指出："除了极少数的措施不能以善意方式实施的情况，缔约方为保护如安全、健康、环境等公众福祉的合法公共目的而设计和适用的非歧视性措施，不认为构成间接征收。"其后，2013 年中国－坦桑尼亚 BIT 第 6 条（征收）与第 10 条（健康、安全和环境措施）也纳入了环境条款，而 2012 年中国－加拿大 BIT 签订之前的 100 多份 BIT 基本没有涉及环境保护这一概念。就发展中东道国而言，环境保护专门条款的数量是否充足，直接决定了企业环境责任体系能否搭建，进而影响着企业投资行为的规范性。

第二，环境保护专门条款的用语模糊，未能对企业环境责任提出明确要求。最大限度地确保法律文本准确和清晰是支撑法律可预见性、确定性的基础，可以有效地减少或避免冲突的产生。[1] 以 NAFTA 中的环境条款为例，其

---

[1] S. Dinah, "Reconcilable Differences? The Interpretation of Multilingual Treaties", *Hastings International and Comparative Law Review*, 2000 (1997), p. 611.

中有关环境与投资的规定主要体现于第 11 章第 1114 条中。该条款被认为在国际投资协定中开创了以专门条款处理环境保护与投资保护之先河,从赋予东道国对于投资者采取环境保护措施的权利以及规定东道国不得为吸引投资而损抑环境保护措施的义务两个方面对投资与环境保护进行了规范和调整。而该款的适用前提是符合 NAFTA 第 11 章其他方面的规定,但整个协定却对"其他方面"的具体说明只字未提。同时,在该条款中还简单规定投资活动需要"考虑环境因素"(sensitive to environmental concerns),但同样对于"环境因素"的内涵与外延未加以解释说明。第 1114 条第 2 款称作"不得降低标准"条款,这一条款是首个为防止一国因吸引国际投资而降低环境标准而制定的相关规定,为投资协定中环境规则的制定打开了新的局面。但本条款也有不完善之处。首先,条款表现措辞软弱,虽然规定不降低环境标准是各缔约方的义务,但是协定未赋予本项义务以强制性。其次,"放宽"一词的语义模糊,未明确指出其含义是指放宽制定新法时所使用的环境标准,还是指对在解释现行法律时放宽对环境标准的解释,或者是指为了留住投资者而冻结政策法规,刻意不提高应当提高的环境标准。最后,有关磋商的规定对于防止缔约方放宽环境标准的作用并不显著,这是由磋商程序的自愿性造成的,磋商条款的效力比争端解决条款要更为软弱。其他国家缔结的 BIT 或 FTA "投资"专章中的专门环境条款大部分是以 NAFTA 第 1114 条的内容为模板加以设计的,因此在这些条款中也存在类似的问题。专门环境条款在表述与内容上用语模糊且弹性较大,使得依据条款保护东道国国内环境有如煎水作冰。这种专门环境条款根本不能为各缔约方确立环境保护的相关实体性权利与义务,也未能为履行环境保护义务提供具有实际意义的参考标准,其"软法"性质表露无遗。

第三,环境保护专门条款内容具有双重标准。晚近签订的 BIT 明显提高了环境条款纳入的广度与深度,例如美国 2012 年最新修订的 BIT 范本专门制定了环境条款。该范本第 12 条"投资和环境"条款是专门用于解决美国与其他国家签订 BIT 时所涉及的环境保护问题的条款。但是,美国 BIT 范本显然并非尽善尽美,其维持了双重环境标准,且 BIT 范本的仲裁条款削弱了东道国管辖权。其中第 2 款强调了缔约方双方的环境义务,规定了缔约方不得减损或放弃缔约方基于国内环境保护法律产生的义务,从而阻绝企业对于"避难所条款"这种典型的污染投资转移的条款适用。虽然 2012 年美国 BIT 范本明确规定了进行环境保护应达到的目的，但是由于环境保护目的实现途径仅为要求企业遵守东道国国内法律，发展中国家的投资者与发达国家的投资者在进行互相投资时所遵循的国内法律存在差异，而这种差异无疑是对现有的双重环境标准的维持。该范本在第 3 款对缔约方调查、监管本国境内的环境事务的权利与尊重对方采取环境措施的权利予以了明确。然而，第 3 条规定了所有缔约方都必须保证投资者在东道国的国民待遇不受侵犯，使这一条款成了美国投资者面对东道国以公共安全、健康等公共利益为名对美国企业采取环境救济措施时的挡箭牌。

"一带一路" 涉及的国际投资协定的专门条款的数量不足、用语模糊和双重标准问题造成国际投资协定环境条款缺乏全面性、可执行性和统一性，严重影响了环境条款的效力，使得海外投资企业在看似不断完善的国际投资协定中仍有机可乘。国际投资协定中的专门环境条款的效力仅略高于国际环境公约、国际环境合作协定中的序言性环境条款，由于大部分专门环境条款存在上述问题，最终导致要求缔约方承担环境责任或履行环境义务的具体标准和执行环境保护承诺的实体性规定缺失。中国所缔结的国际投资协定也同样存在类似问题，这不但使得在华投资的企业逃避环境责任，也使得对外投资的中国企业缺乏规制，增加了跨国环境纠纷发生的可能性，不利于国际经济的可持续发展。

二、国际环境规则条款执行力不足

纵观国际投资协定的演进发展历程，大部分的投资协定对于环境条款、投资保护条款、征收条款之间效力冲突的有效解决路径都没有作出明确规定。加之保护伞条款的纳入，导致东道国违反投资合同的行为构成对投资协定实体义务的违反，使得仲裁机构享有实质性的管辖权。[1]然而，基于国际投资仲裁的诸多实践可以看出，无论是在 NAFTA 框架下还是在 ICSID 框架下，大部分仲裁庭都想方设法地对效力冲突问题进行回避，试图利用国际投资协定中的投资保护的实体条款作出裁决，充分保护投资者的投资利益。由此可以

---

〔1〕"保护伞条款"要求缔约任何一方都应恪守就缔约另一方投资者在其境内的投资所做的承诺，把外国投资者从东道国政府那里得到的承诺置于国际投资条约的保护之下，将合同义务提升到条约义务层面。

看出，不论是在位阶上还是在效力中，当前的国际投资环境条款都需要让位于投资待遇条款、征收条款，加之投资争端解决机制缺少程序性规定，而环境例外条款缺乏规制力度，最终造成国际投资协定中的环境条款对企业环境责任的规制作用有限。可以说，国际投资协定中的投资保护条款、例外条款和程序条款对环境条款都造成了不同程度的限制与影响，"一带一路"中的国际投资协定条款设计也存在此类问题。

（一）投资待遇条款限制企业环境责任承担

在国际投资协定中纳入"国民待遇""最惠国待遇"和"公平与公正待遇"等投资待遇条款似乎已成为国际通行的做法，占据国际投资协定条款的主流趋势。但这些投资待遇条款在偏袒投资者的投资利益、扩张国际投资自由化的同时，对环境条款的纳入与适用施以了严格的限制。这一趋势从国际投资协定发展的早期直至晚近时期一直持续，因其与保护投资利益的要求完美契合而备受推崇，甚至出现了宽泛解释、扩大解释的趋势，这一趋势不利于"一带一路"共建国家作为东道国时环境权利的保护。以公平与公正待遇为例，对投资待遇标准的扩大解释程度与限制东道国实施环境规制措施的程度成正比例关系。ICSID 和 NAFTA 的仲裁实践表明，仲裁庭对于解决投资争端所适用的投资条款的解释不断变化发展，追随着国际社会对投资保护主义不断认同的趋势。这种投资待遇条款的敏感性与灵活性的动态变化要求环境保护条款的相应完善，避免由于环境条款的缺失给投资条款的扩大解释提供过多空间，在面对环境条款与投资条款冲突时，难以豁免东道国所采取的合理环境措施。但这需要以正视国际投资协定以及国际投资仲裁实践中的投资待遇条款对投资者环境责任承担的限制为前提。

第一，国际投资协定中的投资待遇条款对专门环境条款适用的限制主要体现在 FTA "投资"专章的环境措施条款之中。由于目前大多数的 FTA "投资"专章的专门环境条款在内容上借鉴了 NAFTA 第 1114 条第 1 款的规定，因此这些专门环境条款的适用同样以严格适用投资待遇条款为前提，制约了专门环境条款对抗投资待遇条款的功能，造成这些 FTA "投资"专章中的专门环境条款实际上也仅具有软法性质。NAFTA 第 1114 条第 1 款规定的本意是希望为东道国预留出更多的实施保护生态环境规制措施的政策空间，但基于专门环境条款设置的形式与用语的模糊性，使得东道国的政策空间极不稳定。此外，由于 NAFTA 的专门环境条款适用需要符合投资专章之下的"其他方面规定",当环境条款与"其他方面规定"相冲突时,应当让位于其他规定,导致 NAFTA 中的专门环境条款位阶低下,基本上难以对抗投资条款。以"公平公正待遇"条款为例,这一条款既是对投资实体条款的补充,也是对投资程序条款的限制。条款含义与适用范围的模糊性与不确定性使得该标准几乎可以扩大适用至几乎所有的东道国环境限制措施。虽然 CETA 对公平公正待遇进行了封闭式列举,[1]还为此创设了专门的评审机制,但是到目前为止,理论界与实务界对"公平与公正待遇"确切的含义仍然存在争议,导致其待遇标准尚未有明确的释义和界定。目前,大部分国际投资协定均仅提出要给予投资者以公平、公正的待遇,但未对具体待遇标准和待遇的适用范围加以明确,造成了投资争端解决中对投资待遇条款的滥用。CETA 的"负面清单+评审机制"方式不失为对明确公平公正待遇的一种尝试,其中对"投资者合理期待"的构成分析与"根本性"等严格措辞为东道国保留了一定的政策空间。[2]但 CETA 毕竟不是专门的投资协定,其对国际投资的指导作用有待进一步发展。

在司法实践中,仲裁庭的裁判结果往往表明,尽管依据 NAFTA 第 1114 条东道国被赋予基于环境保护目的而实施相应措施的权利,但这些措施的实施必须以不对投资者的实际经济利益造成损害为前提,如果不符合这一前提,则会被判令要求进行损害赔偿和取消规制措施。造成这一后果的根本原因还是过于模糊的专门环境条款,投资待遇条款或其他投资保护条款的滥用与解释易造成环境条款与国际投资协定中投资条款的适用冲突。如上文所述,若要利用专门环境条款,东道国的环境措施内容与形式必须与 NAFTA 中的投资保护条款等所有前置条款保持一致。而仲裁庭对这些环境条款前置条款的理解一般包括 NAFTA 第 11 章中的 1102 条和第 1105 条的国民待遇条款以及公平与公正待遇条款。如何使东道国的环境规制权利行使不违背或不被仲裁庭认定违背投资待遇条款,是现阶段解决环境措施难以落地的主要问题。但这种由投资利益与环境利益不平衡所导致的矛盾,解决成本和解决方式可想而知。这一矛盾的存在充分暴露出了国际投资协定中环境条款所存在的刚性不足并

---

〔1〕 所列东道国的违反措施包括:拒绝司法;根本违反正当程序原则;基于明显不正当理由的歧视;虐待投资者。

〔2〕 张庆麟、郑彦君:《晚近国际投资协定中东道国规制权的新发展》,载《武大国际法评论》2017 年第 2 期,第 72~73 页。

且效力位阶明显低于投资条款的缺陷。

第二，国际投资协定中投资保护条款的适用范围与标准缺乏一致性和确定性，"一带一路"沿线各国投资制度的差异化致使该状况更加恶化。可以看出，"国民待遇""公平公正待遇"这两个投资保护条款对于环境条款限制颇多，其适用范围的不确定性更是使环境条款的适用"雪上加霜"。一方面，各项国际投资协定对于国民待遇的适用范围缺乏统一性。1976年《国际投资和多国企业宣言》对国民待遇作出了系统性规定，是加入这种规定的早期多边投资文件，该文件创造性地将保护公共利益与公共秩序作为投资者享受国民待遇的前提，并且将国民待遇的适用范围限定于市场准入之后。与此相反，NAFTA和MAI将国民待遇的适用范围扩大至市场准入前阶段。受此影响，包括日本、加拿大、美国在内的发达国家在晚近所缔结的国际投资协定中效仿NAFTA的规定在投资准入前阶段适用国民待遇标准。但需要注意的是，国民待遇适用范围的扩大是以削弱东道国对外资准入领域与准入条件的审查权为代价的。另一方面，国民待遇的标准缺乏确定性。从NAFTA的投资仲裁实践（例如"S. D. Myers诉加拿大政府案"[1]）中可以看出，仲裁庭在判断东道国行为是否构成对国民待遇原则的违反时，主要基于两点进行分析，即"事实上的歧视"（de facto discriminatory）和"相似情形"（Like Circumstances）。虽然仲裁庭对于违反国民待遇的审查逐渐规范与审慎，包括纳入"实际影响"等衡量标准，但总体上国民待遇条款仍是投资者规避环境责任的有力工具。

此外，目前为止，公平公正待遇的适用范围和标准尚未统一与确定。目

---

〔1〕 S. D. Myers公司（以下简称"Myers"）是一家处理有害废物的美国公司。其主要业务为处理一种叫PCB的有害物质。1993年在加拿大投资成立了Myers公司以扩张其经营业务，为了获得更多的废物来源，美国Myers公司意图通过其在加拿大的子公司从加拿大进口PCB，但是根据美国国内法的规定，PCB的进口需经过美国环境保护部门的事先同意，在Myers公司的极力游说下，其获得了美国环保局的许可从加拿大进口这种被称为PCB的有害废物，该许可在加拿大引起了广泛的争议。1995年加拿大政府出于环境保护的考虑发布一项临时禁令，在禁令中规定了16个月的限制期，在这期间禁止PCB从加拿大的出口。Myers公司根据NAFTA第十一章对加拿大提起了仲裁，诉称加拿大政府违反了NAFTA项下国民待遇原则（1102条）、最低待遇标准原则（1105条）、履行禁止原则（1106条）及征收条款（1110条）。在该案中，加拿大政府的出口禁令禁止了美国S. D. Myer公司参与加拿大PCB市场长达16个月，而此时S. D. Myer公司的竞争对手却没有受到出口禁令的影响，可以自由进入加拿大PCB市场。仲裁庭认为消费者的观点可以比较出美国S. D. Myer公司与其相似情形的投资者或投资相比，是否遭遇到了事实上的歧视。仲裁庭最终认定加拿大政府的禁令构成对外国投资者的歧视，因而违反了国民待遇原则。

前解释公平公正待遇的方法主要有两种：一种被称作文义解释，也就是依据特定国际投资协定中的条款用语解释公平公正待遇；另一种是直接将公平公正待遇标准与国际法最低待遇标准相等同。中国学者倾向于使用文义解释，而欧美国家则倾向于等同于国际法最低待遇标准。在投资仲裁实践中，基本不会考虑采用这两种方式解释公平公正待遇，因此仲裁庭在具体案件裁判中对公平公正待遇的诠释具有指导价值，在裁判用语中对公平公正标准的认定可以被认为是其后的仲裁实践的明确导向。在"S. D. Myers 诉加拿大案"中，仲裁庭将公平公正待遇标准与国民待遇等同起来，指出实质上违反国民待遇标准可以被认为同样违反了公平公正待遇标准。仲裁庭还指出，公平公正待遇的最低标准的范围较之国民待遇的范围更为宽泛。从 NAFTA 的仲裁实践来看，公平公正待遇标准的适用范围有被仲裁庭宽泛解释的倾向，使东道国在基于健康、安全与环境等公共利益采取管制措施时，容易导致投资者据此提起诉讼，这在一定程度上阻碍了东道国环境管理主权的行使。

总体而言，目前的国际投资协定以"国民待遇"为代表的投资待遇条款的具体适用范围与标准的规定过于模糊、笼统，当仲裁庭对投资条款（尤其是投资保护条款的外延与内涵）具有自由裁量权时，其可以以东道国的环境措施违反任意投资协定项下的条款义务为由判定该措施违反非歧视待遇标准，从而无限扩大此类投资待遇条款的内涵与外延。这显然会导致当投资保护条款与环境条款发生冲突时，东道国的环境保护措施难以因环境例外条款的存在而得到豁免。条款设置方面的缺陷导致投资实践与仲裁实践更加难以化解国际投资协定中环境条款与投资保护条款的冲突。目前，由于大部分的国际投资协定对于环境条款的适用都设置了严格的条件与限度，环境条款的行使需要既要满足尊重投资协定其他缔约方实体权利的要求，又要达到敦促缔约方尽可能地承认并善意遵守东道国在环境保护方面的国内政策法规的目的。这种限制性条件使环境条款的处境极为尴尬，造成国际投资协定中不乏此类空有"环境保护"之名，而无"环境保护"之实的环境条款，加之国际投资协定中环境条款的软法性质，最终造成企业环境责任承担缺乏有力规制。

（二）例外条款未能明确企业环境责任边界

"一带一路"早期国际投资协定并不重视例外条款的设置，例外条款的纳入与国际投资法的发展密切相关。在国际投资自由化时代，特别是在 20 世纪 80 年代和 90 年代，例外条款几乎不被缔约方和投资者关注。但在 20 世纪末，随着国际投资法朝着"平衡化"的方向发展,国际投资协定对东道国与投资者利益平衡更为关注,例外条款由此具有了进一步发展的空间。在 20 世纪末,一系列投资仲裁案件[1]对例外条款的援引引发了人们对于例外条款的关注与讨论。例外条款对于投资者的约束作用体现在保证国家环境目标的优先实现,与缓解投资与环境利益冲突上。

例外条款对于环境条款的影响,概括来说,其备受诟病之处为"名不副实",而这种"名不副实"使得企业环境责任边界难以确定。以 NAFTA 为例,其第 1114 条的环境例外条款的"名不副实"主要体现在:其一,该条款没有对"考虑环境因素"与"适当性"等概念进行明确解释,并以不违背投资章节其他条款的规定作为该条款的适用前提,这说明环境例外条款的效力低于该章的其他条款。其二,从第 1114 条的订立背景看,NAFTA 在谈判初期未纳入环境条款,而是在谈判后期未经深入探讨匆匆予以加入,因此该条款的完善度不高。其三,从投资争议的仲裁实践来看,仲裁庭在进行条款解释时并未将第 1114 条视为 NAFTA 第 11 章的环境例外条款。总体而言,第 1114 条这一环境例外条款的软法性质明显,难以对抗其他投资保护相关条款,难以促进企业环境责任的承担。

具体而言,对于一般环境例外条款而言,其存在的问题如下:其一,用语模糊难以执行,使企业投资行为缺乏规制。晚近以来,国际投资协定的环境例外条款的设置多以 GATS 第 14 条和 GATT 第 20 条为标准,并成了国际投资协定处理环境与投资问题的主要趋势。但由于这两个条款项下的一般环境例外规定都不够明确、具体,使得国际投资协定中的一般环境例外在面对 WTO 的一般例外适用时因措辞用语模糊、关键概念不清而遭遇了相似的问题。到目前为止,不论是 WTO 规则还是国际投资协定,都未对一般环境例外条款提及的"动植物""健康"等用语进行明确界定。由于国际社会处于不断变化与发展之中,对"健康""可枯竭"等词语的定义也随之变化更新,这些用语在投资协定中的内涵也应随之发展。用语含义的模糊与滞后性使得东道国对该条款的适用产生了歧义,造成针对投资者适用该条款时产生了不必要的争议。由于国际投资协定将环境例外条款的适用置于一定的"条件与限度"

---

[1] 主要为涉及阿根廷的一系列投资争议仲裁案件,阿根廷政府试图援引 BIT 中的"根本安全例外条款"主张免责,而仲裁庭对于相似案情的不同案件作出了不同的裁决。

之下，不同的投资协定对此规定不同，但由于缺乏统一性和明确性，这种泛泛而谈的所谓"条件与限度"更是让东道国无从适用、让企业暗自窃喜、让仲裁庭肆意解释。其二，国际投资协定并不保证一般环境例外条款的适用。当现行投资协议倾向于保护企业的商业利益时，一般例外条款可被视为东道国为追究环境损害责任所能抓住的最后一根稻草。以 TPP 为例，该协议不仅没有为 GATT 1994 第 20 条规定的一般例外条款的适用提供实质性保障，在 TPP 协议草案中也朝着相反的方向发展。土地征用条款附件规定："在某些情况下，缔约国为保护公共安全、环境、健康等公共利益而采取的非歧视性措施在某些情况下可被视为构成间接征用。"这种规定非常不利于东道国环境权益的保护。

就重大安全例外条款而言，主要问题在于：第一，重大安全的界定不够清晰，致使适用该条款制约企业环境责任问题的争议颇多。当面对争端时，解决争端所需要的不是所谓抽象的清楚，而是针对特定情况的具体的清楚，但极少有条约将重大安全例外规定得十分清楚、没有缺陷。[1]依据重大安全例外条款的相关规定，东道国实施相关措施应当是为了实现明示于该条款中的特殊目的，其实就是为了维护本国重大安全利益的目的。最为常见于投资协定之中的特定目的有："公共秩序""重大安全利益""经济安全""国际安全与和平""公共健康""紧急情况"等。而在实践中需要清晰把握上述词语的准确含义方能成功引用重大安全例外条款，但其界定的模糊性常常阻碍重大安全例外条款顺利产生应有的效果。

第二，重大安全例外很少被适用于投资准入前阶段，无法限制企业因投资待遇条款获得的投资保护。目前，重大安全例外更多地适用于投资准入后的现实。在投资准入后，企业在其运营过程中逐渐对东道国的某些国家重大安全利益产生威胁，大部分国际投资条约选择的方法是通过重大安全例外条款允许东道国采取违反缔约方实体义务的措施。但大多数国家并没有将国际投资条约中的国民待遇、非歧视待遇应用在投资准入阶段。因为将给予本国投资者的待遇毫无区别地应用于任意的外国投资者，对本国社会经济安全各个方面会产生不利影响，不符合现实。但是，还是有少数一些推行自由化的国家将非歧视待遇、国民待遇适用于投资准入前。比如，美国-加拿大 BIT 就

---

〔1〕 李小霞：《国际投资法中的根本安全利益例外条款研究》，法律出版社 2012 年版，第 34 页。

是适用于投资准入阶段并且包含了重大安全例外条款。若因投资准入前的国家安全审查管理原因拒绝外国投资者的某些投资，将某些敏感性和战略性产业留给国内投资者，就会与非歧视待遇相违背。而对外国投资展开安全审查，可归属于为维护重大安全利益所实施的例外措施，进而使援引重大安全例外条款成为为国家保留安全审查权力的重要策略。因此，将国民待遇、非歧视待遇适用于投资准入前的国家就有了援引重大安全例外免责的需要。

第三，重大安全例外条款与习惯国际法"危急情况"容易混淆，在遭受企业环境侵害时启动困难。从适用范围上讲，重大安全例外条款仅在国际投资条约相对方之间有约束力，危急情况是全球性的国际法理论却适用于所有国际法主体。因此，危急情况规则作为普适性规范，对于各国应具有相同的含义，而重大安全例外条款在缔约方谈判中可以赋予其特定的含义和不同的理解。从适用顺序来看，如果争端当事方的国家之间签订了国际投资条约，基于特别法优于一般法的习惯国际法，援引重大安全例外时不一定要遵守《关于国家责任的条文草案》第 25 条关于危急情形的严苛要求。因此，如若不对重大安全例外和"危急情况"作出严格区分，面对企业环境侵权行为，会限制重大安全例外条款的适用而导致东道国利益受损。

第四，重大安全例外条款自裁性不明确，限制东道国对于企业环境侵害的追责。在国际投资协定中，重大安全例外条款包括自裁决性条款与非自裁决性条款两种类型，这两种条款的区别决定了援用重大安全例外条款时仲裁庭不同的审查权限。在"LG&E 案""CMS 案""Enron 案"和"Sempra 案"[1]四个案件中，仲裁庭均对援用国采取的措施进行了实质审查，因其认为美国–阿根廷 BIT 第 11 条[2]不属于自裁决性条款，尽管"Enron 案"和"Sempra 案"的有关裁决最终被 ICSID 专门委员会撤销，撤销的理由也主要是因为其认定美国–阿根廷 BIT 中所规定的重大安全例外条款更倾向于自裁决属性，但是未明确指出该条款是否为自裁决性条款。但 1992 年美国–俄罗斯 BIT 和 NAFTA

---

〔1〕 在"LG&E 案"中，阿根廷认为美国–阿根廷 BIT 第 11 条是自裁决性条款，仲裁庭则只能对阿根廷采取的措施进行善意审查，其中 ESI 不仅包括国家的军事防卫利益，还应包括经济和政治利益。仲裁庭最终对此予以采信，裁决阿根廷免责。而阿根廷在"CMS 案""Enron 案"和"Sempra 案"三案中提出的抗辩理由几乎相同的情况下却被仲裁庭驳回，援引 ESI 条款所采取措施的合法性被否认。

〔2〕 "本条约不应排除缔约任何一方为了维护公共秩序，履行其维护或恢复国际和平或安全的义务，或保护其根本安全利益所采取的必要措施。"

均采用了自裁决性条款规定缔约方的重大安全利益。自裁决性条款现已成为国际投资法的一个重要发展趋势，因此在 BIT 中应注重对重大安全例外条款的自裁决属性的明确。

对于具体环境例外条款而言，问题主要存在于：第一，国际投资协定中的投资保护条款对具体环境条款适用的限制主要体现于履行要求条款之中。晚近以来所缔结的国际投资协定中，其履行条款设置多参照 NAFTA 的相关规定。NAFTA 第 1106 条是履行要求条款，该条款的第 2 款规定，NAFTA 第 11 章所规定的国民待遇与最惠国待遇的投资待遇条款也是履行要求条款适用的前置条件。特别是第 1102 条国民待遇条款的限制东道国实施与环境"技术转移"相关的履行要求的措施，对于履行要求条款涉及的环境例外几乎全部予以排除适用。由于在国际投资东道国中大部分以技术水平相对不发达的发展中国家为主，而企业所拥有的环境保护技术往往都是具有较高科技含量的新兴技术，适用"国民待遇"条款意味着发展中国家难以获得此类技术。如日本-墨西哥 FTA 第 65 条第 1 款 f 项就是履行条款的适用限制，该条赋予了东道国因环境保护而向投资方要求履行技术转移的权利，但是 f 款又明确规定履行要求条款的适用前提是符合第 58 条国民待遇标准的规定。类似条款的设置需要通过国民待遇条款的限制，使得国际投资协定中设立的履行要求条款形同虚设，其中所包含的环境例外规定也流于形式。而作为发展中国家的东道国在缔结条约时对于履行要求条款的期待值很高，希望借由其中的环境例外规定引入先进技术、提高本国环保水平，但国民待遇标准限制严格，使东道国实现高新科技转移的计划落空。同样的情况在"当地购买"与"当地成分"的履行要求条款中也出现频繁，这种环境例外的适用前提依旧是非歧视待遇，换言之就是此种环境例外依旧要符合国民待遇的要求。目前的国际投资协定对于履行要求条款的环境例外规定能否适用、如何适用未作出明确规定，这就造成东道国在遭受企业环境侵害时，以保护环境公共利益为目的所采取的规制措施会受到实体性投资保护条款的制约，其合法性难以确定。

第二，征收条款例外要素的判定缺乏统一性标准，企业环境责任边界模糊。征收规则通常是对东道国的征收、国有化等行为作出限制，原则上禁止对投资进行征收，但这种禁止并非绝对性，而是为环境、健康、安全等公共目的保护保留了出口。部分国际投资协定通过征收规则解释征收与间接征收的内涵，并在征收规则中设置了环境例外条款，把因保护环境公共利益所采取的正当规制措施剔除于间接征收之外。即在符合非歧视、合理性等一定条件的情况下，因公共利益保护导致东道国采取的环境规制措施不构成间接征收，但需要进行合理补偿，从而保障东道国的规制权。但间接征收的例外条款判定要素缺乏统一性以中国为例，中国-新西兰 FTA 中有的判断要素除了效果的歧视性与违反政府承诺稳定性以外，还包括行为具有严重性或无限期性、公共目的与政府行为不相称两个判定标准。而在中国-坦桑尼亚 BIT、中国-乌兹别克斯坦 BIT、中国-印度 BIT 中的四个判断要素与中国-新西兰 FTA 中的并不相同，其分别是措施的目的与性质、歧视程度、对合理投资期待的损害、经济影响，其中也纳入了要求目标与手段之间符合比例的要求。虽然这三份 BIT 均规定了相似的四种要素，但在措辞上仍有差异。其中，中国-坦桑尼亚 BIT 和中国-乌兹别克斯坦 BIT 在"对合理投资期待的损害"要素中指明了所谓"投资期待"是基于东道国政府的具体承诺而产生的，中国-坦桑尼亚 BIT 还特别在"措施的目的与性质"这一判断要素中增加了"善意采取"的规定。如果不对间接征收例外要素的判断加以统一，一旦发生投资争议投资者可能会援引投资待遇条款，要求中国政府承担因违反投资待遇条款而产生的责任，并对认定为间接征收的措施担负相应的责任，这势必会影响到环境措施权利的行使，让企业环境责任的相关环境条款处境尴尬。

（三）程序条款难以为企业环境责任落实提供保障

目前，"一带一路"相关国际投资协定较为注重实体性环境条款的设置而较少关注有关环境保护的程序性条款。随着投资与环境矛盾的日益尖锐，与环境有关的投资争端不断增加。各国发现，如果要妥善处理与环境有关的投资争端，仅仅依靠实体性规范是远远不够的，还需要争端解决机制等程序条款的辅助，将有关环境保护的程序性条款引入国际投资协定不失为一种解决方式。美国在 NAFTA 中并未纳入制裁违反条约义务行为的程序性条款，而是将这种程序性条款在 NAFTA 的附件 NAAEC 中加以规定。例如，NAAEC 第 14 条与第 15 条第 2 款是相关程序性条款。虽然依据《维也纳条约法公约》的规定，NAAEC 可以被当作是 NAFTA 的内容而进行善意解释，并成为争端解决机构处理东道国和投资者之间由环境问题引发的争议的依据，这种程序性条款对环境条款的实施具有一定的积极作用，但由其自身缺失或缺陷给环境条款造成的不利影响也不容忽视。

第一，程序性冲突条款制约环境条款的适用，企业环境责任难以落实。

以 TPP 为例，TPP 的程序性冲突条款，即所谓的"岔路口条款"在司法实践中对争端解决平行诉讼的抑制作用有限。20 世纪后半叶，随着国际法庭和国际司法机构的数量不断增长，国际司法机构的"扩散化问题"（proliferation problem）逐渐显现，在国际投资领域体现为争端管辖权冲突问题突出。TPP 争端解决章节第 4 条"场所选择"明确："1. 当争端同时涉及 WTO 协定等国际贸易协定项下和本协定项下的任何事项时，且争端方均为协定缔约方时，起诉方拥有选择争端解决的场所权利。2. 一旦起诉方依据第 1 款，依据某一协定向一场所提出请求或向一专家组提交请求，则应将该场所视为被选定的场所并排除其他场所的适用。"但这一程序性冲突条款可以解决国内救济程序和国际救济程序之间的冲突，但面对不同的国际救济程序间的程序冲突，其管辖选择的终局性效力会大打折扣。原因在于 TPP 的成员方之间存在此前签订诸多 BIT、FTA 等国际投资协定并仍将继续增加，这些投资协定盘根错节，包含着不同的争端解决机构，但不是所有投资协定都确立了"岔路口条款"。因此，当协定缔约方的投资者将与环境有关的投资争端同时或先后提交给具有管辖权的不同争端解决机构时，依旧有可能诱发平行诉讼问题。因为不同的争端解决机构对法律的适用、条款的解读与实施的理解会产生较大的差异，难以避免产生不一致甚至相互对立的裁决。如果放任管辖权冲突的延续，当事方均试图执行有利的裁决而拒绝执行不利的裁决，则极易使争端陷入两难境地，导致争议难以得到解决。[1]著名的"吞拿鱼-海豚案"便是程序性冲突条款缺失的后果。WTO 在 GATT 1994 的第 20 条设置了环境例外条款，规定东道国可以采取必要措施维护本国环境利益。本案中，墨西哥基于 GATT 1994 的第 20 条将美国限制贸易的行为诉诸 NAFTA 争端解决机构，却最终以败诉告终。争端解决小组的裁判理由是认为墨西哥和美国同属 NAFTA 和 WTO 的成员，在承担双重的情况下必将存在部分重合，争端解决小组认为不需要严格适用贸易规则，而是可以在环境保护与自由贸易等目标之间进行价值选择，这种价值选择的结果是将 WTO 环境例外规则排除适用。这种排除环境例外适用的国际先例削弱了东道国对环境事务的监督与管理权力，增加了规制投资者在国际投资活动中的环境责任难度。由于 NAFTA 的立法模式倾向于保

---

〔1〕 陈琛：《TPP 投资协定中冲突条款的适用困境与突破》，载《广西社会科学》2014 年第 11 期，第 89~90 页。

护投资者权益，环境条款内容零散未成体系，并且缺乏相应的执行规则，投资者常常钻投资争端解决机制的空子，对东道国提起投资仲裁，导致东道国的环境政策实施、环境保护管理以及环境条款执行难以推进。

第二，"公众提交"程序条款难以真正发挥监管投资行为的作用。为鼓励与便利公众监督环境与投资事务，防止缔约方以降低环境标准的方式竞争优势，国际投资协定设置了公众提交这一程序条款，为公众参与程序提供了明确的路径并保证了相应的可操作性。在该机制中，任何成员方的公众都被允许针对缔约方环保法规执行不力的情况申请调查，如果该书面意见被判定为真实有效，将制作事实报告（factual record）加以记录。作为 NAFTA 附属协议的 NAAEC 和 TPP[1]均规定了公众提交的程序条款，但比之 NAAEC 的规定，TPP 规则将公众提交程序进一步简化。依据 NAAEC 的规定，非政府组织或公民需要首先向秘书处提交申请书，然后由秘书处对此加以审核，审核通过后才可以进入调查环节。TPP 则规定，在社会公众所提交的书面意见中，如果主张一成员未有效落实环境章节的相关规定，其他成员方均可提请委员会针对该书面意见对这一成员方展开调查。[2]美国 2012 年 BIT 范本第 12 条第 3 款首次加入了公众参与规则，这是 BIT 首次将公众参与制度纳入环境争议解决，反映出了缔约方对环境问题备受国际社会关注的应对。但基于该条款，仲裁机构有权决定是否采纳来自非争端方的呼声与意见，加之条款用语软弱，本条显然未将公众参与提升至缔约方强制性义务的高度。公众参与条款的非强制性与仲裁机构对于公众参与意见的决定权使得公众参与的实际作用并不显著。公众参与机制实体条款的不完善导致"公众提交"程序条款难以发挥应有的作用。因此，仅简化"公众提交"程序对于企业环境责任规制而言意义不大。

第三，缔约方就放松环境措施进行磋商的程序条款缺乏保障机制，缔约方对企业投资监管力度不够。美国 2012 年 BIT 范本第 12 条第 6 款就磋商问题与程序进行了更为细致的规定，对磋商的时间附加了限制。但是，NAFTA 仍有 FTA 在环境条款设定方面的通病，即权利的设置缺乏有力的保障机制。NAFTA 并未赋予缔约方在遭遇环境侵害时采取单方救济措施的权利，而是前

---

〔1〕 TPP 环境章节第 9 条规定了公众提交的程序。

〔2〕 郑玲丽、刘畅：《TPP 视角下的区域贸易协定环境议题新发展》，载《国际经济法学年会论文集》2015 年，第 896 页。

置了磋商程序，由于条款中描述为"可以要求"（may request）提起磋商，这种软弱的措辞使得缔约方提出的磋商不必然得到回应。因此，当因企业的投资活动造成了实际环境损害时，根据 NAFTA，东道国只能依据第 1114 条的规定对损害进行救济，即先行提请磋商程序解决，而后进入调解程序，如若调解不成方能提请仲裁。根据这种程序，即便最终解决争端，但是由于其周期冗长，往往会造成对一国环境损害的救济效率较低的后果。对此，美国 2012 年 BIT 范本第 12 条第 6 款对磋商程序作了更细致的规定：首先明确了磋商的强制性；其次扩大了适用范围至第 12 条 "投资与环境" 引起的任何环境争议；最后限定了磋商的时间，即要求收到书面请求之日起 30 日内答复。虽然在范本中完善了磋商条款，但并不能改变其设立国家间磋商机制的根本目的不在于为解决东道国环境损害的充分救济问题提供思路，而是在缔约双方经过磋商达成一致解决意见的过程中迫使双方相互妥协。在这一隐含的环境利益与投资利益博弈之中，当来自发达国家的投资者在东道国造成环境损害时，其最终解决方式很可能是东道国做出让步与妥协，投资者仅就部分环境损害进行赔偿，无法充分实现东道国环境利益保护。以美国 BIT 范本为例，其赋予了投资者绕过东道国的投资争端仲裁否决权直接提请 ICSID 仲裁的权利，使得与美国缔结 BIT 的发展中国家东道国因磋商话语权劣势造成的影响，也难以通过司法途径得到弥补。甚至在无法充分保护环境权益的同时，还要就所采取的环境规制措施向投资者承担责任，极大地削弱了东道国管制企业投资行为的权力。[1]即便不考虑在磋商过程中发达国家与发展中国家的话语权的差距，由于发展中国家的法律制度不够完善，在与环境相关的投资争议的司法实践中也常常处于劣势。虽然缔约方之间的磋商机制为国家之间就环境问题开展交流开辟了道路，但对这种国家间磋商机制的具体适用必须经过逐步细化，才能真正逐步发挥其作用。

第四，专家报告制度缺乏普遍性与强制性，对企业环境侵害的认定缺乏公信力。随着"一带一路"投资争端的增加，在投资争议解决程序中纳入专家报告制度可以从专业知识层面得出科学论断，为环境争议解决提供专业性帮助。NAFTA 第 1133 条、美国 BIT 范本第 32 条、加拿大 BIT 范本第 42 条均

---

〔1〕 张庆麟主编：《公共利益视野下的国际投资协定新发展》，中国社会科学出版社 2014 年版，第 817~818 页。

规定了以"专家报告"的形式进行环境问题探讨的程序。比如，2004 年美国BIT 范本的第 32 条规定："允许缔约国双方以'专家报告'的形式来探讨环境问题。"2015 年签订的中国–澳大利亚 FTA 的立法模式是"序言性环境条款+一般环境例外条款+专家报告制度"，其中提出了专家报告制度这一程序条款。由于环境问题的争议极具专业性，通过专家报告程序可以提高科学依据和结论的准确性和公信力，有利于增强仲裁裁决的公平性。但专家报告制度的问题在于所有关于环境问题的争议都未强制保证有环境问题专家的参与，争端解决机构的仲裁争议专家名单中并未单独列明环境问题专家。那么，参加仲裁争议的专家以及所出具的"专家报告"的权威性、独立性难免引发质疑。而专家报告制度是投资争端解决机制迈向环境保护的实质性步骤，其环境问题专家名单的权威性和环境问题专家参与仲裁争议的全面性如若难以保证，势必会影响到企业环境责任履行以及东道国环境权利维护。[1]

三、国际环境规则相关司法制度设计不足

"一带一路"相关国际投资协定具体环境条款的不足为跨国环境纠纷的滋生提供了温床，而国际投资协定中司法制度的不足更是为企业逃避环境责任增加了可能。司法制度本应为企业环境责任规制保驾护航，但由于投资仲裁与诉讼的根本出发点并非环境保护而是促成投资与环境利益的妥协，其结果必然导致环境利益无法得到应有的保障。由于英美法系国际以判例法为主，而投资者主要集中于属于英美法系的发达国家，这就导致一些判例甚至某些司法制度对国际投资协定中环境条款的解读与适用造成了极为不利的影响。应对跨国环境纠纷的司法制度中最突出的矛盾集中在以下三点：跨国公司在国际法中的主体地位亟待认定、母国对环境诉讼中管辖权的任意解读以及投资争端解决机制中投资者的权利过度扩张。

（一）环境诉讼中亟待认定跨国公司国际法主体地位

从"印度博帕尔毒气案"等案件中可以看出，由于在国际层面尚未建立完整的环境法律体系，跨国公司的国际法主体地位尚不明确，因此难以通过国际性的争议解决机制确定跨国公司的环境侵权责任，而要通过国内诉讼的

---

〔1〕　胡枚玲：《从美国 BIT 范本看国际投资与环境保护之协调》，载《北京理工大学学报（社会科学版）》2016 年第 1 期，第 155 页。

方式救济原告权利。但目前跨国公司的环境与人权的权利义务设置并不清晰，国内诉讼也很难对跨国公司造成的环境问题进行有力的责任追究。由于向跨国公司母公司所在地的法院提起诉讼时，法院会拒绝将本国法律适用于境外侵权行为，因此受害者不得不继续在国际法层面寻找诉因。而国际环境领域中的规范很难同时满足对母国具有法律约束力和具有强制执行力这两点要求，这就需要在国际投资协定中寻找依据，而跨国公司的国际法主体地位尚不明确又是一大阻碍。由于在跨国公司这一庞大的组织中只有子公司在东道国具有法人地位，东道国无从监管跨国公司母公司的运营，母公司亦不受东道国政策法律的约束。这就造成了仅依靠《外国人侵权法》这种诉讼形式保护东道国或利益受损方的环境与人权权益受到了地域性和事后性的制约。在跨国公司内部，所有设立的子公司、分公司或者办事机构等都必然服务于跨国公司这一整体，通过统一的决策体制对其进行支配。在跨国公司的整体运营中，母公司与子公司、子公司之间必然存在利益分配不均衡的问题。由于不存在绝对平衡的利益分配，母公司为了保证公司整体利益的最大化，利润较高的内部实体无疑可以集中优势资源，而当承担责任时，势必会在经营战略中采取舍小取大的措施，以牺牲利润较少的内部实体的方式承担较大的义务与责任。反映在环境责任承担方面就体现为以舍弃子公司的方式让子公司凭一己之力承担巨大的赔偿责任。应当说，从运行策略的角度看，跨国公司采取这种方式无可厚非，然而既然子公司基于对母公司决策体制的服从造成了环境污染，那么在环境责任承担方面，由受母公司支配所造成的环境损害自然也应将母公司纳入责任主体。

从理论层面来看，跨国公司母公司为子公司行为承担责任的主要障碍来源于未予明确界定的法人地位滥用，即尚未对母公司应当承担责任的具体情形加以明确。围绕母公司承担责任与母公司突破有限责任的法律依据的讨论可谓百家争鸣，但是这一讨论的根本目的是要对母公司应当抛弃有限责任原则的情形予以明确。即便是呼声很高的"揭开法人面纱"理论，也仅在美国以判例法的形式确定了适用情形，在其他国家尚未被全面采纳。当前在东道国向跨国公司追究环境法律责任时，面临的最大阻碍是如何确定责任主体以及如何突破有限责任原则。此外，由于跨国公司的跨国性经营方式，在法律适用以及法律责任落实上也会产生诸多问题。跨国公司的国际投资活动既受国内法规制又受国际法调整，因此只有通过国际条约或者国际管理的形式对母公司承担责任的具体适用情形进行规定，才能避免各国在适用原则上的混乱。[1]

从公平责任角度来看：其一，跨国公司母公司与子公司的内部责任划分对跨国公司环境诉讼主体地位的认定造成了影响。东道国基于鼓励国际投资、拉动经济增长的目的制定投资政策、缔结投资协定，甚至为投资者及其投资提供了诸多政策优惠。如果不能有效遏制跨国公司滥用子公司在东道国的法人地位的行为，必将对东道国生态环境、自然资源、公众健康等公共利益造成严重损害。这些损害行为与其从东道国获得的政策优惠之间显然有失公平，严重损害了东道国对外国投资者合理合法地开展国际投资活动的诚实信任。为了保护东道国的信赖利益，应当对跨国公司滥用子公司的法人地位的情况予以禁止，并要求跨国公司对滥用行为承担法律责任。即要求越过跨国公司子公司的法人人格，由母公司承担连带责任，然而诸多司法实践表明现实并非如此。其二，母公司通过对子公司的法人地位的滥用逃避环境责任，会严重扰乱国际投资秩序、扭曲国际竞争。如果跨国公司母公司通过子公司在东道国以破坏环境为代价攫取了巨额利益并且承担相应的法律责任，那么在严酷的市场竞争与利益争夺中，这种行为必然招致缺乏企业环境责任规制的其他跨国公司竞相效仿。如若长此以往，跨国公司均利用设立子公司的方式协助母公司规避环境责任的承担，子公司的存在意义和独立性将荡然无存。跨国公司的母公司如此轻易地在跨国环境损害中撇清责任，将导致环境责任承担的非公平性激增，东道国的环境政策难以施行，维护国际投资活动秩序的目标也将难以实现。

从国际环境法层面来看，现行的国际环境法沿袭基于主权国家和领土概念的国际法，与当前复杂的全球性环境问题略有脱节。这是因为，在20世纪经济体制下产生的有毒有害化学污染物多局限于单个国家，因此可以在各国家法域之内得到有效解决。然而，以知识信息和服务业为主导的经济全球化彻底改变了以往环境问题的来源和特性。例如，发达国家的经济主体转为零售业、信息业和服务业，生产制造业的比重逐步下降并延伸转移到世界各地。这一变化造成发达国家大量消耗其他国家特别是发展中国家资源，并把制造的产品销售到国外，由此造成废物管理、资源稀缺、生物多样性减损和气候

---

[1] 张靖苑：《浅谈国际投资中跨国公司地位及其责任承担问题》，载《法制与社会》2014年第20期，第289~290页。

变化等环境问题分布发散和无法追踪。[1]传统以主权国家为基础的法域有限，过时的法律机制无法规制全球运营的跨国公司。因此，与过去传统的国际政治议题相比，国际环境治理要求不同国家之间实现更紧密的合作，而且非国家主体在其间的作用巨大。国际环境法沿袭传统国际公法简单机械地划分国家主体和非国家主体的做法不合时宜。

从国际实践的角度来看，"一带一路"共建国家多数为发展中国家，为了招商引资，许多环境协定的制定是主权国家与跨国公司谈判的结果，其中跨国公司的利益必然被放在首位。首先，在许多发达国家，原先由政府控制的大量环境设施资产已通过私有化出售给私人，其中买受人大多数是跨国公司。例如，澳大利亚政府在 2000 年后向私人出售了价值约 1000 亿美元的与农业、林业、采矿业有关的环境公用事业。环境公用事业所有权和控制权的变化导致这些国家环境政策和管理做法的制定发生了变化。作为这些环境设施的所有者，跨国公司成了环境政策的实际监护人。[2]基于此，这些国家的政府在国际投资协定、多边环境协定（Multilateral Environmental Agreements，MEAs）的对外谈判和签订过程中必须与这些作为环境监护人的跨国公司协商确定谈判立场，跨国公司由此介入和影响环境规则的产生与实践。

其次，就环境等社会和经济问题而言，国际博弈不仅仅发生在主权国家之间，各国利益集团通过自身诉求游说，最终影响甚至决定"一带一路"沿线主权国家的立场。国际环境协定的谈判实践证明，各国利益集团通过对政府进行游说和谈判的方式，可以利用即将通过的国际条约反映其权益和主张。通常，这种情况在发达国家更为普遍，因为游说过程和利益集团的政治运作在发达国家已经制度化。在所有私人实体中，跨国公司由于其经济实力，对主权国家在国际环境领域的谈判具有最大的影响力。过去的实践表明，跨国公司的表现往往优于其他国内利益集团，如环境组织，并可以在国际环境协定谈判中有效地将其私人商业利益反映在主权政府的利益主张中。最有力的证明是，跨国公司可以直接参与 UNCED 的谈判。在 2000 年于海牙举办的全球气候峰会中，壳牌公司派出了由 43 名专业人士组成的团队，其规模超过了

〔1〕 C. Peter, *EPAs —the Orphan Agencies of Environmental Protection*, Sydney: Federation Press, 2003, p. 316.

〔2〕 A. Helen, "Corporation Law Must Weigh in: Corporate Social Responsibility: Legislative Options For Protecting Employees and the Environment", *Adelaide Law Review*, 29（2008）, pp. 55~60.

大部分主权国家代表团。跨国公司在国际环境议题谈判中通常采用联合结盟的方式，以在与主权国家和环境组织的博弈中成功实现其全球共同利益。面对此种事实，如果持续忽略跨国公司在国际法中的"主体"地位，无异于自欺欺人。

随着经济全球化的不断发展，作为国际经济活动主要参与者的跨国公司对生态环境的影响相应增加，跨国公司被指责为重大环境事故的肇事者和全球生态环境的污染者。面对来自国际社会的指责和非难，为了避免不负责任的投资行为损害公司的社会形象，避免因给东道国造成环境损害而引发争端、遭受惩罚，并通过清洁生产工艺的使用与推广换取市场机遇，一些观念超前的跨国公司开始正视投资活动造成的环境影响，转变经营战略保证负责任的投资。同时，跨国公司也开始通过可持续发展世界企业委员会和国际商会等成员方主要为跨国公司的国际机构开展有组织的环境保护活动，并建立起与国际组织的紧密联系。但是，由于跨国公司可以通过曲折的游说，最终将投资保护立场反映在环境条款、环境协定的谈判中，并且因其仅仅是国际法中的非国家参与者，跨国公司缺乏主动承担环境责任的动力，因此从国际法的层面来看，应赋予跨国公司国际法层面的主体地位，以保障诸如"一带一路"沿线发展中国家的环境利益。

（二）环境诉讼中过度解读投资者母国管辖权

母国法院对不方便法院原则的滥用为企业任意破坏环境的行为与逃避环境责任的做法提供了温床。对此，"一带一路"沿线主权国家往往无力还击。不方便法院原则的本质是关于防止滥用程序（abuse of process）的一种程序法中的制度，即当原告为了达到压迫、烦扰被告的目的而试图在对被告极不方便的法院提起诉讼时，受理法院面对此类情况可以自由裁量是否拒绝管辖。[1] 而在跨国民商事案件中，对不方便法院原则加以援引的情况一般是指依据国际条约或国内法规定，一国法院对案件原则上具有管辖权，但从当事人和诉因的密切程度以及案件参与人、法院的花费及便利等角度来看，由本法院审理该案极为不方便，因而本法院自行放弃案件的管辖权退还于外国法院。[2] 相

---

〔1〕 R. Brancher, "The Inconvenient Federal Forum", *Harvard Law Review*, 6（1947）, p. 909.

〔2〕 U. Grusic et al., *Cheshire and North*, *Private International Law*, Butterworth-Heinemann Press, 1970, p. 251.

比于仅发生在一个国家法域内的环境侵害事件，企业所造成的跨境环境损害事件更为复杂，因此为了确定适用法律和确认损害事实，这种跨境环境诉讼往往需要耗费更多的司法资源。在环境侵权人为海外投资企业而受害人为东道国国民的情况下，侵权人和受害人必将面对拥有的诉讼资源严重失衡的局面，加之不方便法院原则的使用限制了东道国与受害者对法院进行自由选择的权利，成了涉案企业逃避环境法律责任的帮凶，势必会造成受害人不能通过司法途径获得充分救济的不正义后果。在实践中，印度"博帕尔毒气案"成了美国法院以不方便法院原则驳回诉讼的著名判例，在国际社会中造成了广泛的影响。不但激发了人们对于不方便法院原则合理性的探讨，还引起了社会各界对于企业环境责任规制的关注。在国际政治经济舞台上，企业扮演着越来越重要的角色，如何从国际法层面完善企业环境责任规制是每个国家都必须要面对的问题。

对于印度的"博帕尔毒气案"，美国法院在决定适用不方便法院原则时，首先要分析在本案审理中是否可能存在一个较之美国法院更为方便的替代法院，然后再对与本案有关的全部利益因素进行综合分析与平衡。要判断美国法院的决定是否于法有据、合乎情理，就需要对替代法院与利益平衡这两个要点逐一进行分析。第一，印度法院是否为本案适当的替代法院。在实体法层面，对于类似"博帕尔毒气案"这种复杂、跨国的大规模侵权案件，印度的侵权实体法中仅有少量判例法存在，根本没有充分达到能够处理有关高新科技或者复杂生产程序侵权案件的程度。在程序法层面，印度的私法救济、共同诉讼制度、调查制度等均存在诸多缺陷，加之印度法院案件严重积压并且司法资源有限，案件的审理过程很有可能会因此无限期延迟。由此可以看出，以印度法院作为本案的替代法院并不适当，但美国法院并不认为替代法院所提供的救济需要与美国法院相当，而是只要能够提供相应法律救济即可。因此，依据这种较低标准可以随意援引不方便法院原则移交诉讼，不方便法院原则的滥用使通过司法程序救济企业环境侵权在实践中变得更加困难。如果作为发展中国家的东道国的法律制度相对健全，即便是在法院依据"揭开法人面纱"等原则判定对跨国公司母公司的责任予以追究的情况下，也并不意味着原告以母公司所在地的较高赔偿标准获得救济。

第二，法院选择是否符合利益平衡分析。利益平衡分析是从公共利益和私人利益两方面分别进行考察。为了平衡私人利益，美国法院认为，由于在印度这一事故发生地进行相关的资料收集和调查取证较为方便，案件证人和受害人的居住地也大多位于印度，为了便利诉讼，以印度法院作为管辖法院显然更为方便。为了平衡公共利益：首先，从法院选择来看，美国法院与印度法院的审理任务均较为繁重，在与事故相关文件、证据基本在印度国内且以印度法律为准据法的情况下，尽管该事件与美国有关但关联性不大，那么要求美国法院进行审理显然有失公平。其次，从国家选择来看，在本案中，印度与事故的利益关联显然超过了美国，美国法院认为每个国家都必然对本国的工业制定了相关的行业标准与安全措施，如果将美国的国内标准强加于印度可能有失公平。[1]这种看似合理的对于选择印度法院作为替代法院的解释，实际上问题重重。基于私人利益的分析，在因法律完善程度和赔偿标准差异所造成的巨大赔偿金额差异面前，空间地域所带来的不便显然可以克服。以印度的赔偿标准进行救济意味着跨国公司在印度和美国造成的同样恶劣环境影响所付出的代价不同，在利益所驱之下，跨国公司维护发展中国家东道国环境利益的积极性必将大打折扣。基于公共利益的分析，在没有进行正式调查审理之前，美国法院便断定本案与美国利益关系不大过于草率。尽管事故发生地位于印度博帕尔，但关于博帕尔工厂的生产工艺与技术资料却属于美国联合碳化物公司并由其统一管理。因此，工厂设计、工艺缺陷、安全标准等重要证据资料均需由美国母公司提供。此外，位于美国的母公司在生产制造过程中必须严格遵循美国环境标准，而基于印度子公司的设立，在印度的母公司就无须为其所授意的危险性行为承担与在美国时一样的严格责任。

相较于印度的"博帕尔毒气案"，从 2007 年"阿丘尔人诉西方石油公司案"（Carijano v. Occidental Petroleum Corporation）中我们可以看出，案件在审理中适用实体法与程序法均有所变化。1971 年美国西方石油公司最先在秘鲁取得了石油和天然气的开发权利，其后多年故意使用违法的过时方法分离原油。在 1972 年到 2000 年之间，其在北秘鲁雨林地区萃取分离的原油达到秘鲁总石油产量的 1/4，而在工厂区域流经的河流是当地土著阿丘尔人的生活水源。原告声称这导致数以百万计加仑的有毒石油副产品流经该水道，许多土著人民血液中的铅与镉严重超标，致使癌症等诸多疾病的发生，同时影响了

---

〔1〕 姚梅镇、余劲松主编：《国际经济法成案研究》，武汉大学出版社 1995 年版，第 4~6 页。

捕鱼等日常作业。[1]在"地球权益国际组织"和律师的帮助下，25名秘鲁阿丘尔人依据外国人侵权法以及美国判例法的相关规定对在秘鲁境内进行石油开采的美国西方石油公司及其在秘鲁的子公司一并提起侵权诉讼。

由于西方石油公司向法院提出请求，本案被洛杉矶高等法院移送到美国加利福尼亚中区联邦地区法院进行审理。其后，西方石油公司以不方便法院为由向法院提出了管辖异议，申请法院裁定将本案退回秘鲁当地法院进行审理。2008年4月，美国加利福尼亚中区联邦地区法院作出一审裁定，认为基于公共利益与私人利益的考量，本案确应由秘鲁法院进行审理更为方便。25名秘鲁土著居民向美国法院提起上诉。最终，美国第九巡回上诉法院于2010年12月裁定撤销一审法院裁定，将案件移送洛杉矶的法院进行审理。美国第九巡回上诉法院指出，美国地区法院并不满足适用不方便法院原则的条件，因为秘鲁当地法院并不能成为更方便法院。原因有二：其一是被告无法证明秘鲁法院具有令人信服与满意地处理本案的能力；其二是秘鲁的法律制度中尚未有土著居民因环境污染得到补偿的先例。在由秘鲁法院审理不能达到较之美国法院审理更公平合理的裁决时，一审法院基于不方便法院原则驳回诉讼的裁定显然有滥用裁量权的嫌疑，难以令人信服。[2]本案中，不方便法院原则适用所遭受的挫折，使"阿丘尔人诉美国西方石油公司案"在环境污染与人权诉讼中具有里程碑式的意义。

在"阿丘尔人诉西方石油公司案"中，美国法院适用了域外管辖权，是近几年来较为罕见的案例，域外管辖权的适用与合理判断适当替代法院息息相关。适用不方便法院原则首先需要确定存在一个合适且恰当的替代法院，而后由美国法院对公共利益与私人利益的平衡进行判断。鉴于美国地方法院经常以不方便法院原则等自由裁量性理由驳回针对投资者的环境诉求，依据《外国人侵权法》将环境诉求诉诸人权成为趋势。在当前的人权诉讼中，有关环境权利的诉讼总是以人类遭受损害为中心，提出诸如生命权与财产权遭受损害。环境权利的实现要依靠具体人权的保护，不能仅仅依据生态环境遭到破

---

[1] "2011 Ninth Circuit Environmental Review: Case Summaries", *Environmental Law*, 3 (2012), pp. 877~878.

[2] "Percival R V. Global Law and the Environment", *Washington Law Review*, 3 (2011), pp. 617~618.

坏而提出。[1]从"阿丘尔人诉西方石油公司案"的驳回中我们可以推测，本案中，美国法院主张了域外管辖权的理由虽然为未存在适当的可替代法院，但不排除这是美国法院试图以程序公正带动实体公正的信号。母国对环境诉讼中管辖权的任意解读造成不方便法院原则的滥用，从而否定了原告寻求赔偿的可能性，成了企业逃避环境责任的保护伞，并且导致案件审理的不正当拖延。这种司法裁量权的滥用是对外国原告的明显歧视，极其不利于对原告环境权益的保护，增加了"一带一路"东道国环境法律保护的成本与风险，从长远来看必将阻碍"一带一路"国际投资良好、有序地开展。

（三）投资争端解决机制中过度扩张投资者权利

从 20 世纪 90 年代以来，NAFTA、ICSID 的争端解决机构和下设特设仲裁庭受理了大量投资者对东道国提起的仲裁案件，其诉因基本上都是认为东道国实施的环境规制措施构成间接征收。这些案件中的绝大多数东道国都声称其所采取的规制措施并非为了满足国内经济发展的需要，而是基于公共秩序、国家安全利益、环境保护等特定目的而实施的必要措施。[2]这些案件中的外国投资者多为美国企业，这些企业中不乏提出适用美国与东道国签订的 BIT 以解决纠纷的要求。不过，美国 BIT 范本并没有体现有效的环境问题解决机制，而是仅规定了任意一方具有就环境问题提请磋商的权利。为了避免"一带一路"投资卷入争端旋涡，对于投资争端解决机制中投资者权利的限制需要予以明确。

最能体现投资争端机制中投资者权利扩张的案件为著名的"雪佛龙污染案"。1964 年到 1990 年，美国德士古石油公司（Texaco）为了减少生产成本将有毒废弃物不经处理向厄瓜多尔亚马逊地区水域尽数倾倒。这种做法的后果显而易见，由于倾倒的废弃物通过湖泊池塘渗入了地下，污染了地下水和土壤。造成了亚马逊地区居民皮肤病、胃病等多种疾病的发病率急剧上升，近千人死于癌症。1993 年，当地约 3 万土著居民以其受到的损害为由，向美国法院就德士古石油公司的侵权行为提起了诉讼。2001 年 10 月美国雪佛龙公司（Chevron）以 390 亿美元的价格对德士古公司进行了兼并，并一并继承了

---

〔1〕　O. Salas-Fouksmann, "Corporate Liability of Energy/Natural Resources Companies at National Law for Breach of International Human Rights Norms", *UCL Journal of Law and Jurisprudence*, 2（2013），p. 207.

〔2〕　陈安主编：《国际投资法的新发展与中国双边投资条约的新实践》，复旦大学出版社 2007 年版，第 35 页。

"厄瓜多尔土著居民诉德士古公司环境污染案"。

1993 年开始，厄瓜多尔受害的土著居民开始向美国纽约、得克萨斯等地区的法院就德士古公司环境污染案提起诉讼，诉请法院要求德士古公司赔偿由于其不当行为对当地土著居民及亚马逊地区所造成的损害并将环境恢复原状。其中 Aguinda v. Texaco, Inc. 是第一个依据《外国人侵权法》对投资者侵犯厄瓜多尔居民的健康、安全等人权提起的诉讼。[1]2002 年，Aguinda v. Texaco, Inc. 的诉讼被美国法院依据不方便法院原则予以驳回。[2]当时已经变更为雪佛龙公司子公司的德士古公司提出将该案件移交至厄瓜多尔法院，因为其认为只有在厄瓜多尔当地法院进行审理才能保证最公正的裁决。在雪佛龙公司签署书面协议表示同意遵守厄瓜多尔最高法院的判决后，原告同意美国法院将案件移交厄瓜多尔法院。但是，由于厄瓜多尔法院对此案久拖不决，致使雪佛龙公司认为厄瓜多尔法院在解决该争端过程中过度拖延，并于 2009 年根据美国–厄瓜多尔 BIT 将该争端提请投资仲裁。2011 年 8 月，仲裁庭裁定厄瓜多尔政府行政机关的行为在某种程度上妨碍了司法公正，在厄瓜多尔上诉法院裁决并执行雪佛龙公司支付污染赔偿的案件中积极推进，因此厄瓜多尔政府应赔偿雪佛龙公司损失共计 777 万美元。为了寻求事件的最终解决，当地土著居民连同其代理律师大胆决定在厄瓜多尔法院对本案重新提起环境侵权诉讼。其后，2012 年 1 月中旬，厄瓜多尔法院作出了裁决，判处雪佛龙公司要为其常年在亚马逊地区所造成的环境污染负责，并开出了高达 190 亿美金的罚单。2013 年 11 月，厄瓜多尔最高法院维持原判，但将赔偿金减少了一半至 95 亿美元。最高法院的判决虽然早已公开下达，但是却迟迟未能得到执行。由于不方便法院原则的迫使，审判在原告所在地进行，极易造成原告方对判决的操控与欺诈。[3]果不其然，该案于 2014 年再起波澜。2014 年 3 月美国州法院裁定，厄瓜多尔法院于 2011 年对石油巨头雪佛龙作出的数十亿美元罚款裁决中存在诈骗和其他犯罪行为。指控原告厄瓜多尔政府及其主要美国律师斯蒂

〔1〕 B. Bill, "Win or Lose in Court? Alien Tort Act Pushes Corporate Respect for Human Rights", *Business Ethics*, 8（2006），p. 45.

〔2〕 K. Judith, "Oil Transnational Operations, Bi – National Injustice: Chevrontexaco and Indigenous Huaorani and Kichwa in the Amazon Rainforest in Ecuador", *American Indian Law Review*, 2（2007），p. 446.

〔3〕 T. Jeff, "Ecospeak in Transnational Environmental Tort Proceedings", *University of Kansas Law Review*, 2（2015），p. 338.

芬·唐齐格通过贿赂前厄瓜多尔法官阿尔伯托·格拉精心策划了针对公司的欺诈性裁决，致使雪佛龙公司未能得到公正裁决。这一"史上最大宗环境污染诉讼案"的漫长拉锯战仍在继续。

在环境污染诉讼案的司法实践中，诸多国际投资协定存在的问题逐渐暴露出来。第一，国际投资协定中的仲裁制度可能沦为企业的保护伞。美国-厄瓜多尔 BIT 的制定目的之一是帮助美国投资者就厄瓜多尔政府的不公正待遇或征收行为寻求救济。但是，雪佛龙公司却试图利用 BIT 中的 ISDS 机制逃避环境责任，并寄希望于以民间仲裁裁决来取代历经十几年的诉讼程序的法院判决，还利用仲裁庭的裁决程序将厄瓜多尔法院所做判决的执行延缓到投资仲裁庭作出裁决之后。[1]近年来，有很多企业将国际投资仲裁制度当作转移环境受害者诉求的盾牌，使得国内法院面对受害者的救济诉求束手无策。厄瓜多尔、委内瑞拉、玻利维亚等国家不断发表声明退出《华盛顿公约》，这表明国际投资仲裁制度的公正性以及合法性正在经受严重的质疑与考验。

第二，在 NAFTA 的争端解决机制中，其解决投资者投资争端的公正性也备受争议。NAFTA 第 11 章赋予投资者利用仲裁机制绕过东道国否决权的目的是更好地保护投资者利益，当投资者面对资产遭受东道国国有化或征收的情况时可以更为便捷地追究东道国责任。但是，这一条款在实践中却成了企业用来逃避环境责任、要求补偿损失的利剑。除了上文中由东道国国民起诉外国投资者的案件外，在跨国投资争端中还有很大一部分案件是外国投资者诉东道国的情况，诸如"Metalclad 公司诉墨西哥政府案"。[2]在该案中，Metalclad

---

〔1〕 黄世席：《可持续发展视角下国际投资争端解决机制的革新》，载《当代法学》2016 年第 2 期，第 29 页。

〔2〕 1993 年 1 月，墨西哥国内一家公司 COTERIN 经国家生态学会的许可获准在圣路易斯波托西州（San Luis Potosi）瓜达卡扎市（Guadal Cazar）建设并运营有毒废物垃圾处理厂，州政府向该公司颁发了联邦建设许可和州运营许可。不久后，美国 Metalclad 公司与 COTERIN 公司签订了购买 COTERIN 公司的选择权合同及州许可。国家生态学会告知 Metalclad 公司只要获得联邦经营许可，即可以在 1993 年 9 月行使并购 COTERIN 公司的选择权。然而，瓜达卡扎市属于地震多发地带，可能引发公共卫生安全，地质报告也给出了相似结论，因此当地政府、环保组织及市民都极力反对该废物垃圾处理厂的建立。但 Metalclad 公司还是于 1994 年向市政府递交了建设许可的申请，并开始建设废物处理厂。不久后，圣路易斯波托西州发布了一道生态法令，宣布该废物处理厂的厂址将用于稀有仙人掌的生态保护，随后瓜达卡扎市政府拒绝向 Metalclad 公司颁发市政建设许可，并责令其停止工程建设。为了能够继续建造工程，Metalclad 公司与当地政府签订了一份协议，表明愿意拿出一部分资金来保护当地物种，以及从事环境社区服务。但瓜达卡扎市议会仍然拒绝了 Metalclad 公司的市政建设申请，最后废物处理厂处于歇业状态。

公司依据 NAFTA 第 11 章第 1105 条和第 1110 条向 ICSID 提交了仲裁申请，声称墨西哥政府所采取的措施违反了最低待遇标准和征收与补偿的有关规定。本案的仲裁过程几经波折超过 3 年，最终案件以仲裁庭认定墨西哥政府实施的措施违反 NAFTA 的征收条款和公平与公正待遇的裁定为结局，要求墨西哥政府向 Metalcad 公司支付 1600 万美元作为补偿。

"Metalclad 公司诉墨西哥政府案" 仲裁庭并未援引 NAFTA 序言条款与具体条款中有关环境保护的规定。NAFTA 序言明确指出了引入国际投资的目的是在成员国内发展经济、提高生活水平、改善工作条件、增加就业机会。但仲裁庭并未对当地居民与政府的反对与呼声予以关注，忽视了对当地居民合法公共利益的保护，片面地认同这种违反可持续发展原则的国际投资。NAFTA 第 1131 条规定，仲裁庭审理案件不应仅依据与争议有关的单一条款，而是应依据 NAFTA 整体协定的目标与宗旨，审视投资行为是否采取了与环境保护不相违背的方式。但仲裁裁决却对地质研究报告只字不提，无视可持续发展目标和东道国的环境法律法规，置当地居民的生命、健康与安全于不顾。由此不难看出，当仲裁庭需要在环境保护与投资者利益之间作出抉择之时，投资协定中的环境目标与承诺往往会被弃之不顾，东道国居民的环境公共利益难以得到有效保护。

第三，虽然目前为止没有在 TPP 协议框架下提请投资争端解决的案例，但 TPP 中的投资争端解决条款也存在与 NAFTA 相似的问题。TPP 环境保护条款的不足之处在于，扩张了投资者的实体性权利与程序性权利。TPP 在规范国际投资活动的环境责任方面吸纳了投资者与东道国的争端解决机制，即 ISDS 机制。这一机制的引入意味着外国投资者在面对东道国为保护环境等公共利益而采取的措施时，可以通过国际法庭寻求经济补偿，以弥补因遵守东道国措施所付出的资金成本。投资者在 TPP 框架内可以以东道国包括环保制度在内的国内法律法规侵害投资者的权利为由，援引国际法的有关规定直接将东道国告上国际法庭。虽然 TPP 规定投资者尊重东道国的环境权益，但是同时又在国际法庭中赋予了投资者与国家相等同的诉讼地位，使投资者有了其他司法救济途径可以选择。这迫使各国在环境法律实际执行时，不得不对环境利益与投资利益的利弊重新加以权衡，一旦预计企业基于投资利益获得的赔偿不低于东道国基于环境损害获得的赔偿，东道国可能会选择放弃实施环境措施，长此以往必将不利于对东道国环境权益的保护。

第四节　"一带一路"背景下劳动力市场的规范需求增长

"一带一路"国际投资中劳动纠纷数量不断上升，其规范需求随之增长。目前"一带一路"区域相关司法制度不足，国家法律体系不同、跨国劳动力管理与保护不足、解决机制复杂等问题尚待解决，国际投资协议中关于劳动纠纷的条款有待完善，国际投资中劳动力流动保障法律保护不足，劳动纠纷相关争端解决机制缺失问题突出。需要明确在国际投资中涉及劳动力方面的法律、制度和政策上的挑战与问题，方能有针对性地探寻解决问题的建议和努力方向。

一、国际投资中劳动纠纷相关司法制度不足

"一带一路"倡议涉及多个国家和地区，这些地区的法律体系、经济发展水平和文化背景各不相同。在"一带一路"共建国家中，劳动纠纷的产生背景较为特殊。其一，法律体系和劳动法存在差异。共建国家的法律体系包括大陆法系、英美法系、伊斯兰法系等，不同的法律体系对劳动关系的规定各不相同。这种差异可能导致在处理跨国劳动纠纷时遭遇法律适用问题。例如，一国的劳动法可能更倾向于保护劳动者权益，而另一国则可能更加重视保护雇主的经济利益。其二，跨国劳动力的管理与保护不足。"一带一路"项目往往涉及大量的跨国劳动力。不同国家对于外国劳动者的权利保护存在差异，这可能导致外国劳动者在权益保护上存在法律空白或不足。同时，跨国劳动者可能因为语言和文化差异，难以准确理解当地的劳动法规和自己的权益。其三，劳动纠纷解决机制多样复杂。共建国家在劳动纠纷解决机制上存在差异，包括司法诉讼、仲裁、调解等方式。不同国家对这些解决机制的依赖程度和执行效力不同，这可能影响到劳动纠纷解决的效率和公正性。跨国劳动者在遇到劳动纠纷时，可能会因为不熟悉当地的解决机制而面临更多困难。其四，国际劳动标准的适用不同。"一带一路"共建国家对于国际劳动标准的接受程度不一。虽然许多国家都是国际劳工组织（International Labour Organization, ILO）的成员，但在实际执行国际劳动标准（如公平工资、工作时间、健康和安全条件等方面）时仍存在差异。这种标准的差异可能导致国际劳动力在不同国家面临不同的工作条件和权益保护水平。其五，劳动冲突的跨文

化理解和处理不同。文化差异可能导致劳动冲突的理解和处理方式存在差异。在处理跨国劳动冲突时，需要考虑到各方的文化背景和价值观，以促进有效沟通和冲突解决。

国际投资协议关于劳动纠纷的具体条款规定是多样且复杂的，且在不断发展中。现代国际投资协议关于劳动纠纷的主要条款类型，依照其具体内容可以被分为五种：其一，劳动标准和合作条款，旨在确保投资不会导致劳动标准的降低。许多现代国际协议，特别是自由贸易协定，如 USMCA，包含了对劳动标准的明确要求。这些要求通常涉及承诺遵守 ILO 的核心劳工标准，包括禁止童工、强迫劳工、工会自由和集体谈判权利等。其二，劳动纠纷解决机制。部分国际投资协议设立了处理劳动纠纷的特定机制，如劳动事务委员会或咨询小组，这些机构负责促进对话和合作，以解决劳动标准遵守方面的问题。例如，USMCA 就包括了创新的快速响应劳动机制，用于解决与工会权利相关的劳动问题。其三，公众投诉和咨询机制。这种鼓励透明度和民间社会参与的机制，明确了提交关于劳动标准遵守问题的投诉或咨询的渠道，有助于监督和促进劳动标准的实施。其四，促进劳动环境改善的承诺条款。在一些投资协议中，有设立鼓励投资者和东道国采取措施改善劳动条件和环境的条款，但这些条款往往不具备强制执行力。其五，与贸易优惠相关的劳动条件条款。在特定情况下，国际投资和贸易协定将对劳动标准的遵守与贸易优惠条件挂钩，违反劳动标准可能导致优惠条件的暂停或取消。

目前，越来越多的国际投资协议开始涵盖劳动相关的条款，但这些条款的具体内容、范围和执行力度不尽相同，在执行过程中也受到多种因素的影响，包括各国政府的承诺、劳动者和雇主的关注程度以及社会监督强度。此外，国际投资协定中关于劳动纠纷的条款设计和实施存在若干难以回避的关键问题，直接影响了劳动条款的有效性和实际影响力。首先，劳动纠纷条款缺乏明确性、缺乏强制执行机制。许多国际投资协定中的劳动条款缺乏具体性，往往以泛泛的声明形式出现，如承诺"促进"或"鼓励"良好的劳动标准，而不是设定明确的、可执行的义务。这种模糊性给执行和监督带来了挑战。尽管一些协议中包含了劳动标准条款，但其通常缺乏强制执行的机制。这意味着即便存在违规行为，也很难采取实质性的措施来纠正或惩罚违约方。与投资者保护条款配备的严格争端解决机制相比，劳动条款通常只能依靠双边谈判或政治压力来实施。其次，劳动条款设置关注偏向投资者保护。许多国际投资协定的主要目标是保护投资者的利益，而劳动条款往往被视为次要考虑因素。这种偏向可能导致劳动标准的实施和监督不被优先考虑，特别是在可能影响投资流动或投资者权益的情况下。再次，劳动条款缺乏与"一带一路"共建国家国内法律的协调。国际投资协定中的劳动条款可能与"一带一路"东道国的国内劳动法律存在冲突或不一致，导致法律适用和执行上的混淆。此外，协定条款有时可能会限制东道国改善劳动标准或采取保护劳动者权益的措施，因为这些措施可能被视为对投资者权益的限制。最后，劳动条款的参与和透明度不足。在制定和执行国际投资协定的劳动条款过程中，劳动者代表和公民社会组织的参与往往会受到限制。这种参与不足影响了条款的相关性和效果，减少了公众监督的可能性。

二、国际投资中劳动力流动保障法律保护不足

国际投资必然引起劳动力的跨国流动，但"一带一路"涉及的国际投资协定很少涉及与关注由投资活动导致的社会影响，跨境劳动力流动问题往往被忽视。劳动力市场的变化、就业条件和劳动关系的变化是国际投资中难以回避的社会影响因素，持续忽视此类因素会导致劳动力流动中的权益保障不足。由于"一带一路"相关国际投资协定未充分考虑劳动市场、劳动标准和劳动者权益问题，因此会导致"一带一路"共建国家的劳动者市场融合扩展面临制度阻碍。具体而言，主要有以下几个方面的问题较为突出。

从国际层面来看：其一，国际投资协定中的劳动权利保护不足。"一带一路"相关国际投资协定未突出区域性特征，因此仍存在国际投资协定主要关注投资保护，而非劳动者权利的问题。这意味着劳动标准和劳动者权益的保护可能不会得到与投资保护同等级别的重视。究其根本，这是由国际投资协定的主体问题决定的。在国际投资协定的谈判过程中，劳动者和其代表组织往往由于不属于投资者、投资者母国和东道国，而在国际投资条约缔结过程中缺乏足够的代表性和参与机会，从而导致协定内容可能更多地反映了投资者的利益，而忽视保护劳动者的权利。其二，缺失劳动纠纷相关争端解决机制。国际投资协定通常设有争端解决机制，如ISDS，允许投资者直接针对东道国政府提起仲裁。然而，这一机制往往只为投资者提供保护，而没有为劳动者提供类似机制以维护他们的权利。缺乏有效的争端解决机制可能导致劳动者在面临不公平待遇、劳动条件恶化、强迫劳动或其他违反劳动权利的情

形时，难以寻求及时和有效的救济。这不仅损害个别劳动者的利益，也削弱了劳动标准的整体执行力。从"一带一路"区域来看，虽然国际投资往往通过双边或多边投资协定进行规范，但是劳动力流动相关的争端往往缺乏有效的跨国法律框架和争端解决机制。对于"一带一路"东道国而言，缺少针对劳动争端的有效解决机制可能导致劳动冲突的累积和激化，进而影响到投资项目的稳定性和可持续性。持续的劳动争议和劳动权利的不保障可能损害东道国的国际形象，从而影响其吸引外国投资的能力，影响投资者与投资者母国对于东道国市场稳定性的信心与判断。其三，对跨国劳动力的保护不足。基于"一带一路"共建国家中多为发展中国家的实际情况，跨国投资促进了劳动力的国际流动，特别是从发展中国家向发达国家或从经济较弱国家向经济较强国家的流动。国际投资协定缺乏对于跨国劳动力的针对性覆盖和保护。跨国劳动者常常面临更高的剥削风险、较差的工作条件、劳动权利保护不足以及社会保障的缺失。此外，"一带一路"中跨国劳动力流动性的限制问题也值得关注。虽然国际投资活动促进了资本和技术的跨国流动，但其对于劳动力的自由流动关注不足，特别是对低技能或非正规经济中的劳动者鲜少提出保护措施。国际投资协定没有明确劳动者迁移过程中的法律和社会保障问题的解决方法，造成跨国工作许可、社会保险转移等问题频发。国际投资增加了全球供应链的复杂性，但投资协定往往未能有效规范跨国企业在供应链中对劳动条件的责任，这往往会导致跨国供应链中的劳动者面临较低的劳动保护标准。

从"一带一路"区域层面来看：其一，共建国家劳动权利和标准不一致。国际劳动力流动涉及不同国家之间的移动，共建国家在劳动法律、标准和保护方面存在显著差异。其中最低工资、工作时间、劳动安全的标准差异化明显，这种不一致性会导致劳动者在国际投资项目中面临不公平的工作条件和低劳动保护标准。以最低工资为例，由于"一带一路"涵盖的是一个非常广泛的地理区域，包括亚洲、非洲、欧洲等多个大洲的六十多个国家，其最低工资标准差异较大。在亚洲区域，中国的最低工资标准按省份设定，与印度尼西亚或越南等国家相比，标准差异显著。非洲"一带一路"共建国家的最低工资也有很大差别，从每月几十美元到几百美元不等。而"一带一路"欧洲共建国家一般具有更高的最低工资水平。区域内不同地区、不同国家的最低工资标准的显著差异造成了"一带一路"跨国投资中劳动力保护的复杂性与长期性。其二,"一带一路"区域社会融合和歧视问题突出。国际劳动力流动可能引发东道国劳动市场的社会融合挑战,包括语言障碍、文化差异和可能的就业歧视。这些问题在没有足够法律保护和支持政策的情况下可能加剧,影响移民劳动者的工作和生活质量。具体而言,跨国劳动力流动需要面对文化和语言障碍,"一带一路"沿线东道国的社会多样性,很可能导致沟通障碍和文化冲突,引发劳动力流动中由语言和文化差异造成的跨国劳动力纠纷。同样,不同的工作习惯、生活方式以及宗教信仰等因素,都可能影响劳动力的顺利融入。此外,"一带一路"沿线各国的法律与政策差异显著,各国关于劳动力流动的法律和政策差异,可能导致移民劳工在享受社会服务、医疗保健以及教育等方面遇到障碍,这些差异可能阻碍其在社会中的全面融合。同时,部分跨国劳动力可能因为缺乏相应的技能培训和认证而被迫接受较低薪资的工作,在劳动监管缺失或难以监管的情况之下,投资者自觉保护东道国劳动标准的可能性将大打折扣。缺乏透明的招聘过程、合同条件不明确以及对目的地国家法律和权利保护缺乏了解,都可能使劳动者处于不利地位。面对由信息不对称引发的剥削风险,跨国劳动者,特别是低技能劳动力,可能面临过长的工作时间、不安全的工作环境和不公平的待遇,而相关的监管和执行机制不足以为跨国劳动者提供有效而充分的保护。

本章小结

国际投资协定对于企业环境责任的规制问题主要集中于环境条款效力低下、具体环境条款不足和相应司法制度的缺陷上。在"一带一路"大格局下,中国企业直接投资主要集中在东南亚、中东和南亚地区,中东欧地区吸引中国投资的起点较低,但增长迅速。中国对不同地区所出口的产品有所不同,包括机电机械产品、锅炉、服装等,但进口产品主要为资源能源产品。从共建国家进口的企业主体来看,外商投资企业、国有企业、[1]民营企业呈三足鼎立之势。这些国家发展相对落后、环境保护意识有待增强。中国企业在与共建国家签订的国际投资协定中鲜少涉及环境条款,对中国企业的环境责任

---

〔1〕 傅宏宇、张秀:《"一带一路"国家国有企业法律制度的国际构建与完善》,载《国际论坛》2017年第1期,第52~53页。

规制有限。在 2023 年第三届"一带一路"国际合作高峰论坛开幕式上习近平总书记表示，在提出共建"一带一路"倡议 10 周年之际，"一带一路"将进入高质量发展的新阶段。截至目前，中国已与 150 多个国家和 30 多个组织签订了"一带一路"的合作文件，并在共建国家建设境外经济与贸易合作区，截至 2022 年底累计投资已经超过 600 亿美元。中国企业对"一带一路"共建国家的累计投资额已经超过 2400 亿美元，同时创造了 42 万多个就业岗位。在如此庞大的投资规模面前，为了带动"一带一路"国际投资的高质量可持续发展，中国已经积极开展环保标准推广、绿色金融服务等行动。但要根除跨国环境纠纷的隐患，还需在国际投资协定中明确相关环境条款，在"一带一路"投资区域内协调和对接不同环境规制条款，在保护东道国环境利益的同时也是为中国企业的海外投资保驾护航。

第五章

"一带一路"中国企业环境责任的法律制度构建

第一节 国内企业环境责任法律体系的改进

"一带一路"投资中，中国企业的环境责任承担需要从国内法与国际法两个层面同时作用，以国内法明确企业环境责任的具体标准，引导企业的绿色投资发展趋势，形成国内国际中国企业环境责任的统一格局。由于"一带一路"共建国家的经济发展程度普遍落后，中国可以与部分沿线发达国家一道，以国内企业环境责任为准绳，不降低环境保护标准，促进"一带一路"国际投资的区域化绿色发展。近年来，ESG 投资成了衡量企业环境责任的一把标尺，通过国内企业环境规制立法和司法制度的衔接，有望成为推动中国海外投资中企业环境责任法律制度构建的外部力量。

一、提升企业环境责任的法律标准

（一）完善企业环境责任的法律规制

第一，完善中国环境立法，为"一带一路"海外投资奠定国内制度基础。首先就《环境影响评价法》而言：一方面，中国现行的环境影响评价往往在提出具体的开发项目之后进行，没有根据环境质量目标的要求考虑开发项目的数量、类型和规模，而是被动地对具体的开发项目进行评价，这违反了《环境影响评价法》第 25 条。因此，应及时启动 EIA 程序。项目获批后，环评单位应开始干预。另一方面，《环境影响评价法》对未经批准或未向有关部门申请但已开工建设的建设单位规定了需要承担的法律责任。但是，对于未向有关部门提交环境影响评价报告、未经有关环保部门发现和调查、建设单位工程已竣工的建设单位的严重违法行为没有提及如何处罚。因此，必须加强环境影响评价的公众参与，明确责任，落实到位，否则环境影响评估系统将成为一纸空文。此外，环境标志制度也需要进行改进。中国的环境标志产品认证体系已经与国际通用标准接轨，因此应当在环境立法中完善环境标志规范。对企业而言，环境标签制度的实施可以为企业开发新产品、调整产品和产业结构等活动提供资源相关信息和指导，帮助持有环境标志的企业树立良好的市场形象、克服环境贸易壁垒、拓宽产品销路，更好地参与国内外市场竞争。

第二，建立排污权交易制度，并于"一带一路"范围试行推广。建立排污权交易制度的关键在于建立市场，确立通过科学报告建立总量排放的技术支持，构建公平而有区别的排污权分配制度以及政府监管和公众监督制度。并且需要对交易主体、交易指标、交易对象、交易期限、交易方式、交易区域、中介机构以及交易程序等部分进行整体化制度安排。从而促进环境自净能力资源的商业化，鼓励污染者加强生产管理，积极采用有利于环境的先进清洁工艺技术，减少能源和原材料的消耗和污染排放，达到降低成本的目的。此外，剩余排放指标可被用于有偿转让与生产规模扩大，以此提高环境资源利用效率和环境质量。

第三，健全企业全生命周期的环境污染侵权责任，明确"一带一路"投资中中国企业环境责任。就破产企业的环境责任而言，环境污染侵权责任主要涉及环境债权在破产债权中的定位以及优先清偿问题。根据《企业破产法》的规定，需要对不同企业加以区别：企业申请破产后，在继续经营过程中发生的环境侵权所产生的债务应归于共益债务，并享有优先受偿权；企业申请破产前，由环境污染侵权造成的债务不属于共益债务，不能优先受偿，其环境债权不能被视为一般债权。在制定相关司法解释时，应结合新《企业破产法》规定破产公司偿还环境污染侵权债务，其性质可被界定为优先无担保债权，但并不意味着所有因环境污染侵权而产生的债权都具有优先权，而应取决于是否造成人身损害。对于企业终止后的环境责任承担可以参考如下三种情况：一是在企业终止后，延长企业责任主体资格制度。虽然企业终止后的存续期不应太长以免扰乱经济秩序，但是基于环境污染责任的特殊性可以将企业终止后的存续期延长至 3 年，为企业环境责任承担预留空间。二是运用公司法人格否认理论最大限度地保护公民的环境权。公司法人格否认的法律原则的适用可以在一定程度上排除公司股东的有限责任，使其直接对公司的环境问题负责。三是企业解散后，作为环境污染侵权责任的具体承担者，如果企业存续期间因环境侵权成为被告，原股东仍只承担有限责任。

因此，增强环境立法、明确环境资源价格、构建环境成本内部化机制、切断滋生环境侵权的利益来源，是从根本上减少和消除环境侵权发生的有效途径。这有赖于中国环境资源使用税制的协调和完善、环境资源定价机制的制度建设以及环境侵权损害赔偿制度的加强，从而构建预防与救济相结合的环境侵权法律框架。

（二）健全企业环境责任的立法配套

第一，推广绿色保险制度，为"一带一路"中国海外投资设置"安全垫"。环境责任保险分为强制保险与商业保险两种类型。相较于强制保险的政策性和低赔偿，自愿投保的商业保险更贴合环境责任理赔的实际要求。目前，中国环境责任保险要求以自愿保险为主，但由于企业的保险意识普遍较低，因此简单地实施任意的环境责任保险不利于保护受害者的利益。相反，如果全面实施强制责任保险，一些污染较少的企业将被剥夺选择权，企业负担势必增加。所以，中国可以实行以强制责任保险为主、任意责任保险作为补充的保险模式。一方面，对高风险行业实行强制性环境责任保险；另一方面，对于已采取有效环保措施的低污染行业，由政府引导并鼓励其自愿购买环境责任保险。由于强制保险的特定人不能拒绝投保，考虑到保费负担，大多数此类保险只能提供最低索赔额，无法充分赔偿受害人的损失，而商业保险的存在则可以弥补受害人的部分损失。此外，建议扩宽中国环境责任保险范围，将由经常性排污导致的第三人损害的民事赔偿责任纳入环境责任保险的范围。投保范围除了覆盖违法经济社会活动、意外事故以及不可抗力导致的环境污染造成的人身与财产损失，还应扩大至企业经常性排污、累积性排污行为导致的人身与财产损失。

第二，健全绿色金融服务，助力"一带一路"中国海外投资的绿色化发展。金融仅仅通过控制贷款投放来参与环境事业是不够的，而是需要新的金融工具和制度安排来进行调整，以便将资源正确分配给具有实际价值和市场前景的行业。在财税方面，建议环保部门与财税部门共同制定独立的环境税。目前，中国人民银行正在研究金融创新以及相关制度安排，财税部门也采纳了环保部门的意见在对符合条件的环境保护相关企业实行所得税优惠。此外，由于企业终止后承担的环境责任具有公益性，可以构建企业终止后的环境责任保障基金制度。要求企业在存续期间按照公司收益与行业的环境风险系数确定支付比例。国家也可以参照社会保障基金的运作方式，将行政征收、税收拨款、环境罚款和排污费等收入按一定比例转移到保障基金。当公司终止后应承担环境责任时，应首先适用法人格否认的法律原则要求相关人员承担责任，其次由公司终止后承担环境责任的保险人承担责任，当上述两种方式均不能补偿环境污染受害者的权益时，环境责任基金应负责在企业终止后对受害者进行补偿。

二、推动 ESG 投资配套制度落地

近两年来，ESG 投资在中国无论是在投资数量上还是在投资规模上都有相当大的进展，在促进中国经济可持续发展方面将发挥重要作用。中国作为最大的发展中国家以及世界第二大经济体，需要在 ESG 投资实践方面与全球形成互动，以发挥"一带一路"中中国企业的绿色投资引领作用。ESG 投资在中国发展的最大特点是不平衡，需在五个方面优化 ESG 投资生态体系，包括要有效扩大 ESG 投资产品的供给和投资规模，健全信息披露[1]和评价体系等基础设施，推进 ESG 投资的规则、监管及自律等制度建设等。第一个不平衡是 ESG 投资实践与基础支撑的不平衡。随着 ESG 投资发展速度的加快，其基础设施支撑并未同步发展。第二个不平衡主要是体现在数量和质量方面。目前，ESG 投资的数量虽然达到了一定规模，但 ESG 投资的质量并不令人乐观，ESG 投资的相关标准尚不健全。第三个不平衡是 ESG 投资与其所需要的配套服务体系不平衡。ESG 投资的发展需要配套服务体系支持才能形成相关产业链和价值链，其中数据处理、评价服务等方面需要提升。第四个不平衡主要体现在投资机构 ESG 投资推进与投资能力之间的不平衡。ESG 投资是新投资方法，需要将财务信息和非财务信息纳入投资收益和风险评估框架，这就需要在投资战略、投资策略、投资方式等方面不断更新。

在 ESG 投资领域上，目前中国的 ESG 投资重点主要在于促进绿色发展、

---

[1] 袁利平：《公司社会责任信息披露的软法构建研究》，载《政法论丛》2020 年第 2 期，第 151~153 页。

"双碳"战略方面,即更注重在环境生态方面的投资。但作为一个整体发展概念,ESG投资应该有一个与经济发展更协调的发展定调。为此,可以从以下几个方面进行优化:第一,强化ESG投资的制度建设。制度建设是基础设施的重要内容,在这里单独把制度建设罗列出来,以突显其重要性。当前,ESG投资在中国发展的关注点应该是怎样才能促进ESG高质量、高标准、更加规范地发展。对此,制度建设还需要进一步健全和完善,包括建立相关规则、完善监管制度、促进企业自律等。中国的监管部门目前已经有一些关于鼓励ESG投资的原则性要求,但是还需要更加细化,尤其是在ESG投资引导机制层面。政府需要建立一定机制,引导微观主体ESG的实践活动,要形成实体经济ESG实践对ESG金融投资的引导机制,还要注重引导社会资金向ESG金融投资领域的集聚,以便形成ESG投资的各类主体合力。ESG投资是一个系统工程,是一个生态体系。所以,与ESG投资有关的主体必然是多元的,这就需要政府、实体企业、投资机构、投资人、行业组织、服务中介,以及媒体等这些多元的主体共同形成发展ESG投资的合力。

第二,明确企业自身的ESG环境责任,激发内部绿色投资动能。通过对《环境保护法》《大气污染防治法》《水污染防治法》《固体废物污染环境防治法》《海洋环境保护法》等法律条文的分析,我们可以看出,除了部分条款含糊涉及企业环境责任以外,基本没有对于企业环境责任的具体规制。因此,在国内环境立法中明晰企业的董事、经理等高级管理人员在环境保护中的责任,培养企业对环境保护责任的清晰认知具有必要性。对此:一方面,可以在上述法律以及相应的法律法规修订中建立和完善企业环境责任追究制度,明确规定企业与企业高级管理人员在环境保护中的责任。要求由企业高级管理人员与相关事件负责人对环境违法与违规行为承担法律责任。另一方面,对企业经营状况以及高级管理人员的经营业绩进行评价的时候,在依据收益利润、企业规模等传统指标之外,还应依据ESG投资的具体要求把企业对社会和环境的贡献与影响作为评价标准之一,促使企业与其高级管理人员主动承担环境责任。

第三,调动资管机构与投资者的选择动能,推动"一带一路"投资绿色转型。为了扩大ESG投资的产品供给和投资规模,资管机构在关注投资对社会和环境气候的影响的同时,也要关注ESG投资对自身未来盈利的影响。ESG投资具有外部性,可以改善外部环境,同时也能够改善投资的绩效。"清华大学绿色金融发展研究中心"用 ESG 的方法做了指数和回测，以数据表明用 ESG 选择投资标的，长期来看，投资回报率比那些不用 ESG 原则的投资效果更好。为了充分提升 ESG 投资的效率和准确性，要强化在 ESG 数据和方法方面的研发。ESG 投资的重要基础是数据，数据要充分、质量要好。中国数据还在建立过程当中，还不够完善，需要各方（包括研究机构和第三方机构）一起努力。基于 ESG 投资数据，资管机构投资者可以对 ESG 进行前瞻性分析。对于投资者来讲，他们更关心的是前瞻性、未发生的事情。环境风险分析方法可以预测环境和气候关系如何影响投资，一些模型已经显示，如果投资了高碳排放的企业，未来其估值可能会下降到 30%、50%。

第四，健全 ESG 投资的基础设施，与"一带一路"投资环境保护制度建设结合共生。ESG 投资在中国的发展呈现出不平衡状态，其中的一个薄弱点就是基础设施不健全。比如，信息披露的关键在于信息披露标准的建立。信息披露的标准既是全球重点，也是全球难点。对于信息披露标准的建立，全球正在逐步形成统一的标准框架和体系。在这方面，中国需要通过制度开放，把中国的一些标准融合到全球标准之中，使信息披露标准既能反映全球趋势和共识，也能反映中国自身的特点。另一个薄弱点是评价体系。现在市场上虽然已有一些 ESG 投资的评价机构和评价方法，但是在评价统一和整合方面，目前还较为薄弱，仍缺乏更客观、更科学，能作为投资重要依据的评价体系。例如，ESG 投资评价需要将传统财务状况和 ESG 所涉及的非财务状况进行综合分析、度量，包括 ESG 因素如何影响企业的财务状况和业绩、ESG 的价值如何判断等。这些仍是目前学界和业界非常关注和亟待解决的问题。除此之外，还存在数据运用和数据支撑的问题，以及如何将整个 ESG 价值链建立起来等问题。此外，还需要强化资管机构的环境信息披露。资产管理公司披露了其所投资标的的环境信息，就可以倒逼企业的信息披露。披露的内容可以包括碳、氧化硫、氮氧化物、COD 等物质的排放，也可以包括能耗、水耗，以及一些相关的定性的内容。除此之外，还可以披露金融机构自身的环境业绩。

三、完善国内劳动力跨国流动制度保障

随着"一带一路"的深入合作，中国企业的海外布局也在不断扩展。企业的全球化将带动中国劳动力的跨国流动，除却在国际层面加强合作以外，

中国需要立足本国劳动力资源保护，在制度层面设立预先保护机制，避免因劳动力跨国流动给中国企业造成外部法律风险。

第一，在法律法规完善过程中，应确保劳动力跨国流动的法律基础清晰、全面。在国内劳动法律法规中需要明确跨国劳动者的定义和权益，在现有劳动法中明确界定跨国劳动者的法律地位，包括出境劳动者和入境劳动者，并明确他们享有的基本权利和保护，如工资、工时、休息和休假、健康与安全、社会保险（如养老保险、医疗保险）等标准，并确保这些权利能够在不同国家之间转移和接续。亦可采取设立专门章节或法规的方式，明确跨国劳动者的权利与相关主体义务。例如，在中国劳动法中增加专门章节，或者另立法规专门规范跨国劳务派遣企业的运营和管理，包括企业资质审核、劳动者招募和培训、合同管理、纠纷解决等方面的具体要求。同时，也需要加强对跨国劳务派遣企业的监管，明确跨国劳务派遣企业的责任，包括确保其为劳动者提供真实准确的就业信息、保障劳动者权益，以及在劳动者遭受不公待遇时提供必要的法律和经济支持。此外，应探索建立跨国劳动者权益保护机制，完善跨国劳动纠纷解决机制。通过制定具体措施保护跨国劳动者的权益，如建立跨国劳动者权益保护基金、设立海外劳动者服务站点、提供法律援助等。在出现跨境劳动纠纷时，有效的跨国劳动纠纷解决机制将最大限度地降低争议双方的司法成本，这种解决机制应包括协调国内外法律服务、简化跨国诉讼程序等，以便快速公正地解决跨国劳动纠纷。为跨国劳动力流动提供更全面、更具体的法律框架和保护措施，可以保障劳动者的合法权益，同时也可为企业提供明确的法律指导和责任要求，促进健康有序的跨国劳动力流动。

第二，强化劳动者权益保护，建立和完善跨国劳动者权益保护机制。确保劳动者的合法权益不受侵害。其一，设立专门机构或部门来监督跨国劳务公司的运作，为劳动者提供法律援助和咨询服务。设立专门机构或部门来监督跨国劳务公司的运作是确保跨国劳动者权益保护和劳务派遣企业规范运作的重要措施。这样的机构或部门应负责制定相关政策、监督执行、处理投诉和纠纷以及提供必要的支持和服务。就中国而言，可以在现有劳动和社会保障部门中新增一个分支，也可以针对性地设立全新的专门机构，负责跨国劳务的管理和监督。为了保证机构运行的效率与公正，应当组建由法律、国际关系、劳动保护等领域的专家组成的团队，负责日常管理和专项调查。确保跨国劳务公司遵守国内外的法律法规，通过定期检查、审计等方式进行监督。

该机构团队除却负责日常事务外，应在政策制定中提供专业与数据支撑作用，辅助主管部门制定全面的政策和标准，涵盖跨国劳务公司的注册、资质审核、运营标准、劳动者权益保护、纠纷处理等方面。其二，贯通跨境劳动者权益保护的全链条工作。在劳动者层面，积极开展权益宣传教育，提高劳动者的法律意识和自我保护能力。设立明确的投诉渠道和快速反应机制，确保劳动者的投诉能够得到及时处理。为跨国劳动者提供法律咨询和援助，帮助其将基础合同纠纷、薪资纠纷等问题化解于诉讼之前。在服务机构层面，应定期对跨国劳务公司进行培训，提升其对劳动法律法规的理解和执行能力。要求服务机构针对跨国劳动者开展出国前培训，提高劳动者的语言能力、职业技能和法律知识。通过职业培训和技能提升项目，提高劳动者的职业技能和语言能力，以满足目的国市场的需求。同时，增加劳动者对跨国就业法律法规、文化差异等方面的认识，帮助他们更好地适应海外就业环境。重视增强公众意识和知识普及，增加公众对跨国劳动力流动的了解，包括其潜在利益和风险，提高跨国劳动者自主权益保护意识。在国家层面，需要积极开展国际合作和信息交流，建立信息共享机制，包括跨国劳务公司的信用信息、监管信息、违规记录等，接受社会监督，以促进信息透明和公平竞争。并且，定期对监管政策和机构的效果进行评估，根据实际情况进行调整和优化。加强对跨国劳务派遣企业的监管，确保其遵守国内外相关法律法规，防止出现欺诈、剥削等不法行为。同时，建立健全的劳动力回流机制，为返回的劳动者提供职业咨询、再就业服务等支持。与"一带一路"沿线劳动者输出和输入国家的相关机构建立合作关系，共同推进跨国劳动者权益保护。通过上述具体做法，可以有效提升跨国劳务公司的运作透明度和规范性，同时保护跨国劳动者的合法权益，促进健康有序的跨国劳务流动。

第三，完善跨国劳动纠纷解决机制，以便快速、公正地解决跨国劳动纠纷。在中国国内制度层面完善跨国劳动纠纷解决机制需要通过法律、政策和实践多维度的改进与创新。首先，需要建立专门的跨国劳动纠纷解决框架。修订或新增专门章节，明确跨国劳动纠纷解决的法律框架，包括适用法律、管辖权、程序规则等。制定具体政策，指导跨国劳动纠纷的处理，明确各相关部门的职责与合作机制。其次，强化跨国劳动纠纷预防机制。推动制定和使用标准化的跨国劳动合同，明确劳动条件、权利义务、解决纠纷的方式等。为跨国劳动者提供专业的法律支持与服务，建立跨国劳动纠纷法律咨询服务体系，为劳动者提供免费或低成本的法律咨询。对于经济困难或特殊情况的跨国劳动者，提供法律援助服务，包括代理诉讼等。再次，建立快速、高效的纠纷解决机制。建立专门的跨国劳动纠纷调解机构，采取灵活的调解方式，快速解决纠纷，并完善跨国劳动纠纷仲裁程序，确保程序简便、高效，降低劳动者的诉讼成本。最后，加强跨国劳务信息化建设，强化社会和企业参与。建立跨国劳动服务和纠纷解决信息平台，提供在线咨询、纠纷提交、案件进度查询等服务。促进跨国劳动纠纷解决相关的各方信息共享，提高处理纠纷的透明度和效率。加强对跨国劳务派遣企业的监管，要求其积极参与纠纷的预防和解决，承担相应责任。鼓励社会组织和媒体关注跨国劳动纠纷，通过公众监督提升纠纷解决机制的公正性和透明度。

第二节　国际环境规则中企业环境责任的完善

"一带一路"中国海外投资企业需要把企业环境责任作为企业发展到一定程度的内在需求，从而自觉地在日常运营中以可持续发展理论为指导，承担企业环境责任。这种不将企业环境责任视为商业姿态，不附加、不隔离于日常运营的态度，必将为海外投资企业赢得更多的尊重与赞誉。从国际投资协定的层面，在立法层面需要从序言条款、例外条款和专门条款三个方面进行优化。基于全球可持续发展的需要，要平衡海外投资企业所追求的投资收益与社会公共利益的需求，促进企业自觉承担有利于可持续发展的义务与责任。[1]国际投资协定在环境条款的纳入和完善过程中不断增强对于企业环境责任的规制，而在立法层面的规制则需要相应的司法制度保障，可以通过明确跨国公司国际法主体资格、完善不方便法院原则与在环境诉讼中明确人权手段三种有效路径对司法制度加以明确。

一、序言条款协调企业经贸活动与环境保护目标

（一）确保环境投资争议中的环境保护导向

其一，序言条款强调了环境保护目标的重要性，促使"一带一路"投资企业正视环境利益。国际投资协定纳入的序言性环境条款的特点较为突出，

---

〔1〕　刘俊海：《公司的社会责任》，法律出版社 1999 年版，第 8 页。

这类条款通常阐述了协定的目的与宗旨，多数还会提及可持续发展与环境保护对投资的促进作用，或者承认实现可持续发展的重要途径需要改善生态环境并加强环境合作，又或者宣称将以与环境保护目标相一致的方式促进投资增长。诸多学者主张序言条款只有宣誓性的效力而不具有实质效力，[1]但也有学者主张序言条款具有一定的间接性法律效力。[2]大部分国际投资协定都或多或少地受到了 NAFTA 的影响，通常都在序言中对环境保护目标进行了概括性的表述。但是，由于序言条款用语大多抽象且宽泛，这些倡导性质的表述不同于条约正文的实体与程序性规则，且因为序言本身的效力、性质和功能方面的限制，缺乏对缔约方的法律约束力，没有对缔约方的环境权利与义务以及应承担的法律责任予以具体规定，与真正意义上的法律规范具有一定区别，因此并不能真正起到环境保护的效果。[3]不论序言条款的法律效力如何，选择在制定"一带一路"国际投资协定时在序言部分加入环境条款的目的主要是从宏观上对东道国环境保护和企业利益之间的利益平衡加以维护，防止缔约方被指责为为扩大投资自由化而无视环境保护目标，并且可以保持与协定中其他环境条款协调一致。尽管在法律效力上显然不同于国际投资协定中的具体环境条款，但它也发出了同样的政治信号，表明缔约各方不愿让对投资的保护凌驾于本国重大的环境公共政策目标之上，在环境投资争议中仲裁庭势必会将缔约方订立国际投资协定的环境保护目标考虑在内。

第二，序言条款对环境因素的考虑旨在提供一种环境保护导向的行为指引，引导"一带一路"企业投资行为。尽管在序言条款中提及环境保护有其局限性，但正因为国际投资协定具有关于海外投资以及海外投资者的环境保

---

〔1〕 如《保护文学和艺术作品伯尔尼公约（1971 年巴黎文本）指南（附英文文本）》，刘波林译，中国人民大学出版社 2002 年版，第 8 页；[英] 安托尼·奥斯特：《现代条约法与实践》，江国青译，中国人民大学出版社 2005 年版，第 367 页；K. G. Richard, *Treaty Interpretation*, Oxford：Oxford University Press，2008，p. 186.

〔2〕 如冯寿波：《论条约序言的法律效力——兼论 TRIPS 序言与〈WTO 协定〉及其涵盖协定之序言间的位阶关系》，载《政治与法律》2013 年第 8 期，第 92 页；李巍：《联合国国际货物销售合同公约评释》（第 2 版），法律出版社 2009 年版，第 1~2 页。

〔3〕 如李振宁：《环境保护的"多-双边"协调范式：基于自贸协定环境条款的文本分析》，载《环境与可持续发展》2014 年第 5 期，第 121 页；金学凌、赵红梅：《国际投资法制多边化发展趋势研究》，载《海峡法学》2010 年第 4 期，第 59 页；[英] 杰罗德·摩尔、[加拿大] 维托尔德·提莫斯基：《〈粮食和农业植物遗传资源国际条约〉解释性指南》，王富有译，中国政法大学出版社 2011 年版，第 30 页。

护义务的规定，使企业不会游离于国际投资法规范之外。近些年来，传统国际投资协定中过度保护投资利益的做法受到了社会各界的抨击，认为国际投资协定以往的制定目的主要是保护投资活动，以期达到国际投资利益的最大化，这一目的不可避免地导致了对环境公共利益的保护的缺失，不利于全球范围内投资活动和经济增长的可持续发展。随着国际社会对可持续发展原则越来越重视，各缔约方逐步开始将其纳入所缔结的国际投资协定，近几年诸多国家均在所签订的国际投资协定中选择在序言中明确可持续发展原则，以此表明各缔约方在企业国际投资活动中保护环境的决心。因此，在目前的司法实践中，虽然序言性环境保护条款对国际投资协定各缔约方缺乏法律约束力或是否具有法律约束力有待商榷，但是其为今后引导国际投资协定纳入环境保护内容及指导绿色投资的发展铺平了道路。在这种环境保护的大势所趋之下，"一带一路"企业的投资行为会不断向绿色化发展，在产生环境投资争议时也有利于企业顺势而为，反省自身行为，从而促进环境投资争议的解决。

第三，序言条款提出了投资协定的整体目标，对解释投资协定条款具有重要的指引和辅助作用。虽然序言条款的法律约束力备受争议，但是宣言式的序言条款可以帮助解释条约几乎是公认的作用。增加环境公共利益保护目标，能够为仲裁庭在企业海外投资引发的环境争议中解释具体环境条款指明正确方向。序言条款中的环境保护导向，正在推动国际投资协定进行意义重大的重新定位，给予仲裁庭更多的灵活性，推动仲裁庭朝着环境保护与投资保护平衡的方向努力，这将会使其作出的裁决与具体案件的事实更加符合，将鼓励更加开放和系统地考虑环境公共利益。[1]这种序言条款为日后解决"一带一路"投资中与环境相关的投资争议提供了法律解释的渊源，是促使争端解决机构作出有利于环境保护的裁决的法律基础之一。2007年挪威BIT范本在序言中明确规定了其解释作用："本协定项下条款应以和相关环境国际协定互不矛盾的方式加以解释。"在国家之间缔结了越来越多的环境协定的背景下，国家之间关于国际投资协定的解释应该与环境协定相协调的规定无疑具有至关重要的意义。序言中的此类用语表明了条约的价值取向及缔约方间的共识，能够促进环境保护。就目前的国际投资法律体系而言，主要是由丰富

---

〔1〕 M. Santiago, *State Liability in Investment Treaty Arbitration: Global Constitutional and Administration Law in the BIT Generation*, Hart Publishing, 2009, pp. 172~173.

的 BIT 和包含投资章节的 FTA 所组成，交织其中的还有小部分多边投资协定。NAFTA 出台之前，国际投资协定中并不包含"环境"用语。1992 年签署的 NAFTA 首次并入环境条款，明确将环境保护与经济发展联系起来。对于 NAFTA 带来的历史性变化，各国学者都给予了诸多评价。序言条款对国际投资协定具体条款的制定具有纲领性作用，因而 NAFTA 在其序言中规定了贸易自由的实现要以环境友好方式进行、为保障公共利益提高贸易保护措施的灵活性、加强环境政策法规的制定和执行、促进可持续发展等条款。此类宣誓性规定的效力基本等同于 WTO 协定中关于环境保护和可持续发展的宗旨性规定。这类序言条款的纳入增加了 NAFTA 的"绿色"性质，为争端解决机构对条款进行有益于环境保护的解释奠定了有利的基础。晚近以来，在诸多解决企业与东道国投资纠纷的案例中，序言起到了指导国际投资协定中权利与义务条款解释的作用。[1]

以中国为例，中国 BIT 范本现代化的重要指标之一就是 2010 年 BIT 范本序言条款加入了环境保护与可持续发展的主题。在此之前，中国 BIT 中包含环境条款的较少，仅有 1996 年中国-毛里求斯 BIT、2002 年中国-特立尼达和多巴哥 BIT、2003 年中国-圭亚那 BIT 和 2005 年中国-马达加斯加 BIT 有所涉及。但中国签订的 FTA 在序言中对环境保护和可持续发展则早有提及，例如 2005 年中国-智利 FTA、2008 年中国-新加坡 FTA、2009 年中国-秘鲁 FTA 等。这与 WTO 协定与 NAFTA 生效后 FTA 序言包含环境保护内容较为普遍不无关系。中国-新西兰 FTA 在序言中表明了双方对环境保护和经济发展的基本态度，明确指出"社会发展、经济发展与环境保护是相互依存的""双方应利用经济上的紧密合作促进可持续发展"。虽然序言条款仅宣誓性地表明了缔约方对于环境问题需要予以关注，但是这种序言性环境条款标志着中国已经开启了绿色投资立法与绿色"一带一路"之路。环境保护目标进入中国签订的投资协定与国际投资协定的发展趋势相一致，与国际环境法的发展脉搏相一致。在序言中强调环境保护必然有利于中国国际投资的长期利益和长远发展。国际投资协定的制定目的主要是为投资者及其投资提供保护，但对国际投资所造成的环境外溢效应也必须有所顾忌。在中国签订的国际投资协定的序言

---

〔1〕 温先涛：《〈中国投资保护协定范本〉（草案）论稿（一）》，载《国际经济法学刊》2011 年第 4 期，第 173 页。

条款中将环境保护作为协定的宗旨之一，既强调了环境保护目标的重要性，又可以对企业海外投资行为进行绿色化的指引，还有助于防止投资仲裁中仲裁庭通过条约解释袒护投资者利益。中国应重视序言条款的指引作用，确保环境争议中环境保护的导向。

（二）引导企业环境责任具体条款的纳入

序言条款除了在条约解释中能够起到一定的作用，因其处于总领整个条约的地位，对"一带一路"投资协定的具体条款的制定也会产生一定的影响。第一，序言条款为国际投资协定中环境条款的设置明确了总体方向，确保对投资者的环境责任有所规制。NAFTA 的序言条款被此后诸多国际投资协定所效仿，成了这些投资协定中环境保护规则的重要组成部分，但是这些序言中的环境条款在用语上有简洁、详细之分，但大部分投资协定均提及了环境保护与可持续发展。在这些投资协定中，表述简洁的多仅提出了可持续发展、环境保护、经济发展三者要相协调，如中国-新西兰 FTA 的序言条款。对于环境条款表述相对详细的投资协定，如日本-文莱 FTA 首先明确了环境保护、经济发展与社会发展是相互依存的，均应致力于促进可持续发展以外，还对在战略经济伙伴关系中进一步发挥可持续发展的作用加以强调。对于环境保护表述更加详细的投资协定则是增加了与环境和经济有关的其他方面的规定。如美国-新加坡 FTA 规定："两国政府承认社会发展、经济发展与环境保护是互相依存和相互支撑共同构成可持续发展的重要部分，……再次申明缔约方应通过开展环境合作、践行缔约方共同参与的多边环境协定的方式增强环境保护。"由此可见，在序言条款中纳入可持续发展观，为企业承担环境责任起到了积极的引导作用。

第二，随着序言条款逐渐强调环境问题，相应的"一带一路"国际投资协定中约束企业投资行为的具体环境条款也更加完善。以美国为例，美国1994 年前的 BIT 范本共有 5 个，[1]但都不包含环境条款，[2]因此 1994 年前美国签订的 BIT 也不包含任何环境用语。与 NAFTA 相一致，1994 年美国 BIT 范本才开始在序言中包含有关于环境的用语，即"统一可以不放松健康、安

---

〔1〕 美国 1994 年前的 BIT 范本包括 1983 年范本、1984 年范本、1987 年范本、1991 年范本和1992 年范本 5 个范本。

〔2〕 J. V. Kenneth, *U. S. International Investment Agreement*, Oxford University Press, 2009, pp. 769~825.

全及普遍适用的环境措施的方式实现这些目标"。2004年美国BIT范本中的序言在环境保护方面使用了肯定的正面表达方式,即"期望以与促进保护环境、安全、健康和劳工权益相一致的方式来实现这些目标"。该表述更加突出了环境问题的重要性。其后,美国签订的诸如美国-乌拉圭BIT就引入了以"投资与环境"为标题的具体条款,进一步明确了投资者的环境责任。在ECT的第19条"环境方面"的环境条款中纳入了可持续发展原则,并明确采用了国际环境法中的预防原则和污染者付费原则两个主要原则。此外,ECT在其序言性环境条款中提及了《远距离大气跨界污染公约》《气候变化框架公约》等具体的环境公约,形成了序言条款与专门环境条款遥相呼应的格局。可见,ECT缔约方的谈判初衷是试图将国际环境公约变为环境保护的具体指引。但遗憾的是,由于ECT没有将环境公约规定为本协定的义务,导致环境公约对ECT缔约方不具有法律约束力。不过,ECT为了促进投资者在投资活动中进行环境保护,将国际投资规则与国际环境公约相联系的意图是值得肯定的。其后在由美国主导的TPP的制定中吸取了ECT的教训,TPP序言的首句就明确指出,本协定旨在建立一个有益于可持续发展的综合性投资协定。其后明确赋予了缔约方在环境等公共利益方面的管理权,并承认缔约方为了公共利益保护、正当公共利益目标达成,拥有针对公共健康、安全、环境等目标优先立法和采取措施的权利。此外,还提出了通过有效执行与实施环境法律政策,推行高标准环境保护的措施。由此可见,TPP在序言中屡次提出环境保护,以配合其在相应的具体条款中设立的"投资"专章与"环境"专章对投资与环境问题的详尽规定,足见其对环境问题的重视程度,如此详尽的条款对于企业的投资活动的约束性可想而知。

第三,序言式环境保护条款的特殊意义还在于其为在今后"一带一路"所缔结的国际协定中进一步规定与完善环境条款、纳入更加详尽的具体环境保护条款奠定了坚实基础。在2010年之前,中国所签订的BIT仅有以序言形式出现的环境条款,或仅规定在间接征收条款中的环境例外条款。在2010年制定的《中国投资保护协定范本(草案)》中纳入的环境条款所采用的就是结合两者的"序言性环境条款+间接征收环境例外条款"的立法模式。而2010年后中国所签订的BIT,在《中国投资保护协定范本(草案)》的基础上发生了进一步的发展与变化。如2012年中国与加拿大签订的BIT,不但纳入了一般环境例外条款,而且在磋商章节中增加了"承认通过放松环境措施以达到鼓励投资的目的是不适当的"这一表述。再如，2013 年中国与坦桑尼亚签订的 BIT，既在第 10 条纳入了环境、安全、健康措施条款，又在序言中纳入了企业社会责任的概念。中国–坦桑尼亚 BIT 序言条款的环境条款采用了《中国投资保护协定范本（草案）》中的表述方式，但因为加入了"鼓励投资者尊重企业社会责任"的语句，比之前缔结的 BIT 环境条款更为进步。虽然"鼓励"一词的语气仍旧软弱，但在序言条款中加入企业社会责任的规定在中国所缔结的 BIT 中实属首次，也为今后在 BIT 中纳入投资者社会责任的具体条款做出了铺垫。相同的，在中国早期签订的 FTA 中，多数采用序言性环境条款或"序言性环境条款+间接征收环境例外条款"的立法模式。其后，2008 年中国与新西兰 FTA 在其附件中首次在征收中增加了环境例外。2013 年签订的中国–瑞士 FTA 环境条款采用的模式为"序言性环境条款+专门环境章节"，但在专门环境章节中却没有纳入例外条款。2015 年签订的中国–韩国 FTA 所采用的环境条款模式为"序言性环境条款+环境措施条款+贸易与环境章节"。2015 年，中国与澳大利亚签订的 FTA 所采取的环境条款模式为"序言性环境条款+一般环境例外条款+专家报告制度"，创新性地使用了专家报告制度的环境程序性条款。

　　中国所签订的国际投资协定的序言性环境条款经历了从无到有、从少到多的过程，相应地在具体环境条款纳入中也与序言形式环境条款的发展保持了相同的步调。由此可见，序言中条款的细微变化与进步都影响与引导着国际投资协定中具体环境条款的纳入与完善。序言条款在确保环境投资争议中的环境保护导向与引导具体环境条款的纳入上发挥的作用有目共睹，因此所谓的序言条款仅有宣誓作用而缺少实际作用的论调很难被完全认同。中国在"一带一路"新格局下，要坚持绿色发展理念，继续完善其与共建国家的国际投资协定，注重序言条款的作用，促进环境与经济的可持续发展。

二、例外条款增强企业环境责任的规范力度

（一）确立企业投资活动中环境目标的优先位置

　　越来越多的国家在其签订的国际投资协定中明确，吸引投资与保护投资不能以减损东道国环境、安全、公共健康等公共利益为代价，"一带一路"国际投资协定也应体现例外条款的重要作用。为此，诸多国家使用在国际投资协定中指定针对环境问题的例外规定的做法，保障东道国进行环境立法和采

取环境措施的权力。除了在传统的税收和经济领域纳入环境例外条款外，如今有愈来愈多的国际投资协定还将保护国民安全与健康、保护自然资源、维护东道国公共秩序与重大安全等列入东道国投资保护义务的豁免范围。这些环境例外规定反映了缔约各方在制定国际投资协定的决策方面的衡量标准和价值取向，并且明确地使投资保护从属于各缔约方所追求的诸如环境保护等政策目标。这些例外条款促进了企业在海外投资活动中环保意识的提高，确立了国家环境目标的优先位置。环境例外条款主要包括间接征收例外条款、一般例外条款和重大安全例外条款三类。

第一，间接征收例外条款通过赋予东道国基于环境需求对企业的投资活动采取征收手段的方式保证环境目标的优先性，有助于保护"一带一路"投资东道国的环境权益。间接征收例外条款是指政府基于环境利益善意采取的非歧视性措施不会构成间接征收，亦不需要进行补偿，仅在少数例外情况下才构成间接征收。间接征收例外条款实际上是对间接征收条款的限制或平衡，有利于在特定情况下东道国限制企业国际投资以确保环境目标的优先性。就间接征收例外条款而言，还需要对征收的含义加以明确。国际投资协定中的征收条款可以视为例外情况下东道国为了公共健康、安全、环境等公共利益目标进行合法征收的依据，其既是对东道国的授权，也是对这种权利的限制。这些例外条款的表述通常如下："一缔约国对另一缔约国的投资者在其境内的投资不得采取任意国有化、征收或效果类似的其他措施，除非符合下列所有条件：1. 为了保护公共利益；2. 给予补偿；3. 非歧视性的；4. 符合国内法律程序以及相关其他正当程序；5. 给予补偿。"有些征收条款明确提及了环境利益，有些征收条款则没有明示"环境"二字的例外条款中，但必然会出现"公共利益"的表述，而基于可持续发展的观点，其应当包括环境利益。这种表述通常会导致东道国的环境规制措施多数被认定为非法剥夺或征收，也就构成了间接征收，从而要求东道国给予高额补偿。这种对于征收采取纯粹的效果检验（sole effect test），即只要对投资造成影响就认定为征收的方式，导致东道国顾虑为环境利益而采取规制措施，使征收条款不能激励东道国政府采取环境规制措施。这一情形直到 2004 年美国 BIT 范本对检验方法进行详细规定后才得以改善。该范本采用了兼顾效果和目的的检验标准（effect and purpose test），为国际投资协定仲裁中征收的认定提供了新的检验标准。TPP在投资章节中的规定基本效仿了 2012 年美国 BIT 范本，其中关于间接征收的规定相同，不但将旨在和用于保护"正当的公共福利目标"的非歧视性的规制行为直接从间接征收中剔除，而且以注释的方式表明公共健康、公共安全及环境等只是执行实行的非穷尽列举。在涉及东道国环境措施性质认定的案件中，仲裁庭不仅考量环境措施对投资活动的影响程度，还要对环境措施的性质和目的进行认定，从而对东道国作出有利裁决。这种检验方式对各种因素给予全面考量，使得东道国所采取的环境规制措施在更大程度上会被认定为不构成间接征收，从而无须对此作出补偿，有利于东道国在必要时对企业的投资活动采取环境规制，并将国家环境目标放置在首位。

第二，一般例外条款通过赋予东道国对企业的投资活动采取环境措施的方式确保环境目标的实现，有助于保证"一带一路"投资东道国的环境权利。不同的国际投资协定中的一般例外条款规定并不相同，但这些条款的共同点在于为了公共健康、安全、环境等目的，东道国有权对外国投资采取措施。国际投资协定的此类条款以 GATT 1994 第 20 条的规定为蓝本，并且大部分会附加一些限制条件。1998 年毛里求斯－瑞士 BIT 第 11 条中的第 3 款规定："本协定中的任何条款都不得被解释为限制一缔约方为预防动植物疾病或公共健康的目的而采取必要措施。"1999 年阿根廷－新西兰 BIT 第 5 条规定："本协定不得解释为阻止缔约方采取任何为保护人类健康、实体资源或自然资源所必需的措施，此种措施包括对强制限制股票转移、财产没收或动植物破坏等，除非该措施的采取过于任意或者构成歧视。"2012 年美国 BIT 范本在 2004 年的范本基础上规定："如果此类措施并非以不合理或武断的方式实施，并不构成对国际投资的伪装限制，那么本条第 1（b），（c），（f）及（h）[1]，和 2（a）及（b）款项不应当解释为阻止一缔约方维持或采取包括环境措施在内的措施：1. 确保遵守与本协定并不矛盾的法律法规所必需；2. 保护人类和动植物的生命与健康所必需；3. 与养护可用竭的自然资源相关。"中国－加拿大 BIT 所罗列的保护人类、动植物的生命、健康，以及保护可用竭自然资源的一般例外模仿了 GATT 1994 第 20 条和 GATS 第 14 条的规定，并规定假如此类措施不以不合理的或武断的方式适用，或不会对国际投资构成间接限制，那么如果达到一般例外条款的构成要求，则可对东道国因违反条约义务产生的责任相应豁免。根据 UNCTAD 的统计，截至 2017 年底，为保护环境、人权或动植

---

[1]（h）款为 2012 年范本新增内容。

物健康的目的而制定的一般例外条款已经覆盖了 43% 的 BIT。虽然实践中以一般例外条款进行抗辩的情况实属罕见，但从理论上来看，一般例外条款不失为东道国所掌握的用以捍卫本国环境利益、约束企业投资行为、保证环境目标实现的有力武器。

第三，重大安全例外条款通过对企业的投资活动画定环境红线的方式确保环境目标的实现，有利于明确"一带一路"投资者环境责任。除了纳入一般例外条款以外，部分国际投资协定还从国际和平、保障国家安全的角度设置了重大安全例外条款。依据 UNCTAD 的相关统计：截至 2023 年底，全球各国缔结的 BIT 条约数量约为 3265 个，但仍只有少数国际投资协定包含重大安全例外条款，而且此类条款多出现在外资准入而不是外资准入后的条款中。随着经济危机的发生和跨国投资者中国有投资者的增加，近几年来有越来越多的国际投资协定纳入了重大安全例外条款。随着国际投资协定的扩散化，此类条款也越来越普遍。美国从 1984 年的 BIT 范本就纳入了重大安全例外条款，其后的 1998 年美国–莫桑比克 BIT、美国–玻利维亚 BIT、美国–乌干达 BIT 中有具体体现。1988 年中国–新西兰 BIT 第 11 条出现了"根本安全利益"（essential security interests）。该条规定："本协定项下的规定不会以任何方式约束缔约方为预防动植物的病虫害、保护公共健康或保障其根本安全利益而采取任何限制或禁止措施或做出任何其他行为的权利。"可见，有关重大安全例外条款在中国缔结的国际投资协定中初见雏形。虽然 2010 年《中国投资保护协定范本（草案）》没有关于重大安全例外的规定，但是《中日韩关于促进、便利及保护投资的协定》却包含了完整的重大安全例外条款："1. 尽管除本协定第 12 条的其他规定，每一缔约方都可以采取以下措施：（1）被认为对保护其实质安全利益所必需；a. 在战争或武装冲突中，或该缔约方或国际关系中的其他紧急状态中；b. 有关执行不扩散武器的国家政策或国际协定；（2）根据其《联合国宪章》维护国际和平与安全的义务。2. 凡是缔约方根据前款规定采取措施不符合本协定（除第 12 条以外）其他规定的，该缔约方不应使用此类措施作为逃避其义务的手段。"可见，国际投资协定越来越重视重大安全例外条款，而该条款共同的趋势是强调其自裁决性。国家安全作为一个主权国家的根本利益，天然拥有自我判断权。虽然在一般情况下环境问题不足以构成重大安全例外，但是在极端情况下，重大环境灾难也可能会使一个国家采取紧急措施。所以，重大安全例外条款的存在为缔约方针对企业采取环境措施提供了依据，是极端情况下国家确保环境目标优先性的最低保障。

（二）减少企业投资活动中投资与环境利益冲突

例外条款除却可以保证国家环境目标的优先性以外，还可以促进投资与环境利益冲突的解决，为"一带一路"国际投资与环境保护衡平创造制度空间。随着国际投资自由化的不断推进，缔约方环境公共利益与投资保护之间的紧张态势愈演愈烈。造成二者之间利益失衡的主要原因就在于国际投资协定的设立宗旨是保护投资，因此对环境利益保护考虑较少。而例外条款的设置，可以为缔约方在特定情况下保护其环境利益预留一定的空间，避免国际投资协定对环境利益的侵蚀，缓解国际投资协定与东道国行使主权之间的矛盾，调整环境保护与投资保护之间的冲突，使缔约方在谋取发展利益时以可持续发展为导向，积极履行环境承诺，不以牺牲本国的生态环境为代价。

首先，国际投资协定中的一般例外条款移植了部分 WTO 体系中的有效规定用以平衡环境与投资利益，"一带一路"投资协定应予纳入。在国际法体系中，最为典型的保证缔约方充分政策灵活性、防止国际法规则过度挤压国家主权的协定体系当属 WTO。该体系规定了大量例外条款，其中为生命健康、自然资源与生态环境设定豁免的一般例外条款发挥了十分重要的作用。正所谓"他山之石，可以攻玉"，WTO 体系中的一般环境例外条款对于后世制定国际投资协定影响深远，充分发挥了保护环境公共利益、平衡环境利益和投资利益的积极作用。其次，一般例外条款为平衡东道国环境公共利益与投资者投资利益提供了清晰、明确的法律依据，"一带一路"投资协定应予明确。近年的实践与理论反映出，例如公平公正待遇等投资待遇在某些情况下已经沦为了企业保护自身利益的盾牌，使得依据投资协定缔约方毫无招架之力。而在国际投资仲裁的相关实践中，针对环境公共利益保护，其裁决往往因其具有不一致性与不稳定性而饱受诟病。一般例外条款能够有效改变这种不确定性，使不够明晰的条款规定变得更加清楚，可以作为投资仲裁的合理法律依据，不至于产生严重挤压东道国政策空间的后果，最终实现公共利益与私人利益的平衡。最后，相对于其他环境条款而言，一般例外条款的效力更加明确且稳定，"一带一路"投资协定应予强调。晚近所缔结的国际投资协定通过逐渐增加一般例外条款的纳入与适用，明确保护公共利益的目的，对环境公共利益保护和私人财产利益保护失衡的问题进行了回应。弥补了投资协定中序言条款等其他环境条款的不足。序言条款虽然强调了可持续发展等环境要求，并借此奠定了国际投资协定中的环境保护基调，但相较于一般例外条款，其软法性质极为突出，较之实体条款难以发挥实际作用。反观一般例外条款，其被赋予的法律强制力和由此产生的具有约束力的国际投资实践先例，是较为理想可行的用以平衡环境保护和投资保护的工具。

利用环境例外条款解决环境与投资利益冲突的路径有下面两条：其一，对特定条件下的缔约方条约义务予以免除。例外条款的存在是为了使缔约方在特定情况下被允许使用或采取与其条约规定义务不相符的政策措施，但该措施需要以保护自然资源等环境公共利益为目的。所有国际投资协定融合汇总，构成了投资协定所有缔约方应遵守的特别法，投资协定的生效便意味着缔约方必须依据条约规定善意遵守国际投资协定中赋予缔约方的环境义务。然而，国际投资协定的条款设置仍不成熟，为了克服这种刚性条款的缺陷，需要例外条款予以调节，避免因人类意识的局限性而压缩缔约方保护环境利益的操作空间。在符合例外条款限定的特殊情形下，缔约国能够暂时背离投资协定中的条约义务，依据本国的实际情况，对环境公共利益保护制定政策、采取措施。即使东道国因环境措施而遭到投资者申诉，在例外条款设置合理的情况下，可以据此作为抗辩的正当理由为缔约方免除责任。例外条款的存在，为在保护环境的特定情况下，要求将缔约方的投资利益保护义务让位于环境利益保护义务提供了依据。其二，例外条款促成环境外部化造成的投资风险的合理分配。从某种意义上说，环境条款的纳入相当于在自然环境、社会环境与投资活动之间设置了一个缓冲器，从而将由自然环境、生态资源变化引发的投资不确定性风险控制在可以为投资者接受的合理范围之中，从而预先固化国际投资中的环境政策措施变化风险。[1]大部分"一带一路"国际投资协定的条款设置其实已经具备了这样的固定风险作用，即通过对外国投资保护的承诺，要求东道国履行保护投资及风险补偿的义务，将企业面临的部分国际投资不稳定性造成的风险转移到东道国身上。但由于环境因素变化的不确定性和环境污染的潜伏性，由东道国独自承担风险欠缺合理性。因此，例外条款对特殊情况下的环境风险负担进行了重新分配，免除了东道国在特定情况下的条约义务，由此造成的损失由企业自行承担。

---

[1] 彭岳：《双边投资保护协定中"非排除措施"条款研究》，载《河北法学》2011年第11期，第147页。

国际投资协定的例外条款一般散见于投资协定中，但其在平衡投资与环境利益冲突中的积极作用不容小觑。在未来国际投资协定的完善发展中，例外条款的内容与结构设置必将逐渐呈现出表达统一的趋势。从东道国的视角看，例外条款之所以成为议定国际投资协定时所关注的重点，是因为例外条款对环境与投资利益的平衡发挥着关键作用。基于这种明确平衡环境保护和投资保护的杠杆，东道国在面对环境利益威胁时不必再望洋兴叹，而是可以利用例外条款这一法律武器对合法权益加以维护。就中国而言，由于中国的资本输入体量已经跃居世界前三，加之近年来在资本输出方面的表现也十分突出，因此例外条款对于中国来说意义重大。反映在国际法领域中，就表现为中国开始逐渐接受在国际投资领域中国际社会所广泛使用的惯例。随着"一带一路"倡议的推进，中国所拥有的巨大国际投资协定网络也在不断扩张，不论是在外国投资者的境内投资还是本国投资者的海外投资中，均面临着无形中增加的国际投资仲裁风险。中国有必要完善例外条款，维护为环境公共利益保护而要求行使国家主权的权利，保证国家主权不因国际投资协定中的投资保护规定而受到投资者的侵害。在这个高度全球化的时代，中国想要真正肩负起大国责任，逐渐发挥在国际投资协定的实践层面与理论层面中的影响力，就必须致力于实现从国际投资协定制定过程的参与者到投资规则决策者的身份转变，这在"一带一路"倡议背景下是势在必行的。而例外条款在当下的受重视程度代表着国际投资协定发展中的最新价值取向——协调国际投资协定中权利义务的关系力求达到平衡状态。除了"一带一路"共建国家，随着中国与美国、加拿大、新西兰等发达国家签订 BIT，中国必将例外条款提到谈判桌上，对其具体范围与含义加以澄清，对中国企业在海外投资中将会面临的环境风险提出预警，为中国企业投资利益保驾护航的同时继续提高环境公共利益保护力度。

三、专门条款完善企业环境责任的立法规制

(一) 强调缔约国环境保护义务以约束企业投资活动

首先，国际投资协定的专门条款的引入增强了对于"一带一路"企业海外投资的行为约束。早期的国际投资协定鲜少有关于环境保护的专门条款，难以控制企业投资活动对于环境的损害。以 BIT 为例，早期 BIT 不注重环境保护的根源在于其本身是由发达国家主导缔结并用以保护和促进本国海外投

资的一种工具。由于传统上保护投资的习惯国际法并不包含争端解决程序，基于对作为发展中国家的东道国的立法与司法的不信任，发达国家在多边投资条约缔结困难的情况下试图通过 BIT 的签订来对海外投资进行保护。[1]从另一方面来说，发展中国家签订 BIT 的初衷也并非用来保护诸如环境利益这样的非经济关切，其唯一目的是保护和吸引外商投资，FTA 的签订也是基于同样初衷。作为多边投资协定的 MAI，其失败原因之一被认为是虽然强调了可持续发展在国际投资活动中的指导地位，并且重申了环境保护原则的重要性，但对环境保护问题的重视程度仍然不够，使各国难以在维护各自不同的投资利益时在环境保护问题上做出统一的让步。早期的国际投资协定对环境等非经济利益的忽视遭到了学者和非政府组织的广泛批评，而中后期的国际投资协定引入专门条款，填补了这一空白，增强了对于企业环境责任的规制。

其次，就"一带一路"投资东道国而言，国际投资协定的专门环境条款的现代化发展，使东道国加强环境保护有了法律上的依据和动力，降低了环境规制的寒蝉效应（Chill Effect），促进了东道国的环境立法和司法规制。由于环境在很大程度上是全球公共物品（public goods），政府有处理管辖区域或领域内的公共物品的义务，因此东道国对于环境公共利益这种公共物品应承担相应的保护义务。此外，部分国际投资协定也明确规定了东道国的环境保护义务，随着国际投资协定的不断发展完善，东道国环境保护义务越来越具有强制性。NAFTA"投资"专章中的第 1114 条开创了国际投资协定处理投资与环境保护之专门条款的先河。从赋予东道国对于投资者采取环境保护措施的权利以及规定东道国不得为吸引投资而损抑环境保护措施的义务两个方面对投资与环境保护进行了规范和调整。此外，NAFTA 之中最具开创性意义的是在环境保护方面承认当缔约方在 NAFTA 项下的义务与所参与的多边环境协定[2]中的义务产生冲突时，多边环境协定中的环境义务优先。中国作为资本输入大国，专门环境条款在 2010 年《中国投资保护协定范本（草案）》第 6 条征收条款中体现出来，即"三、缔约国如果以保护公共福利为目的，采取保护本国公共健康、安全和环境的措施，不构成间接征收，除如缔约方所采

〔1〕 B. Doak, C. James and W. R. Michael, "Foreign Investment Disputes: Cases Materials and Commentary", *Netherland*: *Kluwer Law International*, 2005, pp. 19~20.

〔2〕 指三国都已经加入并生效的多边环境协议、三国之间的双边协定、三方同意的其他多边协定。

取的环境措施严重超过维护公共利益的必要限度时等极少数情况以外"。这一条款的存在说明当面对环境公共利益保护时，中国在必要范围内有权处置跨国投资企业的资产而不被认为构成间接征收。虽然该范本未规定诸如"缔约国不放宽环境措施的义务"等专门条款，但在范本思想指导下，其后的中国-坦桑尼亚 BIT、《中日韩关于促进、便利及保护投资的协定》均进一步引入和细化了专门环境条款。

最后，就"一带一路"投资者母国而言，专门环境条款对投资者母国权利义务的规定甚少。但仍可以从美国 2012 年 BIT 范本第 12 条的改变中窥见一斑。除了上文提到的第 2 款规定加强了缔约方环境义务以外，其第 3 款规定强调了缔约方对对方国内环境事务的调查和监管等权利应予以相互认可，并就各国在本国境内对于企业采取调查与监管措施不构成歧视待遇达成合意，还在该范本附件 B "征收"中对征收的例外予以规定；第 4 款强调了缔约方的环境法和环境协定的重要性并扩大了环境保护的范围，与美国 2004 年的 BIT 范本相比，新版范本对国际投资活动中所应履行的环境保护义务进行了更为详尽的列举；第 5 款相较于 2004 年版在措辞方面更鼓励缔约方采取保证其境内的投资活动以顾及环境保护要求的方式进行，从而提高了环境保护力度；第 6 款对磋商进行了更加细致的规定，对于可能产生的投资争端，引入了磋商解决程序，在程序上保障缔约双方遇到的环境问题能够及时进行磋商解决。以上改变看似是赋予了东道国更多采取环境保护措施的权利，但实则也是在为母国履行环境保护义务而采取措施提供了更充分的依据，作为母国投资者的企业将因此而进一步规范自身的投资行为。此外，不同于 ECT 仅在第 18 条规定了缔约方的资源所有权、投资活动管理权等主权权利，但未进一步明确缔约方的环境义务，TPP 将缔约方在多边环境协议中纳入的与环境相关的义务条款定义为环境法律，并受其约束，还对加强合作的具体领域、对公众提交报告的标准和内容进行了规定。TPP 此举使得在其缔约方范围内的企业在环境保护的广度与深度上必将有所增强。

2010 年《中国投资保护协定范本（草案）》与美国 2012 年 BIT 范本的变化都代表了国际投资协定发展的新方向。美国作为资本输出大国，而中国兼具资本输出与输入大国双重身份，在缔结国际投资协定的过程中均作出了环境方面的承诺，这既是基于本国经济可持续发展的需要，也体现了各国创造公平投资环境的诚意与注重海外投资保护的高姿态。国际投资协定中专门环境条款的发展过程被深深打上了时代的烙印，随着国际社会环境保护意识的提高，国际投资协定的专门环境条款愈加细致与具体，并在每个国际投资协定中呈扩散之势。这种扩散与发展使得东道国与投资者母国的环境保护义务更加明确，从而让作为投资者的企业在双重压力的促进下，在"一带一路"国际投资活动中肩负起更具体、更明确的环境责任。

（二）保证缔约国环境政策空间以规制企业投资行为

在"一带一路"国际投资协定中纳入环境保护条款的同时，需要在国际投资协定中明确对缔约方环境政策空间予以确认。东道国的环境政策空间源自国家的经济主权，在国际投资领域就表现为国家对国际投资的管理权。国家管理权的行使需要被限定在一定的范围之内，因此国际投资协定中的专门环境条款对缔约方国家管理权的行使空间予以限定，并以此保证缔约方环境政策空间不受挤压。

第一，国际投资协定涉及环境保护权利义务的专门条款，其趋势为从只关注投资者利益向兼顾缔约国政府的行为或措施的目的，注意给予缔约方政府更大的规制空间的方向发展。"一带一路"国际投资协定的环境条款设计需要尊重该趋势的转变。2010年前后，不论新近签订的投资协定还是重新谈判、修订的投资协定均表明，发展中国家的政府和发达国家的政府正努力通过澄清具体义务和条约范围的方式来提高投资协定的明确性，设法为东道国保留更多的规制权。投资法的现代条约实践提高了缔约方尤其是东道国为了健康、环境保护等公共利益干预外国投资的自由，只要没有跨越征收的门槛就无须承担补偿的责任。但国际投资协定对于缔约方环境政策空间的保护并非一直存在。NAFTA 的环境专门条款并未给予缔约方更大的环境政策空间，反而有挤压之势，这体现在第 7 章卫生与植物卫生措施（Sanitary and Phytosanitary Measures，SPS）和第 9 章技术贸易壁垒（Technical Barriers to Trade，TBT）两章。在 SPS 措施上，NAFTA 的规定比之 GATT 更为具体和严格。例如，根据 GATT 的投资待遇规定，当一缔约国实施一项 SPS 措施违反了其向另一方承诺的投资待遇限制时，该国可以援引 GATT 第 20 条（b）款加以抗辩。而在 NAFTA 中却未见类似规定，NAFTA 不允许缔约方政府将采取 SPS 措施作为一项例外，而是在第 7 章中明确规定了所有例外情况，严厉限制了缔约方政府对 SPS 措施的适用。相同的，20 世纪 90 年代缔结的 BIT 都未包括类似为政府提供政策空间的条款。

近年来，随着国际投资协定对环境因素考量的增加，越来越多的 BIT 允许国家在一个相对宽泛的"合法地带"中自由行事。[1]美国 BIT 范本的变化也是沿着缩小投资者权利并扩大东道国政策空间的方向发展。美国逐渐关切作为东道国环境规制的权利，2012 年美国 BIT 范本关于环境保护的规定变化最大，在国际投资法层面规定了可强制履行的环境规制，新的环境规定远超过 2004 年 BIT 范本，也超过了其他一些国家投资协定范本的保护水平。此外，TPP 中的环境条款也对保护缔约方的政策空间做出了相关规定。其一，TPP 的环境条款均适用于 TPP 的争端解决机制。TPP 设置了从环境磋商到特别代表磋商再到部长级磋商最终到争端解决的解决机制，从而使得所有涉及环境的问题都可以有规可依。其二，TPP 力图确保各成员方解决环境争议的机制切实高效。TPP 规定每个国家均需创设专门的联络点和相关环境问题委员会，以便于缔约方政府之间就环境保护问题进行协商，并要求各国相应地修正国内法律制度、强化法律执行，确保环境保护目的的实现。这些规定实则是国际制度渗透于国内制度的产物，为了"一带一路"投资的绿色发展应进一步倡导将国际制度渗透到各个成员方的国内制度之中。

第二，"一带一路"国际投资协定保证缔约方环境政策空间并不意味着一味扩大东道国的环境规制权、挤压海外投资企业的生存空间，而是保障东道国通过规制企业投资行为引导国际投资绿色化发展的权利。从中国的经验来看，根据 OECD 发布的《2012 年世界投资报告：迈向新一代投资政策》，中国是发展中国家吸引外商直接投资最多的国家。从中国所缔结的国际投资协定来看，整体经历了与美国相反但殊途同归的过程。如果说，美国所签订的国际投资协定经历了从偏向保护投资者利益的目的到平衡东道国与投资者关系的过程，那么中国所经历的便是从注重东道国利益到平衡东道国与投资者关系的历程。以《中日韩关于促进、便利及保护投资的协定》为例，本协定赋予了投资者更高水平的国民待遇和公平公正待遇的伞状条款保护，但同时要求投资自由化、便利化的目标需要在不放松保护环境、安全与健康措施的情况下实现，并强调投资者必须遵守东道国的政策法规，在国际投资活动中不得作出有违东道国社会、经济和环境发展要求的行为。此外，该协定引入

---

[1] B. Simon, "Expropriation and Environment Regulation: The Lesson of NAFTA Chapter Eleven", J. Envtl. L, 18（2006）, pp. 213~214.

了东道国为了保护环境等公共利益采取有偿征收措施的规定，并排除了投资者通过援引投资待遇条款适用其他协定中更为有利的投资者-国家争端解决条款的权利。总体来说，《中日韩关于促进、便利及保护投资的协定》在很大程度上为中国政府不再单一强调主权的转变进行了背书，证明中国正在试图通过国际投资协定在保留国家规制权的同时，也尽力为本国的海外投资者尤其是大型国有企业保驾护航。TPP 也规定了国有企业的环境责任，要求其遵循国际公认的标准和准则，并强调中性竞争，避免母国的过多干涉。[1]

国际投资中专门环境条款的主要内容是强调缔约方不应因吸引投资而忽视环境保护，并要求为缔约方留出环境保护规制的政策空间。但是，专门环境条款从效力上看要低于投资保护条款，这是因为专门环境条款使用鼓励性措辞使得条款在实际适用中缺乏法律强制性。而纵观专门环境条款中的环境保护规定，值得肯定的是，其赋予了东道国相应的环境权利与义务，即采取环境措施的权利和不放松环境标准的义务，但其对于投资者母国的权利义务规定仍然需要加强。由于投资者母国多是发达国家，根据公平责任原则，发达国家在环境保护问题上应该承担比发展中国家更多的义务。这一方面是由于投资者在国际投资过程中充当了发达国家向发展中国家转移污染的工具并且在发展过程中消耗了更多的资源，另一方面是由于发达国家和其海外投资企业在环境保护问题的处理经验和技术上都相对领先于发展中国家。因此，在"一带一路"投资中，投资者母国有责任对本国企业的国际投资行为加以规制，并对"一带一路"沿线东道国尤其是发展中国家在环境治理方面给予帮助。在法律规范层面对缔约方权利与义务作出明确规定，比事后通过判例法来确定更有利于环境保护措施的落实，具有更强的可预期性。缔约方应积极促进国际投资协定进一步改革，纳入与完善相关专门环境条款。

四、注重企业环境责任相关司法制度设计

(一) 明确跨国公司国际法主体资格

"一带一路"国际投资中跨国公司对于环境问题的影响力不容小觑，不过对于跨国公司环境法律责任的规制在国际法层面以"软法"为主，此类"软

---

[1] W. Ines, "Disciplines on State-Owned Enterprises in International Economic Law: Are We Moving in the Right Direction?", *Journal of International Economic Law*, 3 (2016), pp. 657~680.

法"均以可持续发展为目标，要求在追求经济目标的同时做到与社会和环境进步相一致。由于可持续发展背后的强劲驱动力之一就是跨国公司，WTO 的政策已经被整合进了环境考虑，这些政策逐渐成了国际法院尊重非贸易优先权的判决依据。但由于跨国公司的主体地位未能在"软法"中加以明确，难以为跨国公司设置有约束力的权利义务，导致此类"软法"在众多跨国公司环境侵权案件中仍不堪一击，东道国难以在国际法层面直接向跨国公司追责，反而常常被 ISDS 机制掣肘。因此，明确跨国公司的国际法主体地位，制定详尽的权利义务是对跨国公司环境法律责任进行规制的前提。《联合国工商业与人权指导原则》在其第二章"公司尊重人权的责任"中的第 12 条明确指出，所谓工商企业负有尊重人权责任是指国际所公认的人权，至少包括国际劳工组织《工作中基本原则和权利宣言》与《国际人权宪章》所阐明的各项基本权利。[1]这不但构成了跨国公司承担环境与人权责任的国际法基础，而且对于将所签署的人权公约整合入本国法律的国家而言，在国内法层面也具有约束力。从目前来看，国际法层面尚无对跨国公司在环境保护方面义务的直接规定，究其根本是由于跨国公司尚不具备国际法主体资格，国际法是对国家之间法律关系进行调整的规范，因此难以对跨国公司进行规制。

如前文提到的美国的《外国人侵权求偿法案》就规定要以违反国际法或美国的条约为由才能提起诉讼，而美国的法院则认为国际法通常并不创设私人权利之诉。这表明虽然给予了习惯国际法以联邦普通法的地位，但也并不是说习惯国际法可以像联邦的合同法及侵权法那样允许个人有权利以此为依据请求司法救济。至于《外国人侵权求偿法案》能否创设跨国公司环境侵权的私人权利之诉，本质上就是自然人和跨国公司是否能够构成国际环境法的主体问题。自然人和跨国公司的主体地位应否得到认可及在怎样的范围和程度内可以获得认可，这些问题的根源在于对国际法主体的界定。关于国际法主体的定义大体有广义和狭义之分。传统的国际法学者通常对国际法主体采用狭义的观点。如王铁崖教授就曾在其所主编的《国际法》一书中将国际法主体定义为："能够在国际法层面享有权利并担负义务、直接参与国际关系、

---

[1] United Nations Human Right Office of the High Commissioner. Guiding Principles on Business and Human Rights, 2014, p. 13.

具有独立进行国际求偿能力者。"[1]美国国际法学者对于国际法主体的界定更加宽泛,将个人也囊括其中。而以亨金为代表的学者则认为:"国际法的主体包括能够享有国际法权利、承担国际法义务并被赋予在国际上采取某种形式的个人或实体,一般称为国际人格者。"[2]著名的环境法学者林灿铃在这一问题上有着精辟的论述:"成为国际法主体,首先,应具备直接参与国际法律关系的能力。其次,应具备直接享有与承担国际法上的权利与义务的能力……一个国际社会成员具备了上述条件,就具有国际法的主体资格。"

但是,随着跨国公司在公司治理结构中国际性特征的不断凸显,单一国家很难对此进行规制,这就需要在国际法层面进行规制。因此,跨国公司亟待被赋予独立承担国际法律义务的主体地位。国际经济法[3]以及其中所包含的国际贸易法[4]和国际投资法[5]领域已普遍承认跨国公司的国际法律地位。不过,在国际环境法、国际人权法等以"软法"为主的国际法规则中,跨国公司的主体地位尚未得到全面承认。有学者认为,跨国公司不具备根据自身意志独立参与国际关系的能力,跨国公司的意志是以其母国的意志为转移的,跨国公司要依附于国家才能参与国际法实践,其本身并不具有在国际法层面独立享受权利、承担义务的资格。[6]但是,实际上,跨国公司虽未被承认具有国际法的主体地位,但其在实践中已经开始履行国际法义务并担负国际法责任。以国际环境法为例,《联合国跨国公司行动守则》的立法目的就是要从国际法层面为规制跨国公司的活动创造依据,其中第三部分"跨国公司的活动和行为"就对跨国公司在环境保护方面的义务和责任作出了明确规定。而且,NAFTA下设的北美环境合作委员会,也可以对违反成员国环境法规的跨国公司提出警告并直接实施制裁,这一实践也有力地证明了跨国公司独立承担国际法义务和责任的事实。此外,国际环境法本身综合性较强,它不仅融合了国际公法的内容,还集国际经济法、国际刑法等多种部门法律内

〔1〕 王铁崖主编:《国际法》,法律出版社1995年版,第64页。

〔2〕 H. Louis et al., *International Law: Case and Materials*, West Publishing Co., 1993, p. 241.

〔3〕 左海聪主编:《国际经济法》,武汉大学出版社2010年版,第39页。

〔4〕 王传丽、史晓丽编著:《国际贸易法》,中国人民大学出版社2009年版,第9页。

〔5〕 余劲松主编:《国际投资法》(第4版),法律出版社2014年版,第31页。

〔6〕 [英] M. 阿库斯特:《现代国际法概论》,汪瑄等译,中国社会科学出版社1981年版,第80页。

容于一身。由于其所具有的综合性特征，国际环境法主体应当依据现实法律需求来确立，因此跨国公司应成为国际环境法主体。由此可见，跨国公司的主体资格不应被全盘否认，因为在一定范围和领域内跨国公司可以享有国际环境法所赋予的权利并承担国际环境法所规定的义务。

当然，承认跨国公司国际法主体地位并不是说其在国际法层面上与国家这一公认的国际法主体享有毫无二致的平等法律地位。跨国公司在一定领域和范围内是能够享受到国际环境法的权利，并承担国际环境法所规定的义务的。在这样的领域和范围内，跨国公司的主体资格不应被否认。否认跨国公司只是国际法客体的观点，限制性地承认其主体地位，是为了防止跨国公司借"客体"之名，仅对其造成的环境污染"买单"而逃避环境保护义务。通过明确跨国公司在国际法上的环境权利和义务，有效地规范其环境行为，迫使其承担环境责任。[1]从而规避通过诉讼形式保护东道国或利益受损方的权益的地域性和事后性，也可以在诉讼中赋予东道国或利益受损方在国际法层面追究跨国公司环境责任的明确权利。就中国来说，中国海外投资主要集中于不发达的发展中国家，随着"一带一路"的发展，海外投资不断增加。面对环境侵害，受害者可能会选择赔偿标准相对较高的中国法院进行诉讼。根据《公司法》的规定，如果中国母公司对跨境环境损害需要承担连带责任，就可能作为被告在中国法院被起诉。承认跨国公司的国际法主体地位，有利于明确跨国公司在国际法上的环境权利和义务，为在海外投资的中国跨国公司敲响警钟，有效地规范其环境行为，从源头规避环境法律风险。

目前，跨国公司的国际法主体地位尚未得到明确承认，在此阶段强化"一带一路"投资母国和东道国对跨国公司的监管仍然是促使跨国公司承担环境责任的首要措施。国家所担负的促进和保护环境的责任必然包括促使跨国公司尊重和保护环境。因此，无论是东道国还是投资者母国，都负有保护与促进环境与人权的不可推卸的责任。首先，应通过采取完善和健全国内法律与国际投资协定中环境条款、建立与强化跨国公司侵犯环境与人权的追责制度等积极措施，督促跨国公司保护环境并承担相应的环境责任。其次，调动

---

〔1〕 A. S. Matthew, "Environments, Externalities and Ethics: Compulsory Multinational and Transnational Corporate Bonding to Promote Accountability for Externalization of Environmental Harm", *Buffalo Environmental Law Journal*, 1 (2013), p. 80.

非政府组织等社会力量监督跨国公司活动、督促跨国公司积极履行环境与人权责任也是一种行之有效的措施。例如,全球报告倡议组织依据其拟定的社会责任标准 SA8000、ISO26000、可持续发展报告指南等,对跨国公司披露其环境责任履行情况提出要求;联合国环境规划署(UNEP)在《全球环境展望6》中敦促跨国公司承担环境治理责任,投身绿色经济建设。[1]此外,舆论与媒体的监督、消费者运动以及社会责任投资等方式也是促进跨国公司承担环境责任的有力保障。其一,随着媒体对跨国公司侵犯环境与人权行为的不断曝光,跨国公司的声誉和品牌形象面临着巨大的压力。跨国公司为了免于遭到媒体与舆论的起底,让公司的品牌形象与良好声誉毁于其所造成的环境污染与人权侵害,只能转变投资思路来迎合国际社会中保护环境与尊重人权的理念,这有助于在全社会形成保护环境的良好氛围。其二,面对社会责任投资与消费者运动时,跨国公司必然会对市场机制的强大作用有所顾忌,此种方式可以充分利用市场机制功能倒逼跨国公司承担企业环境责任,尊重保护环境,否则其将遭受被市场机制淘汰的厄运。[2]

(二)完善不方便法院原则促进环境责任公平承担

伴随着全球经济一体化的进程,企业在海外从事商业活动和设立分支机构更加频繁。一些企业在国际投资的过程中实施了所谓"污染转移"的破坏环境与侵犯人权的行为,使得"一带一路"以发展中国家为主的东道国饱受其苦。20世纪下半叶以来,东道国的受害者面对企业投资活动中的大规模环境与人权侵权行为不得不拿起法律的武器捍卫自身利益。为了得到更好的救济,这些受害者往往倾向于选择在企业住所地或其成立地的发达国家法院进行诉讼。相比于大部分为发展中国家东道国的司法制度而言,发达国家对于环境与人权的司法制度设置相对完善,更有利于保护受害者权益。然而,以美国为首的资本输出国往往在国际诉讼制度中纳入了不方便法院原则,不方便法院原则的肆意使用让受害者寻求司法救济的希望被打碎。

解决不方便法院原则带来的不良影响的方法有二:第一,直接废除不方便法院原则。当被告成功援引不方便法院原则进行抗辩时,作为原告的受害者需要向替代法院重新提起诉讼,这无疑会使审理过程漫长的跨国环境诉讼

---

〔1〕 UNEP, Global Environment Outlook-6, 2016, p. 131.

〔2〕 迟德强:《论跨国公司的人权责任》,载《法学评论》2012年第1期,第105页。

进展更为缓慢，而这种对案件审理进程的拖延容易导致本就难以进行的环境污染取证困难重重，从而成为企业逃避环境法律责任的保护伞。由于受案法院对自由裁量权的滥用，不方便法院原则逐渐从为防止原告对被告进行烦扰、压迫的例外性诉讼救济转变为受案法院偏袒投资者的一种不正当手段。不方便法院原则的扩张与滥用所导致的不良后果有目共睹，为了避免企业继续以该制度作为保护伞规避环境法律责任，很多学者与法官均提出建议废除不方便法院原则。然而，从不方便法院原则适用至今已有百年历史，许多普通法系国家早已在立法或司法实践中纳入了该原则，一旦轻易废除难免会破坏法律的稳定性。此外，在避免原告过度挑选法院、缓解由各国管辖冲突以及避免矛盾判决等方面不方便法院原则的适用的确起到了一定的作用，因此贸然地对不方便法院原则予以全面废除难免有杀鸡取卵的嫌疑。

第二，对不方便法院原则进行完善。也就是通过对不方便法院原则在适用方法方面重新评估与限制、减少不方便法院原则在跨国环境侵权诉讼中的扩张适用更为可行。不方便法院原则的设置初衷是防止原告选择对司法和被告不方便的法院进行诉讼以达到困扰、压迫被告的目的。但在一些跨国环境侵权诉讼的司法实践中，受害者所选择的管辖法院常常会遭到企业援引不方便法院原则提出管辖权异议的否定，不方便法院原则不可避免地沦为部分企业逃避环境与人权责任的挡箭牌。在"博帕尔毒气案""雪佛龙污染案"等一系列案件中，尽管受害者均选择了"被告住所地"法院这一最为合理与普遍的法院作为审理法院，绝大多数诉讼仍被"被告住所地"法院以不方便法院原则为由予以驳回。其给出的理由往往是依据存在一个更为"便利"的可替代的有管辖权的外国法院，而这种"便利"是从取证便利、证人出庭费用与方便等私人利益因素与准据法适用指向外国法、受案法院的案件积压等公共利益因素两个角度进行衡量，得出该诉讼在可替代的外国法院进行更为合理、方便的结论。企业环境侵权案件中对不方便法院原则的扩张适用使得受害者对管辖法院的选择没有得到应有的尊重，且在援用不方便法院原则时受案法院很少考虑替代法院在实践中的诉讼障碍，因此有必要在"一带一路"企业环境侵权诉讼中对该原则的适用进行重新评估与限制。

减少不方便法院原则的滥用应从两方面着手：第一，对于原告对管辖法院的选择应被受案法院给予充分尊重，减少以不方便法院为由驳回诉讼的可能性。企业常常以"自由贸易"来规避环境法律责任的承担，其母国当然对由此带来的经济增长乐见其成。既然"自由贸易"赋予了企业跨越国界进行投资活动的自由，那么对于其在投资活动中妄图利用东道国法律漏洞逃避环境法律责任的行为，受害者应相应地被赋予跨越国界提起环境诉讼的自由。虽然不方便法院在缓解管辖冲突、避免原告过度挑选法院等方面的作用值得肯定，但是滥用这一制度会给企业环境法律责任的承担、跨国环境侵权诉讼带来不容忽视的消极影响。不方便法院原则经常导致"谋杀诉讼"的效果，这主要是因为对于跨国环境侵权的案件裁决本应达到补偿受害者与惩罚企业环境侵权行为的目的，而替代法院作出的裁决往往难以发挥此类作用。因为所谓的替代法院大部分是受害者住所地法院或受害者本国法院，这些法院通常位于发展中国家。相较于发达国家的司法制度，发展中国家的司法保障程序在环境与人权救济方面尚不完善且对赔偿额度的限制较为严格。导致这些替代法院作出的裁判结果难以令受害者满意，相对的作为被告的企业即使被要求承担侵权责任，其所要担负的赔偿金额也已大幅缩减。作为发展中国家的"一带一路"投资东道国的受害者依据"被告所在地"所选择的管辖法院通常是其母国的法院，受害者选择法院的目的是获得更为合理的损害赔偿。为了避免受案法院基于对作为被告的企业的商业利益的偏袒而滥用不方便法院原则，应当尽量尊重与被告实力悬殊的受害者对管辖法院的选择，以此来平衡原被告地位的失衡。

第二，对替代法院的适当性进行真实的评价。在以"博帕尔毒气案"为代表的跨国环境侵权诉讼中，法院在依据不方便法院原则作出驳回诉讼的裁定时通常是附条件的，这些条件包括要求被告放弃对于时效的抗辩、保证服从替代法院的管辖、严格履行替代法院的判决等。正是从这些驳回诉讼的附带条件中可以对替代法院不具有适当性的事实窥见一斑。这说明，如果原审法院未在其驳回诉讼的裁定中附带针对被告的诸多条件，那么替代法院对被告管辖权的行使与裁决的法律拘束力就会受到动摇。倘若如此，受害者将很难从替代法院处寻求救济，那么替代法院的适当性也将无从谈起。因此，原审法院认为存在适当的替代法院的推定与其所作出的附条件驳回诉讼的裁决无疑是一个悖论。在原告的救济难以保证而被告的责任摇摇欲坠的情况下，案件的审理结果一目了然，此时对取证便利、证人出庭费用与方便等私人利益因素进行讨论已经失去意义。

因此，完善不方便法院原则的适用要求"一带一路"受案法院首先以公共利益、国家利益为出发点，从环境与人权保护的高度审视全案，再从私人利益因素与公共利益因素两个角度衡量是否真实存在适当的替代法院，做出避免企业逃避企业环境责任、有利于可持续发展与环境保护的决定。

（三）在环境诉讼中明确人权路径

从人权的视角来看，1990 年联合国人权委员会确认了环境保护与人权促进之间的关系。[1]联合国人权文件所公认的生存权、发展权、健康权等基本人权都直接或间接地依赖于良好而健康的环境。生存权的实现取决于是否存在适宜生存的清洁的水与空气，发展权的保障是可持续发展的和谐生态环境，健康权的基础是适宜的环境与健康的食物。以发展权为例，其内涵不仅是要求创造有利于发展的社会与政治环境，而且要求每个国家合理使用本国自然资源并制定合理的发展政策。因此，对环境权利的保护是对与环境相关人权进行保护的前提，企业破坏环境的行为无疑就是对人权的一种侵犯。由于在一定基础上人权保护以环境权利的实现为先决条件，所以在将环境考量纳入人权层面实为必然趋势。

从环境的视角来看，在国际法层面，人权法律制度的执行力较之环境法律更为有力，更有利于"一带一路"投资中环境权利的保护。仅在环境法律制度框架内解决环境问题往往不能做到高效便捷，而将环境问题纳入人权法律框架往往是一种更为有效的解决途径。由于发达国家对人权保护的高度重视，当一个问题既涉及环境侵权又涉及人权侵害时，将其作为人权诉求加以解决往往能够收获相对成功的结果。以美国《外国人侵权求偿法案》为例，外国公民人权遭受侵犯时，可依据法律规定针对美国所签署的国际公约与国际习惯法中所涉及的侵权行为提起诉讼。美国法院受理的基于《外国人侵权求偿法案》提起的诉讼数不胜数，这一制度对于跨国人权侵权责任的追究成效显著。这不仅仅是因为人权问题更能吸引政府和社会公众的目光，而是由于人权法律制度的执行力较强。因此，在国际环境法律制度的执行性尚未提高之前，将环境问题纳入人权领域加以解决不失为一种方法，国际人权领域的司法实践可以为环境权利诉求的实现指引方向。

针对跨国环境侵害，向美国联邦法院以侵犯人权为由提起诉讼比以环境

---

[1] S. Philippe et al. , *Principles of International Environmental Law*, Cambridge University Press, 2012, p. 2901.

侵害为由提起诉讼更容易被受理。原告之所以选择依据 ATCA 提起环境侵权诉讼，主要是因为在这方面存在三个重要而又相互联系的基本原理：①环境是一种国际性的利益；②企业同东道国经济之间的地位是不平等的，从而导致了当地救济的缺乏；③对人权的违反是环境侵害的一个方面。从 ATCA 案件的审判实践来看，以环境诉因作为 ATCA 诉讼的基础确实遭遇了阻力。究其根本是因为国际环境公约的条款内容大多不够具体并缺乏强制性，难以成为环境诉讼的审理依据。即使是在国际环境法领域内被普遍承认的国际原则，如《人类环境宣言》第 21 条规定的国家环境主权原则，也容易被美国联邦法院以不方便法院原则、国际礼让等理由将针对企业的环境诉求拒之门外。由于在很多情况下环境本身遭受了损害，而人权却未必受到侵害，所以单纯依据环境侵害提起的诉讼受到更多的限制。而严重侵犯人权等明确被强行法所禁止的行为作为诉因更容易被美国联邦法院受理。因此，通过总结环境诉求失败的教训，环境诉讼的受害者可以选择以环境破坏所造成的对人权保护的违反作为此类案件的诉因，以提高环境侵害得到法律救济的可能性。在 ATCA 案件中，绝大多数受害者都是以企业违反"各国的法律"或"习惯国际法"作为环境诉求的法律依据，而较少使用国际人权公约。这主要是因为美国所签署的国际人权公约较为有限且提出了诸多保留。但是，基于"习惯国际法"的案件也并非均能得到支持，例如 Beanalv. FreePort-McMoRan，Inc. [1] 就是典型的以被告违反习惯国际法 [2] 为由提起的诉讼。法院驳回起诉的原因是不认同 Beanal 的诉请中将环境责任等同于习惯国际法上的责任，法院指出习惯国际法仅由具体、普遍而有约束力的标准所组成，环境责任的标准显然不具备以上特点。

为了完善人权路径，首先需要完善"一带一路"国际投资协定中的人权条款。国际投资条款中人权条款的模糊性造成东道国难以对采取的人权保护措施的后果进行准确判断，加之仲裁庭偏袒投资者的先决案例，东道国难免

---

〔1〕 1996 年 4 月 29 日，一个叫作 Tom Beanal 的印度尼西亚公民在路易斯安那州的东区提起了诉讼。在诉讼中，Beanal 宣称美国公司 Freeport-McMoRan，Inc. 和 Freeport-McMoRan Copper & Gold，Inc.（合称 Freeport）在印度尼西亚进行的采矿活动造成了人权和环境侵害。Beanal 依据 ATCA 及《酷刑受害者保护法》（Torture VictimProtectionAct）来寻求美国法院的管辖。地区法院三次驳回 Beanal 起诉，Beanal 提起了上诉，但第五巡回法院维持了地区法院的判决。

〔2〕 Beanal 选取了三个国际环境法的原则作为起诉的基础：污染者付费原则（Polluter Pays Principle）、预防原则（the Precautionary Principle）和就近原则（Proximity Principle）。

在环境保护方面畏手畏脚。因此，在国际投资协定中可以作出如下改变：第一，在序言条款中明确人权保护，要求缔约方具有采取措施维护人权保护与投资保护之间的平衡，并承认对于财产权与投资利益的保护实质上是人权利益的具体体现，这就要求缔约国对国际公法中的诸如人权、环境、可持续发展等价值追求予以确认与保护。第二，明确国际投资协定中人权保护的例外。这种例外不仅体现于征收条款的例外中，还要体现于投资待遇条款的例外中。当然人权例外的确立需要对征收、间接征收、投资待遇的内涵与外延加以明确，也需要在条款中确认为保护人权，包括与环境相关的人权时所采用的非歧视措施可以被排除在投资条款义务之外。在确定征收行为的补偿金额时，应当将缔约方的人权保护与环境保护意图考虑在内，合理确定补偿比例。第三，在法律适用中加入人权规定。为了增强对于缔约国公民的人权保护，在投资争端所应适用的法律条款中应相应加入人权依据，诸如国际人权法，特别是对于缔约方承认与参与的人权公约和人权协定应予以重视。

其次需要"一带一路"投资东道国与母国法治建设的支持。第一，对于东道国而言，在国际投资活动中需要审慎审查增强人权法律规制。在国内法层面完善有关环境与人权的法律规范，可以在国际投资协定中人权条款和环境条款尚不完善阶段，为东道国环境措施的实施提供法律依据，降低被卷入投资仲裁的风险。依据人权与环境法律规范，也可以避免在外资准入阶段，东道国为了追求经济增长，盲目引入不负责任的企业，从源头屏蔽跨国污染转移所引发的潜在环境风险与人权侵害。第二，对于投资者母国而言，应提高对本国企业的海外投资监管。依据参与的人权公约或人权协定，以及本国国内法，母国如果负有监管本国海外投资的义务，就应积极履行以避免环境侵害的扩大化。这就要求在其国内法治建设中积极纳入人权规范，完善与人权相关的司法制度。作为发达国家的投资者母国，其本身的法律体系应相对完善，但能否做到切实履行，如何从国际法层面对其履行情况加以监管却是利用母国监管规范企业投资行为的难点。

人权路径的完善要求在"一带一路"国际投资协定中，以核心国际人权法律规范与文件所载明的人权标准为内容，以国际公认的基本人权原则为支撑，搭建可以为国际社会普遍承认的清晰人权法律框架。在投资规则的设计和实施中以人权原则为指导，纳入人权标准，将人权作为投资协定的环境维度参数，为环境保护与企业环境责任承担设定刚性标准。人权替代方法本身存在的问题也是不容忽视的。现存的国际环境法原则只是简单地规定了一般国家责任，即一国要保证其内国行为不会对境外造成环境损害，却没能做出足够明确、具体的规定。适用人权方法并不能解决环境侵害问题，因为很难确定究竟怎样的环境侵害才足以被认定是侵犯了人权的行为。为了在跨国环境诉讼中进一步明确人权手段，需要明确环境利益与人权的交叠范围，毕竟目前来看环境只是在为与国际人权法相协调所需要的范围内才受到保护。为了证明环境侵害侵犯人权，不但需要原告最大限度地证明环境侵害的严重程度，或在环境侵害同违反人权之间建立有效的联系，也需要被告就其行为与环境侵害之间不存在因果关系承担举证责任。更加公平的举证责任分配才能更有效地保证人权这一手段在跨国环境诉讼中的运用。

本章小结

国际投资协定中的序言条款、专门条款和例外条款均对企业环境责任规制起到了相应作用。其中序言条款明确了环境可持续发展目标，专门条款规范缔约方的环境权利义务，例外条款中突出环境保护目的优先性。当然，目前国际投资协定中的序言性条款仍存在诸如欠缺法律约束力的问题，专门环境条款以及环境例外条款也存在用语软弱、措辞表述模糊、表述略显宽泛、关键概念界定不清、缺乏可供参照适用的具体标准等问题。但是，随着国际投资协定的不断增加、修订，以上的这些问题在未来国际投资协定环境条款设计上有希望被逐渐完善。"一带一路"国际投资协定的发展虽不能走在世界前列，但也绝不能落后，必须紧跟推动共建"一带一路"高质量发展的新需求。因此中国需要充分认识到序言条款、专门条款和例外条款对于企业环境责任规制起到的作用。通过在国际投资协定中重申环境原则或提及国际环境公约将序言性环境条款具体化，将专门条款相关概念准确界定，减少宽泛空洞的叙述，并合理减少对例外条款的使用限制，让国际投资协定中的环境条款充分发挥出推动"一带一路"国际投资良性循环的应有作用。

第六章

"一带一路"倡议下中国企业环境责任的区域协同路径

第一节　企业环境责任区域协同的制度环境搭建

私人财产权利具有排他性，企业作为财产权人在实现自己的个人利益时可能与环境等公共利益相违背，那么国家在实现公共利益时便也有可能减损或者限制企业财产的占有、使用或处分，从而导致私人利益与公共利益的冲突。尽管作为人们对共同福祉的追求，公共利益要求对私人财产权施加一定的限制甚至剥夺，但是现代法治同时也要求政府在限制私人财产权时必须遵循比例原则，[1]并通过制度设计引导环境责任的合理分配。纯粹强调社会公共利益的投资协定是违反市场经济规律的，因此在"一带一路"相关国际投资协定环境条款的设置中也要遵循比例原则，[2]以环境责任在多主体中的合理分配减少或消除共建国家企业环境责任制度差异。

一、修正共建国家企业环境责任制度差异

（一）以比例原则引导企业环境责任的合理分配

比例原则（principle of proportionality）在行政法领域是指行政机关的行政行为要符合比例原则，要求行政行为既要考虑手段与手段之间的关系，还要平衡公共利益与私人利益，并且在限制私人利益时只采取必要的行政手段，

---

〔1〕 ［德］E. U. 彼德斯曼：《国际经济法的宪法功能与宪法问题》，何志鹏、孙璐、王彦志译，高等教育出版社 2004 年版，第 516~517 页。

〔2〕 孙笑侠：《法的现象与观念》，山东人民出版社 2001 年版，第 83 页。

将对私人利益的损害最小化。比例原则已成为许多国家行政法上的一项重要的基本原则，就比例原则来说，经济分析是其基本特点、利益平衡是其核心内容、维护公民权益是其最终目标。不仅在大陆法系国家比例原则被广泛地运用，而且在许多英美法系国家比例原则也被进行了移植，它已成为法治社会一项最为重要的原则。通说认为，比例原则由狭义比例原则、适当性原则和必要性原则三个子原则组成。其基本理念在于：其一，防止行政权力的滥用；其二，限制政府机关过度的自由裁量权；其三，减少行政权对私人权益的过度侵害。

首先，比例原则最早是国内行政法上的一个基本原则，它同样也在国际法的许多领域有所运用，因此"一带一路"区域内企业环境责任的合理分配可以借鉴现有国际法领域内的比例原则规定。在 WTO 法律制度中，在对于一国的公共利益目标与国际贸易的自由化、非歧视的平衡中，比例原则发挥着重要作用。在人权法领域，比例原则已经变成了习惯国家法的基本原则，其与《联合国工商业与人权指导原则》内核精神一致[1]共同调整企业环境责任。《维也纳条约法公约》第 31 条第 1 款和第 3 款第 c 项规定了以下条约解释原则应适用于 BIT 的解释："1. 一项条约应当按善意的原则，根据条约条文语词的通常含义，根据其目标或目的来理解……3. 应当一起考虑以下内容……（c）可以被用于解决当事人关系的所有国际法规则。"依据该条规定的善意原则，国家机关管理全球公共利益，国际社会赋予国家作为其代表全球公共利益的代理人，这是对 BIT 进行善意解读的一个基本假设。国际投资协定亦可以根据该善意原则，要求行使投资者权利必须以在东道国提出的公共利益抗辩中达到投资与环境利益的平衡为前提，而比例原则分析是实现这种平衡的新兴一般法律原则。

其次，在国际投资争端解决机制中应扩大比例原则的运用，平衡"南北"利益和"公私"权利[2]，以利于"一带一路"国际投资中投资者与东道国就环境争议达成共识。第一，依据 ICSID 第 42 条第 1 款的规定，为了平衡公共利益与投资者权利的冲突，可以在国际投资法中适用比例原则，但必须确

---

[1] 李飞：《依比例原则使商业决策尊重人权》，载《暨南学报（哲学社会科学版）》2019 年第 4 期，第 34~35 页。

[2] 毕莹、俎文天：《从投资保护迈向投资便利化：投资争端解决机制的"再平衡"及中国因应》，载《上海财经大学学报（哲学社会科学版）》2023 年第 3 期，第 135~137 页。

定其是"可以适用的",同时证明其是"国际法规则"。[1]2003 年 ICSID 在 "Tecmedv. Mexico 案"中首次适用了比例原则,在其后的仲裁案件中,比例原则也多有运用。仲裁庭在该案的裁决中指出:"一国因公共利益目的向外国投资者施加的负担应该和该国运用征收措施所保护的公共利益之间保持合理的比例关系。"这项意见并非排除在公共利益层面存在的东道国的监管权力,而是强调为了公共利益和社会发展,东道国有权采取监管措施,并且东道国对其善意的监管行为无须承担国际责任。但是,如果一项监管措施明显不符合比例原则的要求,那么即使该项措施是为了公共利益保护的目的而实施,也需要给予投资者以补偿。[2]仲裁庭对于本案的要点——区分监管与间接征收——采纳了比例原则。该案依据《欧洲人权公约》第一附加议定书第 1 条,在征收的判定中未采用一贯的"单一效果",利用比例原则而为公共利益留有了余地。

第二,比例原则的适用应当严格遵循相应的标准,即适当性原则、必要性原则和均衡性原则,以保证对"一带一路"内跨国环境侵害裁决的公正。[3]上文中仲裁庭采用比例分析是用以协调各方权益,指出只有在东道国为实施环境措施而对企业投资利益进行不成比例的限制时,才需要对该间接征收进行补偿。但是该案中,仲裁庭否认墨西哥政府的手段有环境保护目的。虽然仲裁庭援用了欧洲人权法院使用的比例原则,却并没有分析使用这个原则方法和步骤,从认定征收成立的过程来看,不但没有妥善考虑墨西哥措施的妥当性问题,甚至没有充分分析手段的必要性,似乎只在均衡性上做文章,发现墨西哥不续展执照的决定实际上终止了掩埋厂的经营,使投资者的负担过度,由此认定发生了财产剥夺,从而认定"相当于征收"。因此,不当适用这一原则反而会降低间接征收的认定标准,比例原则为环境措施是否构成补偿性征收开拓了鉴别思路,但偏颇适用的后果是否定此类措施的合法性。

第三,仲裁庭在理解和运用国际投资协定条款时应充分运用比例原则,以便在"一带一路"区域投资者利益与东道国公共环境因素考量之间达到更

〔1〕　K. Andreas, *Global Public Interest in International Investment Law*, Cambridge University Press, 2012, pp. 168~169.

〔2〕　G. Kannan et al., "Drivers and Value-relevance of CSR Performance in the Logistics Sector: A Cross-country Firm-level Investigation", *International Journal of Production Economics*, 10 (2021), pp. 1~14.

〔3〕　杜秀红:《"一带一路"与中国对外贸易发展》,东南大学出版社 2020 年版,第 53 页。

好的平衡。ICSID 的已决案例在法律上并无先例地位，但也在事实上具有先例作用。在这些案例中所遵循的规则可以为各国完善国际投资协定、东道国对投资者合理合法的行使环境规制权提供宝贵的指导经验。在东道国行使环境规制权遵循了"善意、为了公共目的、非歧视性的、符合比例原则、以科学依据作为支撑、依照正当程序"的原则情况下，这种规制措施将很难被认定为构成对投资者财产的征收，从而增加获得 ICSID 支持的可能性，保障其环境规制权的实现。在国际投资争议解决中适用比例原则意味着环境公共利益因素得到更多关注，晚近以来的国际投资协定实践中也纳入了该原则。例如，美国晚近签订的国际投资协定就以比例原则对间接征收进行了解释："缔约方采取的为了保护公众健康、安全与环境等正当公共利益的非歧视性措施，不能被认定为构成间接征收。除如缔约方所采取的环境措施严重超过维护公共利益的必要限度时等极少数情况以外。"但这种对比例原则的纳入并未被国际投资协定所广泛接受并运用于投资争议解决。仲裁庭如果在理解和运用国际投资协定条款时可以充分运用比例原则，将使得投资者的投资利益与东道国环境公共利益得到更好的平衡。[1]

最后，在国际投资协定中充分适用比例原则，避免"一带一路"区域投资者以投资保护条款为由提起的国际投资仲裁。在众多国际投资仲裁中，投资者往往会以东道国的环境政策违反了国际投资协定中约定的公平公正待遇而提请投资仲裁。为解决这一问题，首先要明确公平公正待遇标准包含的内容，这一标准除了包含东道国决策的一致性、法律体制的可预见性和稳定性、正当程序、合理性等一般要求外，还包括比例性的概念。[2]不但公平公正待遇的内涵包括比例性的要求，在适用该标准时其所包含的内部具体原则亦需要比例原则予以平衡。例如，保证投资者的合法预期并非强制性地要求东道国法律一成不变，其法律政策的变动只有超过了必要比例才需要对投资者进行补偿。比例原则所要求的是公益的维护与私权的保护之间要讲究平衡，唯其如此，才能维持公共利益视线中的正义。同时，它也限制政府打着实现公共利益的旗号滥用权力，因为权力的滥用往往是对私权的侵蚀甚至是过度伤

---

〔1〕 韩秀丽：《中国海外投资的环境保护问题研究——国际投资法视角》，法律出版社 2013 年版，第 44 页。

〔2〕 W. S. Stephan, "*Fair and Equitable Treatment, the rule of Law, and Comparative Public Law. International Investment Law and Comparative Public Law*", Oxford University Press, 2010, pp. 151~159.

害，显然难以实现此种平衡。因此，比例原则应该成为实现国际投资协定中公共利益的合适途径，其为不同利益的平衡提供了理性的标准，有益于对投资条约进行合理解释，有利于投资者合法合理地认同并承担其环境责任。

（二）优化国际投资协定中企业环境责任设计

第一，增强序言环境条款的法律约束力，促进"一带一路"区域企业环境责任承担。就上文所述，除了要明确环境协定与投资协定、环境条款与投资条款的效力优先问题以外，环境条款自身的法律约束力也有待提高。很多国际投资协定均在序言中加入了环境条款，这意味着在投资领域环保意识的苏醒。但是，序言中的概括性提及可持续发展与环境保护的条款显然不具有与具体条款相同的法律约束力，这是由于序言本身在功能、效力、性质等方面的局限导致其不属于国际投资协定中具有执行力的内容。序言中的环境条款只能表明在环境问题全球化的大背景下设计者对环境问题的表态。中国FTA 中的环境保护条款类型要比 BIT 中的环境保护条款类型更为丰富。但对环境保护规定得较为翔实的仅有中国-瑞士 FTA，中国-韩国 FTA。在与"一带一路"共建国家签订的投资协定中，环境保护条款类型的完备性和体系性较差，甚至由于年代久远在序言中都未反映环境保护问题，这些投资协定亟待进一步完善。为了避免环境条款仅具有象征意义，为了提高环境条款的实际作用，应在序言条款中纳入可持续发展、企业社会责任等理论，并明确于序言的环境条款中加入环境公共利益考量，不得为投资利益任意减损环境利益。国际投资协定的序言虽然法律强制力较低，但因其反映了缔约方的缔约目的，仲裁庭在进行目的解释的过程中会对此加以援引，[1]从而促使区域主动或被动地承担企业环境责任。

第二，在"一带一路"国际投资协定谈判中引入环境评估制度与专家参与争端解决制度，提高企业承担环境责任依据的公信力。环境评估制度的引入需要东道国在本国国内建立一套严格的环境影响评估制度和环境标准管理体系，其后在国际投资协定谈判之初要求企业先行接受东道国的环境影响评

---

[1] UNCTAD 总结了两类可行的序言优化方式：其一，明确将公共政策和公共利益作为条约目标：说明投资保护不仅旨在保护投资还要服务于可持续发展、技术转让等公共利益；或说明条约履行不以超越国家发展目标和东道国基于公共目的的管理权。其二，明确阐明条约并须与缔约双方间的其他国际法义务一并理解，不得减损上述目标以促进、保护投资。See UNCTAD, Policy Options for IIAs Reform：Treaty Examples and Data, 2015, p. 3.

估，在评估结果达到东道国环境管理标准之后方可进入本国从事商事投资活动。环境影响评估的过程应独立于政府，由独立的专家组对谈判时提出的投资规则、条款和方案进行专业的环境影响评估。环境影响评估机制的引入能够在源头确保环保意识渗透于国际投资协定之中，在投资协定的谈判中给予环境利益充分的尊重，平衡投资利益与环境利益的制度设计，[1]避免环境条款在投资协定中流于形式。此外，在制定国际投资协定的环境条款时应引入专家参与争端解决制度。由于在投资者与东道国的投资争端中，东道国的政策与措施是否符合环境意图时常引发异议，要解决此类争议就要明确其是否属于环境政策与环境措施，对这类政策与措施的鉴别极具专业性，需要环境专家的参与，并需要以环境专家撰写的专业报告作为解决此类投资争端的科学依据。如果说，在国际投资协定的谈判初期引入环境影响评估机制是一种预防机制，那么引入专家参与争端解决制度就是事后救济机制。要求专家参与争端解决的制度可以避免东道国的环保政策与措施因遭到投资者的滥诉而无力还击，从而引导企业在投资活动中有意识地落实环境条款，承担环境责任，促进国际投资的绿色化发展。

第三，强化"一带一路"投资东道国的环境法律规制权，赋予东道国对跨国环境侵害进行制裁的权利。"一带一路"共建国家法治环境不完善、投资争端多样化，[2]大部分"一带一路"发展中国家所签订的国际投资协定均存在一定范围的环境条款缺失，这在很大程度上阻碍了东道国环境法律规制权的行使。当投资争端发生时，就其中存在的环保问题东道国缺少相应的国内环境法律规制，无法对投资者的环境与人权侵权行为进行救济。2002年比利时BIT范本第5条的规定可供广大"一带一路"沿线发展中国家借鉴。其规定："缔约方有权利构建本国的环境保护政策与环境保护标准，也有权制定与修改相应的环境立法。"这一条款赋予了缔约方在本国国内进行环境法律规制的权利，并进一步敦促缔约方承担环境保护义务，积极开展环保立法为国际投资协定环境条款的实施奠定了基础。为了衔接东道国环境立法与国际投资协定中环境条款的适用，国际投资协定中的环境条款应首先肯定东道国的环

---

〔1〕 Philippe Sands et al., *Principles of International Environmental Law*, Cambridge University Press, 2012, pp. 3276~3277.

〔2〕 梁咏：《"一带一路"争端调解机制构建的中国因素研究》，载《复旦国际关系评论》2022年第1期，第226页。

境管理与环境立法权力，明确东道国环境法律规制在投资争端解决中的适用方法，并赋予东道国制裁企业环境侵权的权利。近年来，各国所签订的 BIT 都纳入了环境例外条款用以保证东道国的环境规制权，但为了更好地指导投资实践，这些环境条款还需要进一步细化以增强其可操作性及适用性。因此，应采用直接在国际投资协定中言明东道国的环境管理与环境立法权力这种更为直接有力的方式。

第四，严格投资协定中的环境标准条款，以便于明确企业环境责任。国际投资协定的环境标准条款普遍存在使用用语模糊、表达无力的训导性语言现象，例如将投资活动方式定义为"对环境敏感的方式"等。这些表达方式缺少与之对应的责任后果，明显缺乏执行力。作为发展中国家的东道国在与发达国家签订投资协定时，应该在投资协定的环境条款中直接对投资者提出明确要求。例如，要求企业遵守适用于拟投资项目的环境影响评估制度和环境标准条款，当东道国环境立法与其母国立法发生重叠时，二者相较取其严者，或可由缔约方就适用的环境保护最低标准达成一致，但要求企业在投资活动中必须严格适用该标准等规定，否则东道国可以以此为由拒绝该项投资。当然，严格执行环境标准条款也离不开东道国的配合。一些发展中国家为了吸引投资降低环境标准，这是违反东道国"不降低环境标准"义务的行为。就此种行为应规定，当东道国经成员方提醒仍不改正时，相关成员方可以直接就该国所违反的环境义务提请仲裁，以此敦促东道国履行应尽的环境义务，严格执行环境标准。

第五，加强"一带一路"投资中投资者与母国的环境保护义务。为了强调投资者及其母国的环境保护义务，应去除国际投资协定中"不适当的方式""力争"等劝诫性用语，这些缺乏约束力的用语极易招致争议与批评。以 NT-FTA 为例，其第 1114 条的规定赋予了东道国可以采取环境措施的权利，但由于该条款对东道国权利设置与权利限制的模糊性，导致本条款至少受到本章第 1102 条国民待遇、第 1103 条最惠国待遇、第 1105 条最低标准待遇与第 1110 条征收规定的限制，实际留给东道国的政策空间受到了极大挤压。因此，想要加强投资者与母国的环境保护义务，在国际法层面，就要改善环境措施条款的模糊用语，明确将国民待遇、最惠国待遇、征收条款等规则排除在对环境条款的限制之外。在国内法层面，母国对其投资者进行规制是存在先例的，譬如美国的《反海外腐败法》以及 2014 年中国国家发展和改革委员会颁布的《境外投资项目核准和备案管理办法》均规定国际投资项目与国家法律法规和产业政策相一致，与经济的可持续发展相一致，同时不能与国际法准则等要求相违背。母国对投资者的法律规制目的不但是增强对域外公民的管控与完善本国投资法律制度，还包括管理本国海外投资活动。目前，中国所缔结的国际投资协定中，仅有 2013 年中国-坦桑尼亚 BIT 的序言条款对投资者环境责任的内容有所涉及，指出缔约双方应"鼓励投资者尊重企业社会责任"。在可持续发展理论指导下，为了进一步完善国际投资协定，中国应在未来所缔结的国际投资协定中，尤其是"一带一路"区域中，普遍增加企业环境责任条款。对于缔约方所公认的或可共同接受的企业环境责任内容可以直接纳入缔结的国际投资协定；对于缔约方暂时无法达成一致的企业环境责任的具体内容，可先通过宣示性的序言条款予以规定。

二、搭建共建国家环境问题区域解决机制

(一) 以正当程序原则保障环境条款落地

正当程序原则（due process of law）是"一带一路"区域环境争端解决机制正常运转的基本保障，只有程序正当才能继续追求实体争议。正当程序原则的适用，保障了企业环境责任承担在程序上的合法性，该原则虽然源自英美法系国家，但其已被绝大多数国家所接受，成了现代法治的基本原则之一。以美国为例，《美国宪法第五修正案》[1]确立了"正当法律程序"，这一条款为美国人权保障奠定了基础，政府的行政行为需要按照法定程序和法律为保护私人权利施加划定的限制而施行。[2]正当程序原则其本质上就是通过对政府权力滥用的遏制来保障公民权利，确保公民、法人和其他组织的合法权益不受公权力主体滥权行为的侵犯。正当程序原则是对财产权的实质性保护，这种保护在国内法中来源于宪法对政府干预财产权行为的明示与默示的限制。大多数国家的宪法都明确规定了征收必须依照正当程序原则。正当程序原则的意义在于防止公权力不依法定程序而肆意侵害人身自由等公民权利，确保政府权力的行使过程必须满足最低限度的公平。基于程序对行为人格化的抑

---

〔1〕《美国宪法第五修正案》规定："非经正当的法律手续不得剥夺任何人的生命、自由和财产，凡私人财产，非有适当补偿，不得收为公用。"

〔2〕［美］彼得·G. 伦斯特洛姆编：《美国法律辞典》，贺卫方等译，贺卫方、黄道秀、苏力校，中国政法大学出版社 1998 年版，第 15 页。

制性作用，[1]该原则建立在政府不得专横、任性地行事原则之上，注重规范政府执行政策的程序与方式，确保政府施加惩罚与管制过程的合法与公正。因此，缺乏程序原则的国际投资协定是难以协调存在的，且与现代法治的原则相违背。

在"一带一路"国际投资活动中，确保结果正义的正当程序要求主要有如下几点：一是确保合理的通知。在可能损及投资者权利的行政行为作出时，要及时通知企业，允许其对该行为的合法性进行听证并且能够寻求相关司法救济。对于基于"公众提交"提出的环保法律执行不力问题，需要进一步放宽仲裁机构对于公众参与意见的决定权限并增加执行与保障机制，使得"公众提交"发挥其实际作用。二是确保稳定性。东道国行政机关的行为一定要一以贯之，保持一致，不能损害投资者的期待。东道国还应保证环境措施的稳定性，该稳定性主要是不能随意降低环境标准，就环境措施的放松需要严格的程序保证。这需要增强缔约方之间的磋商程序的保障机制，赋予磋商程序强制性，简化程序与步骤，避免东道国追求经济利益沦为"污染避难所"，从而导致企业因标准降低做出环境污染行为。三是确保透明度。要求行政机关在做出侵犯投资者权利的行为时要于法有据，提前公布行为做出所依据的法律法规，并为企业提供查阅、问询的机会。确保结果正义的正当程序要求在 BIT 和国际投资仲裁庭的仲裁实践中都有具体的体现。就 BIT 的晚近缔约实践而言，在协定中规定有投资者待遇条款，是它们的基本特点。[2]因此，东道国启动行政程序时，应当及时通知投资者，保障其听证权利；东道国行政行为一定要保持前后一致，不能损害投资者的期待；履行有关法律文件的公布义务，同时还应当确保投资者充分行使辩护权。

具体而言，应在"一带一路"国际投资协定涉及公民权利的条款中广泛适用正当程序的要求，对公民权利的处置符合法律的正当程序。第一，正当程序原则应被广泛运用于涉及企业财产权利的征收条款。由于"一带一路"沿线发展中国家较多，其所签订的国际投资协定对于征收的约定较为薄弱。但国际上，大多数国家都承认征收应当通过正当的法律程序，大部分国际投资协定都在征收条款中纳入了正当程序原则，要求征收决定与程序需要符合

---

[1] 孙笑侠主编：《法理学》，中国政法大学出版社 1996 年版，第 150 页。
[2] 王衡、惠坤：《国际投资法之公平公正待遇》，载《法学》2013 年第 6 期，第 84~92 页。

正当程序。例如，早期的 1988 年丹麦-匈牙利 BIT、1990 年美国-突尼斯 BIT 均赋予了投资者就东道国的征收行为要求由行政或司法机构进行快速审查的权利。中国-西班牙 BIT 中也有相似规定并且更为详细。其中第 4 条第 1 款规定："一缔约方不得对另一缔约方的投资者在其领土内的投资采取征收、国有化或其他具有相同效果的措施，除非满足下述条件：（1）为公共利益；（2）依照国内法律程序；（3）该征收是非歧视性的；（4）并且给予补偿。"但各国国内法以及大多数的条约需要对正当法律程序进行具体规定，国际上也应制定一个统一的规定。征收的正当法律程序应该包括两方面内容：一是有权采取征收的国家机关；二是征收应依据的法律，即依照该国的国内法以及该国与他国签订的条约。因为征收已经被国际社会承认为国家的主权行为，那么采取正当的法律程序就纯粹是国家的内部事务，该国可以通过其国内合法、有权的国家机关或其委托的机构来进行征收，并遵守该国的国内法以及相应的国际条约。

第二，与企业环境责任息息相关的投资者待遇条款也应当纳入正当程序的要求。美国 BIT 范本发展到 2004 年这一代范本时才开始在第 5 条第 2 款（a）项中对正当程序作出明确的规定和说明："公平与公正待遇标准包括依照世界主要法律体系中正当程序原则，不得在裁决程序中拒绝司法的义务。"此后，2012 年最新的美国 BIT 范本、美国在与乌拉圭、卢旺达、智利、哥伦比亚、澳大利亚、摩洛哥、韩国、新加坡的 FTA 的缔约实践中，也沿袭了相同表述，并将此条款明确为固定范式。除了"公平与公正待遇"条款与"征收及补偿"条款中存在的明确规定正当程序要求的表述方式，区域性贸易协定的投资争端解决条款也规定了正当程序原则，其中最具典型代表性的就是 NAFTA 第 1115 条。该条款的存在使得投资争端解决机构更为公平公正，成员国的企业也因此可以享受到平等的待遇。[1]虽然此处规定正当程序的核心目的还是强调赋予缔约方投资者平等待遇，[2]但在投资待遇条款中明确正当程序原则，并将其规定在约文中的做法具有进步意义，值得"一带一路"相

---

〔1〕 金隽艺：《论〈跨太平洋伙伴关系协定〉谈判中投资体制的正当程序问题》，载《国际法研究》2015 年第 2 期，第 75~89 页。

〔2〕 T. S. Mattew，"Chopping Away at Chaoter 11：The Softwood Lumber Agreement's Effect on The NAF-TA Investor-State Dispute Resolution Mechanism"，*American University International Law Review*，22（2007），pp. 479，486.

关国际投资协定加以参考。

第三，在国际投资仲裁实践中，为了实现在 ISDS 中的正当程序的要求，可以使用程序性冲突条款——"岔路口条款"——来降低其中的两种风险：一是投资者的多重救济选择给司法经济带来的风险；二是同一纠纷在多重纠纷解决机制下同时处理最终产生矛盾结果的司法风险。中国签订的 BIT 大多规定了"岔路口条款"，这项规定的目的是确保国家缔约方利益保护机制的稳定性和最终性。然而，根据目前的投资仲裁实践，仲裁庭通过严格的机械式形式审查来判断"岔路口条款"是否可以被激活，从而使"岔路口条款"在实际运用过程中几乎完全消失。目前，中国国际投资协议实务基本上完全接受投资仲裁庭的管辖。一旦投资者将与中国的投资纠纷提交 ICSID 仲裁庭，在当前国际仲裁庭大多对"岔路口条款"进行严格限制性解释的背景下，很容易将该条款变成一种装饰，这违反了防止平行程序的初衷，损害了中国的经济主权和经济利益。因此，面对如此尴尬的"岔路口条款"，如何将其纳入中国与"一带一路"国家未来签订的 BIT，就需要综合评估投资仲裁实践中启动该条款所考虑的因素，从而结合各种可能出现的情况制定符合实际的、无法律用语歧义的完善的约文。一方面，需要对交由仲裁庭管辖的投资争端事项的范围通过列举的方式在投资协定中直接规定。另一方面，需要限制"岔路口条款"的主观自由解释，在投资协定的附录中明确该条款的启动条件，增强投资者与东道国对 ISDS 裁决的可预见性。

只有依靠正当程序的公正性，持续扩张的政府权力才可能变得克制与理性。政府在对法规与政策的可能性后果进行审慎权衡之后制定出的程序，将最大限度地保障文明社会认为值得保护的所有权利的实现。就规范企业环境责任来说还有两点值得注意：第一，鉴于当前特别是在国际仲裁实践中对正当程序含义进行广义解释的趋势，为了消除在"公平与公正待遇"下对正当程序诉因进行扩展解释可能导致潜在投资仲裁案件大幅增加的隐患，未来在谈判和签署"一带一路"BIT 时，宜在国际法背景下对公平和公正待遇作出限制性解释，并统一公平和公正待遇的措辞，界定正当程序原则的内涵和外延。根据国际法的基本概念，习惯国际法的适用不依赖于条约或协定的明确规定。即使国际投资条约没有任何规定，仲裁庭也仍将习惯国际法作为一般国际法加以考虑。因此，在"公平与公正待遇"条款中规定正当程序具有重要作用。基于实际考虑，中国在接受国际法对公平公正待遇解释的同时，应效仿美国的做法,对该条款提出限制性解释,将公平公正待遇水平界定为国际习惯法构成要素所评价的"国际最低待遇"保护,这不仅符合该条款的发展趋势,但也避免了通过给予仲裁庭任意解释的空间而损害自身利益的风险。

第二,从以往国际投资协议的缔约实践来看,在征用和补偿条款中纳入正当程序原则并无争议。但在本条款的具体表述中,"一带一路"国际投资协议各方应强调区域国际投资协定实践的一致性。2012年美国BIT范本征收与补偿条款对于正当程序的要求与中国国际投资协定普遍规定的差异主要在于:除却正当程序要求外,还要求征收必须符合最低待遇规定中公平公正与充分保护的要求以及习惯国际法的基本规定,从而扩大了西方国家在确定征收时的四要素的外延。[1]就征收认定而言,建立平衡外国投资者与东道国利益的国际法征收条款符合中国兼具资本输入国与资本输出国双重身份的国家的综合利益。在未来投资协议的谈判中,中国不应在缔结"征收及补偿"条款时采用"符合法律"或"符合正当程序"等概念性表述。以免给仲裁庭过多解释空间,造成投资者无法在法律明确规定的范围内承担环境责任的可能。中国可以采用类似2012年美国BIT范本的表述,规定征收程序不仅应符合法律的正当程序要求,还应符合最低标准。也就是说,征收不仅应符合东道国国内法的监管要求,而且还应符合国际商定的正当程序规则的要求。此外,中国还应积极参与国际投资仲裁实践,在国际投资体系建构中形成中国声音。在中美之间的进一步谈判中,双方可以协商以澄清不明确的内容,为投资者形成更具操作性和可预测性的环境条款。

(二)优化区域投资争端解决机制落实企业环境责任

第一,建立针对环境侵权的先决问题预先审查制度,减少"一带一路"投资者轻浮性诉求的提交。在国际投资仲裁实践中,的确存在投资者将提请投资仲裁作为与东道国博弈的筹码、无视管辖权规则在缺少充分法律依据的情况下贸然提起投资仲裁的现象。为了遏制国际投资仲裁实践中的这一现象,应对管辖权等先决问题采取预先审查制度。美国在FTA的谈判过程中一直试图建立先决问题预先审查制度,致力于阻止提交轻浮性诉求和消除轻浮性诉求的提交制度的建立。晚近签订的一些FTA的确确立了先决问题预先审查制度,例如在美国-智利FTA中明确作出了如下规定:"当缔约国作为被告提出

---

[1] 陶立峰:《美国双边投资协定研究》,法律出版社2016年版,第293页。

异议时，如果即便在法律上做出裁决支持申诉方也不能满足投资者的诉求，基于此种情况仲裁庭应当首先停止审理，对缔约国提出的异议作为先决问题采取预先审理的方式。"由被申诉方提出异议导致预先审查的范围包括对管辖权提出异议、申诉方仲裁诉求不属于法律诉求等。此时，在投资仲裁的起始阶段仲裁庭就应首先解决对案件是否具有管辖权的程序性问题。管辖权的确定是国际投资仲裁机构受理投资争端时需要解决的首要问题，在"一带一路"投资争端解决中引入先决问题预先审查制度可以避免东道国被轻易纳入投资纠纷，从而减少因投资者轻浮性诉求而承担不公正的仲裁结果。此外，先决问题的审理费用应由提交轻浮性诉求的当事一方支付，此举可以以经济代价抑制投资者提交轻浮性仲裁诉求，避免国际投资仲裁沦为投资者逼迫东道国环境利益让步于投资利益的工具。

第二，确保"一带一路"国家投资中的东道国在由跨国环境侵权引发的投资争端中的优先地位。国际投资争端解决机制对于投资者的投资利益的过多关注往往以忽视东道国环境利益为代价。[1]在ISDS机制中，投资者的仲裁申请常常给东道国带来动辄数千万美元甚至更大数额的赔偿裁决，极大地阻碍了作为发展中国家和不发达国家的东道国制定环境政策的权利。为了企业与东道国的利益平衡，ISDS的设计要从两方面确保东道国在由企业环境侵权引发的投资争端中的优先地位：其一，为东道国政府保留一定的环境政策空间。这一方面可以扭转东道国在投资争端中的被动地位，另一方面可以对企业投资权利进行制衡。此种观点也被UNCTAD所认可，基于可持续发展观的要求，UNCTAD建议在缔结国际投资协定时为东道国政府保留一定的环境政策空间。其二，投资者在提请仲裁前应用尽国内救济。依据ICSID第26条的规定，除非缔约国明确约定在提交ICSID仲裁前需要用尽东道国的法律或行政救济，否则向ICSID提起仲裁将被视为排除了选择其他的救济方法的可能。在国际投资仲裁实践中，投资者可以依据国际投资仲裁协议的管辖规定，将投资争议直接提请仲裁。仲裁庭在审理过程中很少会要求投资者用尽东道国国内救济。但由于用尽国内救济并未在仲裁协议中得到明确约定，因此仲裁庭对于是否要求投资者用尽国内救济的问题具有自由裁量权，法院不能对其

[1] L. B. Tarald, "Dispute by Design? Legalization, Backlash, and the Drafting of Investment Agreements", *International Studies Quarterly*, 4 (2020), pp. 919~928.

进行司法审查。就结果而言，将用尽国内救济作为投资者提请仲裁的前置条件，对投资者来说可以避免争端的扩大化，获取与东道国协商解决的机会。而对东道国来说则可以获得了修正对投资行为限制的管制措施的机会，可以避免承担更大的国际责任。不过，目前"一带一路"共建国家的国内法律体系具有差异，且立法与司法制度的滞后化具有普遍性，如果需要适用用尽当地救济原则，需要在对各国法治发展进行具体研判后，分阶段、分主体地逐步实行。

　　第三，建立"一带一路"区域内统一的国际投资仲裁上诉机制，避免过度维护投资利益的裁决的不可逆性，增强裁决的一致性。设立区域国际投资仲裁上诉机制的目的是增强投资仲裁裁决的一致性。仲裁裁决的一致性至少包括法律适用和法律解释上的一致性，是建立仲裁裁决上诉机制最重要的价值所在。譬如，TPP 投资章节第 9.22 条第 11 款指出 TPP 或将引入上诉机制以追求司法公正，这是为应对 TPP 中的 ISDS 机制而设置的。但目前部分缔约方对以 ISDS 作为第一层级的争端解决机制仍旧充满信心，并不认为建立诸如"投资法院"的上诉机构具有实际意义。[1]欧盟委员会虽然积极建议在未来建立一个具有上诉功能的国际投资法院，但并未提出任何有关常设法院建立的具体实质性承诺。但是，这种做法并不能解决 ISDS 机制存在的基本问题。ICSID 现存机制包括仲裁裁决撤销程序，并且根据其他仲裁规则裁决的投资争端也可以向仲裁地法院提起撤销之诉，但该机制仅阻隔不当裁决的不良影响，并不能解决裁决的一致性问题。建立"一带一路"区域内统一的国际投资仲裁上诉机制的目的就是抛弃现有的国际投资仲裁裁决的审查制度，依据"一带一路"沿线各国的具体需求和区域的整体特点重建一个为缔约方所控制的投资仲裁上诉机制，以便加强裁决的一致性和稳定性，从而更好地维护缔约方的环境利益。

　　第四，明确仲裁员的选拔和道德标准，保证企业环境责任的合理合法承担。在"雪佛龙污染案"中，审理法官收受贿赂作出欺诈裁决，这虽然存在于诉讼活动中但也为仲裁员的选拔敲响了警钟。在国际投资仲裁制度下，在 ISDS 体制之中，仲裁庭被大型律师事务所控制的言论不绝于耳。这种言论的

---

　　〔1〕 L. Sam, "ISDS in the Asia-Pacific: A Regional Snap-Shot", *International Trade and Business Law Review*, 19（2016），p. 26.

起因是仲裁庭频频作出武断性仲裁裁决，这种裁决的最终获益者可能包括仲裁员、律师事务所甚至组织国家债券持有者提起仲裁请求的诉讼基金组织，但绝不包括真正被侵害的受害者。在提高仲裁员道德标准方面，2004 年国际律师协会制定的《国际仲裁利益冲突指南》被国际投资仲裁界所普遍认可。但是，由于国际律师兼任投资仲裁庭仲裁员的情况十分普遍，想要以对律师资格和条件进行限定的方式筛选合格的投资仲裁员不具备可行性。扭转这种局面的根本方法是在国际投资协定的谈判过程中规定仲裁员名单，并严格规定仲裁员不得同时兼任投资仲裁争端当事人的代理人。[1]此举也是建立"一带一路"区域内统一的国际投资仲裁上诉机制的辅助机制，在上诉前保证仲裁裁决的程序正义，是实施仲裁并进行上诉的法律基础。

第五，增强仲裁程序的透明度，提高"一带一路"区域仲裁裁决的公信力。国际投资仲裁不同于一般私人间的商事仲裁，由于国际投资仲裁的一方当事人是东道国，投资争端通常涉及东道国基于环境等公共利益考虑而采取的政策措施。如果因仲裁程序不透明而导致东道国承担不公正仲裁的结果，那么受这一结果影响的将不仅限于东道国政府，还可能涉及社会公共利益。[2]但根据国际投资仲裁规则与各国国内法的规定，投资仲裁程序和相关文件以及裁决基本上可以自始至终处于保密状态。由于对 ISDS 的透明与公正表示担心，澳大利亚、加拿大、墨西哥和新西兰四国在 TPP 签订中通过"不接受投资者以缔约国政府违反一项投资授权为由提交的仲裁"的方式来解决这一问题。[3]但是，不可否认国际投资仲裁的透明度要求正在逐步提高。对此，ICSID 规则允许在特定情况下第三方当事人参与仲裁或公开庭审，而且 ICSID 也通过其网站公开了许多仲裁裁决和庭审信息。在 2014 年生效的由联合国贸易法委员会制定的《投资人与国家间基于条约仲裁透明度规则》基础之上，联合国制定的有关投资透明度的国际公约也已于 2015 年 3 月开放供各国签字批准。目前国际投资仲裁的透明度已经逐渐从一种尝试转化为一种制度，除

〔1〕 黄世席：《可持续发展视角下国际投资争端解决机制的革新》，载《当代法学》2016 年第 2 期，第 30~33 页。

〔2〕 余劲松：《国际投资条约仲裁中投资者与东道国权益保护平衡问题研究》，载《中国法学》2011 年第 2 期，第 141 页。

〔3〕 韩秀丽：《再论卡尔沃主义的复活——投资者—国家争端解决视角》，载《现代法学》2014 年第 1 期，第 127 页。

非仲裁争议涉及保密信息或当事人就仲裁专门缔结保密协议以外，原则上仲裁庭对于仲裁裁决和相关庭审资料都应当公开。毕竟，从公众知情权的角度来看，公众对于国家投资争端仲裁尤其是与环境有关的投资争端争议情况有权进行了解。

海外投资企业的眼光不应该仅局限于投资这种短期利益，还应该将社会、环境等长期利益考虑在内，以使企业获得长期的稳固发展。国际上发达国家的企业已经意识到企业发展与社会进步的联系，并开始采取行动以换取长久不衰的发展动力。而对于发展中国家的企业而言，当今的企业环境责任标准已经对其提出了严峻挑战。中国的海外投资企业也应提早对这种趋势做出积极响应，把企业环境责任纳入企业的发展战略，在企业规章制度的建立中体现企业的环境责任理念，提高承担企业环境责任的主动性。在国际法层面，从优化投资协定中的环境条款与争端解决机制入手，通过"一带一路"区域国际投资协定制度规范来强化企业环境责任意识。

第二节　协同发展语义下区域企业环境责任的制度重构

可持续发展理论认为，作为国际投资活动中主要的资源消耗者和生态需求者，企业履行环境责任是否良好与负责，关系到全球经济与环境的可持续发展能否实现。企业怠于履行环境义务必将造成环境损害，进而影响人类社会可持续发展的实现，理应承担相应的环境责任。根据马克思主义的认识观，正确的理论指导实践会使实践顺利进行，达到预期的效果，因此完善国际投资协定的实践需要在可持续发展理论的指导下进行。马克思的环境意识指出人类进步可以与环境发展相互协调统一达到双赢，并将其所追求的人与人的关系和人与自然的关系的主要内容理解为"人类同自然的和解以及人类本身的和解"[1]。为了达成"和解"的目的，国际投资协定中企业环境责任的完善需要协调"一带一路"区域国际投资与环境保护目标。这种协调需要明确国际环境规则中区域协同的指导原则，确立以中国为主导的区域绿色投资制度，建立有利于可持续发展的投资促进机制，最终提升中国海外投资中的环

〔1〕《马克思恩格斯全集》（第 1 卷），人民出版社 1956 年版，第 603 页，转引自蔡守秋主编：《环境资源法教程》（第 2 版），高等教育出版社 2010 年版，第 85 页。

境规则构建衡平。

一、明确国际环境规则中区域协同的指导原则

（一）保障对东道国环境政策空间的确认

东道国环境政策是东道国为了本国经济与环境的可持续发展制定的、用以规范外国投资者投资行为的法律法规与相关政策。在"一带一路"区域内，国际投资协定东道国环境政策空间的保障需要从以下四个方面着手：第一，在投资准入阶段审慎适用国民待遇条款。根据 UNCTAD 在《可持续发展投资政策框架》中的规定，依据其中的核心原则，东道国为了保护公共利益、信守国际承诺，可以自行确定外资的经营条件与准入标准的主权权利，以减少由引入外资带来的不利影响。因此，传统 BIT 对于投资者在投资准入阶段一般不给予国民待遇标准，而是要求在调整投资准入问题时以东道国国内法律法规为依据，只有少数美式 BIT 适用了国民待遇。这一举措实则是在面对直接投资时，竭力为保持东道国必要的外资管制政策空间和主权权利所做出的努力。但值得注意的是，由于依据经济主权原则，国际投资协定的各缔约方均拥有对外资进行管制的主权权力，所以晚近以来诸多的国际投资协定在投资准入阶段均采取了"国民待遇+负面清单"的方式。例如，东盟在投资方面制定的《东盟全面投资协定》（ASEAN Comprehensive Investment Agreement，ACIA）以及 CETA 均采取了投资准入国民待遇和负面清单的外资准入模式。这种变化不仅出现于日本、韩国、新西兰、澳大利亚等发达国家所签订的国际投资协定之中，发展中国家也在逐步推广，马来西亚、秘鲁等国家在对外签订国际投资协定时也采用了此类方法。然而，虽然这种在投资准入阶段给予国民待遇的趋势十分明显，但是由于"国民待遇+负面清单"的方式在投资准入审查方面实行了高度的自由化，这固然降低了投资者的投资准入风险，但却使得东道国的甄别与审查过分依赖于负面清单而无法依据情势变化拒绝引入国际投资。在"一带一路"国际投资协定谈判过程中，如果的确需要引入投资准入国民待遇的规定，必须以防范侵害东道国环境公共利益为前提。因此，为了促进国际投资的可持续发展型增长，国际投资协定是否适宜普遍赋予投资准入国民待遇值得进一步商榷。如果一国决定普遍适用该规定，则需要在进行国际投资协定谈判时将负面清单的制定作为重点，审慎地就具体内容进行商议。为了保护生态环境与自然资源不因投资行为而遭受过度损害，

应尽其所能在负面清单中列入不利于可持续发展的相关事项，避免企业利用负面清单的漏洞要求在投资准入阶段适用国民待遇条款，进而导致东道国毫无还手之力的尴尬局面出现。

第二，对公平与公正待遇的含义予以澄清。传统 BIT 赋予了投资者国民待遇、最惠国待遇与公平公正待遇三项实体性投资待遇。其中，外延最大、最为企业所看重的就是公平公正待遇。从现阶段国际投资仲裁庭的已决案件来看，投资者基于公平公正待遇提请仲裁要求认定东道国行为违反该待遇标准的情况主要有两种，一种是认为东道国损害了投资者的合理期待，一种是认为东道国未能为投资者提供具有可预见性与稳定性的政策法规。这一待遇标准未对何谓"合理期待""稳定性"等加以说明，东道国因公共利益保护而改变政策法规的主权权利极容易被指责为侵害了投资者的投资权益，这实际上赋予了投资者一种躲避东道国规制措施的"特权"。对于此种情况，国际层面也做出了一些努力。例如，UNCTAD 认为公平与公正待遇条款亟待改革，并列举了四种改革政策以供各国选择：①完全删除公平公正；②将公平公正待遇等同于习惯国际法的最低待遇标准；③澄清公平公正待遇的内涵与外延；④对公平公正待遇的具体内容进行封闭式列举。综合以上四种方式，由于公平与公正待遇是长期存在于国际投资协定中的一项投资待遇，基于稳定性要求不宜轻易完全删除，对于公平公正待遇可综合采用列举式和澄清认定标准的方式加以完善。其中的"澄清"应使公平公正待遇与可持续发展目标相协调，从而使得企业可以在划定的投资待遇的范畴内进行投资活动，这种内涵的澄清可以提高投资便利化程度，进而促进中国和沿线国家的投资活力。[1]为了澄清公平公正待遇的内涵，可以参考 2014 年欧盟-新加坡 FTA 第 9.4 条的相关规定，即对违反公平公正待遇的东道国措施加以列举。其中包括：①根本违反正当程序原则；②在诉讼程序中拒绝司法；③采取任意明显武断的措施；④恶意滥用权力进行强制、骚扰；⑤因违反对外资的事先承诺造成投资者合理期待的损害；⑥缔约双方共同认定的其他行为。东道国可以根据在该国投资环境与企业的具体投资活动相应调整违反公平公正待遇的指导因素。

---

[1] 朱念、谷玉、庞子冰：《"一带一路"沿线国家投资便利化水平对中国对外直接投资的影响研究》，载《区域经济评论》2022 年第 6 期，第 147 页；参见杨韶艳：《"一带一路"倡议下中国与沿线国家贸易投资便利化》，中国人民大学出版社 2022 年版。

第三，对间接征收的认定标准予以明确。传统 BIT 只是将间接征收笼统地规定为"与直接征收的效果相同或类似的一种征收措施"，很少对间接征收的概念进行界定，更不用要求其对间接征收的认定标准予以明确。对于间接征收的认定，国际投资仲裁庭所采用的唯一标准是"效果"标准，这是由间接征收认定标准的缺失和概念的不明确所导致的。以"效果"为标准说明无论东道国采取的规制措施出于何种动机或目的，只要这种措施对投资者的国际投资活动造成了消极影响，均被认定为构成间接征收。这一标准的适用严重损害了东道国为保护环境、促进可持续发展而采取规制措施的主权权利。为了避免企业滥用间接征收的相关规定规避环境责任承担，可以对间接征收条款在以下三方面进行修订，以防范与改变"效果"标准对东道国管制权的蚕食：①将间接征收明确规定为是指东道国的规制措施虽然已经在实质上使投资者的投资处于无法获取收益的情况，但是并未造成直接转移或没收所有权的情形。②不以单纯的"效果"标准衡量东道国措施。在衡量东道国的规制措施是否构成间接征收时，应既考虑该措施对国际投资所造成的影响，又考虑该措施的目的与性质。如果一项措施是基于公共利益保护而善意实施的，且手段与目的之间存在必然联系则不认定为间接征收。③对间接征收的例外情况进行具体列举。例如，将东道国因安全、健康、环境等公共利益保护而采取的非歧视性措施列入间接征收的例外情形。

第四，对保护伞条款予以废除。保护伞条款的适用范围包括了东道国对特定的外国投资者作出的四种基本类型的承诺或义务，即东道国通过国家契约、投资授权、投资立法和国际条约对外国投资者在合同上、许可上、立法上和条约上承担的具体承诺和义务。保护伞条款的制定目的是强制东道国遵守与投资者签订的所有具体协议，并通过该条款将具体协议项下东道国的义务上升为 BIT 下的国际法律义务。2004 年的一项统计显示：在当时存在的约2500 个 BIT 中，大约有 40% 的 BIT 都规定有保护伞条款。当投资行为对东道国环境造成侵害时，东道国往往需要采取协议以外的或协议中未明确表明的措施加以约束，这无疑大大提高了东道国被指控违反了 BIT 项下义务的风险。由于对于东道国来说，背负这种条款的风险过高，晚近以来所缔结的 BIT 大部分对保护伞条款予以废除，在 2015 年所缔结的 21 个 BIT 中有 16 个 BIT 完全删除了保护伞条款。对于保护伞条款予以废除是现阶段国际投资协定谈判中的一种趋势，可持续发展型的"一带一路"国际投资协定在保护伞条款与企业环境责任规制目标相违背的情况下，应考虑普遍摒弃该条款的使用。

（二）明确环境保护规则的效力优先性

随着全球经济的持续发展，各国的环境权意识不断觉醒，社会对于环境的要求逐渐增加，企业需要遵循的环境标准也随之提高。以往发展中国家仅关注经济发展而忽略环境保护的做法逐渐被抛弃，但是东道国在规制企业投资行为时会面临两种窘境，这是由国际投资协定自身的局限性所造成的：其一，东道国会因参加的条约众多而产生条约冲突。如某国是某项 BIT 的签署方，同时又是一项 MEAs 的签署方，由于同时参与两项条约，该国需要同时履行两项条约项下的不同义务。在这种情况下，可能会出现该国为履行 BIT 项下的投资促进义务而违背其签署的 MEAs 项下应承担的环境保护义务的现象。或者由于环保观念的发展而对 MEAs 进行了修改，缔约方通过立法程序确认了修改后的 MEAs，其后为了保持法律体制的内在协调，修订国内现存法律法规。如果修改的这些规范性文件影响到了企业商业利益，对于准备向该国投资的企业来说，会再三论证投资事宜并慎重考虑投资时机，东道国吸引投资的能力将会大打折扣；对于已经在该国开展投资的企业来说，这种政策与法律上的变化势必会与作出投资决定时的预期存在偏差，投资者可能会基于母国与东道国之间的 BIT 提起仲裁，东道国将面临潜在诉讼风险和高额的诉讼成本。其二，国际投资协定中环境条款与其他条款的冲突。这一冲突在各类国际投资协定中普遍存在，上文已做分析，在此不再赘述。基于这两种窘境，可以看出明确环境保护规则的效力优先性是减少东道国的环境利益与投资者的投资利益冲突的有效预防手段。

面对第一种情况，需要完善实体性冲突条款，直接在"一带一路"区域的条约立法层面厘清环境协定与投资协定二者的关系，明确投资者所应遵守的环境协定效力的优先性。在众多的国际投资协定中，除了 NAFTA 明确了环境协定的效力高于本协定以外，其他投资协定很少提及二者关系。这就造成了在司法实践中，仲裁庭无法确定环境协定与投资协定的关系，从而造成仲裁庭依据有利于投资者的条款作出保护投资利益的裁决。因此，应首先明确国际投资协定与环境协定的顺位关系，赋予环境协定优先效力，避免仲裁庭为了保护投资利益而排除环境协定的适用，降低投资者以此规避环境责任的可能。在"一带一路"区域的国际投资协定中明确环境协定的优先效力可以采用如下两种方式：其一，缔约方在缔结投资协定时协商确定环境协定与投资协定的顺位关系，约定在条款冲突时国际环境协定义务优先，同时还应明确环境协定与投资协定中的环境条款产生冲突时，环境保护水平更高的条款效力优先。其二，将缔约方现行有效的环境协定纳入投资协定，列明于投资协定附录，赋予缔约方增加和修订附录的权利，抑或在协定中约定缔约方具有另行缔结专门环境协定的主权权利，该投资协定会对缔约方参加的环境协定予以反映并遵循。目前，被国际投资协定所纳入的环境条款内容相对简单且欠缺保障措施，而与之对应的是国际环境协定的内容详实且颇具影响力。国际环境协定已经逐渐体系化，其外溢效应使部分环境保护条款逐渐渗透于国际投资协定。[1]但是，更多的环境保护条款仍在投资法体系之外徘徊，并且缺乏执行保障机制。在国际投资中明确环境协定的优先顺位，可以保证环境协定得到更好的遵守，并对投资领域的活动起到调节作用。

面对第二种情况，需要严格明确环境保护条款的适用条件，避免投资者利用国际投资协定中的环境条款空白来排除环境责任。"一带一路"区域国际投资协定的制定过程中，东道国的环境意识水平决定了环境条款面对投资待遇条款时能否做出突破。在多数国际投资协定中，环境条款的行使也被要求以非歧视的方式行使，NAFTA 对此就有类似规定。其中，第 1114 条规定在不与投资章节其他规定相冲突的前提下才可以使用环境措施条款；第 1106 条规定投资技术转让不得违反国民待遇要求，即便是为了环境保护的目的而进行的技术转让也要遵循这一条款。晚近的一些国际投资协定有所进步，例如中国-加拿大 BIT 引入了 GATT 一般例外的条款，并表明在不同投资者之间可以区别对待，采取不同的环境措施，而且只要满足"不能以不合理或武断的方式"同时"不会对国际投资造成隐性限制"的范围内即可。但这种转变对于保证环境条款适用而言可谓杯水车薪，环境条款作为免责条款时，需要对其适用条件进行严格明确。如果缔约方的环境保护意图较为强烈，则可以适当降低环境保护条款的适用限制；若缔约方有突出的吸引投资的需求，则可以相应提高环境保护条款的适用限制，但不能导致投资者的投资利益对环境公共利益进行肆意破坏。这种方式有利于东道国在适用环境条款对投资行为进行规制时的尺度把握，避免投资者利用 ISDS 等机制规避环境责任

---

[1] 李锋：《"一带一路"推进过程中的投资规则构建》，载《经济体制改革》2017 年第 1 期，第 59 页。

承担。

当然，仅在部分"一带一路"区域的国际投资协定中明确环境保护规则的优先性显然不足以协调国际投资与环境保护的关系，这需要将环境保护规则的优先性普遍适用于区域内各类国际投资协定。晚近以来，国际投资协定的统一性与系统性不断完善与提高，但是国际投资协定体系的碎片化问题并未得到有效解决。对此，UNCTAD 指出："就目前来看，虽然通过谈判在国际层面达成一个具有法律约束力的多边投资框架尚不具备条件，但是国际社会迫切需要设立一个协作机制以应对因多层面的投资政策更迭所导致的国际投资协定体系的碎片化。"基于此，各国可以以可持续发展理论为指导，借鉴UNCTAD 中所设立的指导原则和对策建议，通过在国际层面强化协调与合作，提高国际投资协定的统一性与系统性。之所以建议接受 UNCTAD 的指导，是因为其所制定的系列文件已经为各国推进国际投资协定的可持续发展型变革提供了较为充分与必要的支持。UNCTAD 所制定的投资政策框架希望通过澄清分歧达成共识的方法实现制定目标，其制定目标包括促进在国际层面达成共识、共同提高国际投资协定的统一性、明确性、稳定性和透明性，并通过提供指导原则、方案汇编、政策选项、示范协定和指导解释的方式为国际投资协定缔约方提供支持。UNCTAD 所制定的投资政策框架为未来可能达成的多边国际投资协定打下了可持续发展的基础。当然，共建国家也可以在谈判和缔结 BIT 时采用较为统一的内容形式，达到提高国际投资协定的统一性与系统性的目的。晚近以来，各国所签订的 BIT 在用语、内容、结构甚至名称等方面表现出了明显的相似性与趋同性。部分 BIT 规则已经因得到广泛承认与适用上升为习惯国际法规则，这些规则借由最惠国待遇条款的规定连锁传导，在这种效应的影响下全球范围内的国际投资协定不断调整，国际投资法律体系愈加统一。而在司法实践中，国际投资仲裁庭在个案裁决中相互援引投资规则，使得 BIT 中原本适用于缔约双方的特殊投资规则变为了具有普遍约束力的行为准则。因此可以在国际投资协定中普遍明确环境保护规则的效力优先性，以此作为规范投资活动的有力保障。

在确保环境条款效力的同时，中国海外投资企业还应注意随之而来的"稳定条款"陷阱。在对"一带一路"共建国家的海外投资中，资源类开发占比较大，在这类资源开发项目中，海外投资行为大多是通过东道国与投资者签订特许投资协议的方式来规制的。一般来说，这类投资协定都包含"稳定条款",以保证企业的合法权益不致因东道国法律或政策的修改而遭受不利后果。从 NAFTA 下的投资争端案件来看,一部分与环境相关的投资争议是由东道国变更或颁布环境保护政策法规,致使企业受到新法新规的规制从而面临投资风险引起的。故就中国而言,在对一国的环境政策法规进行考察时,首先要明确在投资期内当东道国制定实施的更严格的环境政策法规与投资协定中的稳定条款相冲突时,企业是否有获得赔偿的权利。中国企业对此要给予足够的重视,在此种投资协定的签订过程中,指明稳定条款所涉及的范围是否包括环境政策法规,以应对因东道国环境保护法律的变动给企业海外投资带来的风险。

二、确立以中国为主导的区域绿色投资制度

(一)建立有利于可持续发展的投资促进机制

"一带一路"区域国际投资协定的改革不仅需要丰富环境条款,还需要完善投资条款,使其从根本目的上符合可持续发展理念。这不但需要对现行国际投资协定的主要投资保护条款加以完善,使其契合可持续发展的环境目标,还需要激励或约束缔约方尽量采取符合可持续发展要求的新型投资措施,促进企业在现有投资和未来投资中主动承担环境责任。

为了对主要投资保护条款加以完善,在双边层面,虽然目前的 BIT 包含可持续发展型投资与环境条款的比例明显提高,反映出了可持续发展理论对国际投资实践的积极影响,但仍需注意:其一,明确征收、间接征收和投资待遇的内涵和标准;其二,对投资的范围与定义予以澄清;其三,对企业环境责任相关内容不断加以明确;其四,对国家与投资者间的国际投资仲裁机制加以改善。在区域层面,与 BIT 相类似,区域投资协定的完善也可以通过扩大国际投资协定中可持续发展型条款的纳入产生示范效应,从而帮助整合现存国际投资协定的整体网络。主要应注意:其一,投资规则应考虑到国家内部的不同经济发展水平并基于此给予特殊和差别待遇;其二,全面纳入"不得降低标准"条款,根本杜绝缔约方因吸引外资的需要而肆意降低环境、安全和健康标准;其三,在有效保证投资者及其投资不因东道国歧视性或不公正的待遇受损的同时,确保东道国的外资管制权。在多边层面,国际投资协定可持续发展型改革从双边、区域层面逐渐发展到了多边层面,可以有效

避免可持续发展型改革的成果"碎片化",[1]从而使国际投资所有的利益相关者都能够从中受益。为此,应当从保障东道国的公共利益管制权、改善投资仲裁机制、完善投资者的环境责任以及提高国际投资协定的统一性与系统性等五大关键领域首先开展变革。

在建立有利于可持续发展的投资促进机制方面,UNCTAD制定的《国际投资协定要素:政策选项》提出了一系列可供各国选用的可持续发展型投资促进措施。这些措施主要包括两种:其一,制订条款促进环境友好型国际投资,特别是符合国家发展战略的国际投资。为此,"一带一路"共建国家可以选择如下机制:投资者母国可以为积极开展环境友好型投资和积极担负企业环境责任的企业在国际投资中给予优惠政策;缔约方协同组织促进环境友好型投资的活动;缔约方就包括环境友好型投资机会在内的投资机会进行交流;依据国际投资协定建立投资促进机构并就机构间进行经常性的协商。其二,为了最大限度地发挥国际投资协定在推进可持续发展方面的贡献与作用,可以在缔约方之间建立投资合作制度框架。为此,各国可以选择如下机制:通过采用对国际投资协定部分条款颁布解释、进行修改、重新谈判和检查履行情况的方式,使国际投资协定可以紧紧追随缔约方对可持续发展政策更新的脚步;组织投资促进活动并定期审查其是否符合可持续发展目标;定期审查各缔约方是否遵守不降低条款的相关要求;为作为发展中国家的缔约方提供环境友好技术的援助,使其尽早符合可持续发展的投资制度的后续安排;承认和提高企业环境责任标准,并积极开展敦促遵守企业环境责任的活动。

中国兼具资本输出国与资本输入国双重身份,在缔结"一带一路"区域国际投资协定的过程中需要慎重考虑环境条款的设置。[2]目前,中国企业在"一带一路"共建国家的投资多集中于建筑、矿产、能源等领域。这些领域中由环境问题引发的投资争端频频发生,中国企业极易被卷入其中。较之中国对"一带一路"共建国家的投资,共建国家对华投资较少,加之这些国家缺乏稳定性的法制情况,中国在与其签订国际投资协定时要避免订立过于翔实的环境保护条款,减少中国企业"走出去"遭遇的投资壁垒和诉讼风险。中

---

〔1〕 桑百川、任苑荣:《落实〈G20全球投资指导原则〉推动建立全球投资规则》,载《国际贸易》2017年第1期,第37~40页。

〔2〕 岑鑫:《"一带一路"国际投资中的企业环境责任》,载《人民法治》2020年第2期,第41页。

国企业的海外投资因东道国措施而受损的案例屡见不鲜：2011年9月，中国电力投资集团在缅甸的密松水电站因环境论证无法得到当地政府认同而被叫停；2015年3月，中国交通建设集团股份有限公司投资建设的位于斯里兰卡首都科伦坡的港口城项目由于未能达到当地环境要求而被斯里兰卡政府紧急叫停；2016年9月，圭亚那政府向中国林业集团的下属公司杉林国际林业开发有限公司收回了在当地的林地特许权。以上所列举的案件可以说明，中国企业在海外投资中面临着东道国环境规制风险，在国际投资协定中纳入环境条款需要区分具体情况，避免东道国滥用环境规制权情况的频繁发生。国际投资协定是对于东道国与母国来说互惠互利的法律规范，因此东道国对外国企业行使环境规制权利的同时，也应意识到本国的企业也相应地需要面对对方政府的环境规制。更重要的是，社会舆论与导向过分放大了企业的环境污染者身份，将东道国的环境规制权放置于至高无上的地位，这种论调在很大程度上忽视了海外投资企业所拥有的庞大资金和先进技术也可以成为重新将全球经济导入环境友好型发展模式的重要力量。[1]依据"污染光晕"假说，企业在国际投资过程中所使用的先进技术和高效的环境管理体系会伴随投资活动逐渐向东道国扩散，进而促进东道国的环境保护水平的提高。因此，不能一味地盲目扩张与增加国际投资协定中的环境条款，而是应从实际出发，将投资条款的完善与环境条款的纳入相结合，力求帮助投资者达到投资与环境利益的平衡。

（二）谨慎处理企业投资救济权利

第一，合理规制投资者基于"一带一路"东道国环境政策的间接征收救济权利。国际投资协定首先保护的是投资，因此对于投资的范围界定得过于宽泛，待遇与权利的提供过于全面，严重挤压了东道国行使环境管辖权的范围。[2]投资范围界定过于宽泛所造成的最直接与首要问题就是极易造成间接征收投资争端。在缔结国际投资条约的过程中，环境规则与间接征收规则设置矛盾突出。这一矛盾不仅反映了东道国与投资者的利益之争，而且揭示了环境利益与投资利益之间根本矛盾的存在。为了缓解这一矛盾所带来的影响，

〔1〕 B. Anatole, "Combating Climate Change through Investment Arbitration", *Fordham International Law Journal*, 3 (2012), pp. 659~660.

〔2〕 K. David and J. Sarah, "Multinational Corporations and Human Rights", *Alternative Law Journal*, 1 (2002), p. 10.

减少东道国环境利益受到的冲击，需要在国际投资协定中设立环境条款，并限制间接征收的扩张解释。具体来说，首先应对间接征收做出具体化规定以免扩大化解释。为此，可以对间接征收做出如下定义：所有对投资者的财产产生控制和限制效果的政府措施都应当被认定为间接征收，但应排除法律所允许的公平合理的内容，例如以保护正当环境利益为目标的政府措施。至于何为"公平合理"应在缔约方法律中进行明确规定。只要东道国政府采取的措施满足公共利益、符合正当程序，并满足非歧视待遇或符合环境例外规定，该征收措施便应被认定为合法的间接征收。其次应在国际投资仲裁中对间接征收构成要素予以明确。在早期国际投资仲裁庭裁决的投资者指控东道国环境措施违反条约义务对其投资构成间接征收的案件中，仲裁庭往往不会选择对东道国的环境措施予以支持，[1]晚近以来这种情况在悄然发生变化。但由于国际仲裁庭组成具有临时性且投资仲裁不适用遵循先例原则，东道国环境措施的合法性仍取决于仲裁庭的自由裁量。面对投资者基于投资利益保护对东道国环境措施发起的挑战，东道国仍有被认定为间接征收之虞。[2]为此，应结合国际投资仲裁实践以确定构成间接征收的主要因素，从效果与目的两方面确立间接征收的认定标准，确保在国际投资领域实施的环境措施具有科学合理的依据，以此指导东道国的环境政策制定与针对间接征收的国际仲裁。针对仲裁制度的特点合理构建适度约束仲裁自由裁量权的机制也十分重要。在对外签订投资条约时，应在具体征收条款中增加环境保护目标，对间接征收条款中的环境例外规则加以明确，并对环境例外的适用设定条件，阐明在国际投资活动中东道国制定与实施的环境政策措施的目的与用途要与之相符。此外，可以增加磋商环节以缓解环境问题引发的尖锐争议。USMCA环境章节规定就该章节引发的任何争议都应当通过普通磋商、环境委员会级的磋商以及部长级的磋商予以解决，[3]只有在三层磋商均无法奏效时，争端方才可以启动一般争端解决程序。这类争端解决的磋商前置程序可以有效缓解争端解

---

〔1〕 韩秀丽：《从国际投资争端解决机构的裁决看东道国的环境规制措施》，载《江西社会科学》2010年第6期，第22页。

〔2〕 张光：《论东道国的环境措施与间接征收——基于若干国际投资仲裁案例的研究》，载《法学论坛》2016年第4期，第62~63页。

〔3〕 梁咏、侯初晨：《后疫情时代国际经贸协定中环境规则的中国塑造》，载《海关与经贸研究》2020年第5期，第99页。

决中程序的压力，但磋商必须有时间与程序限制，相关的磋商机制也有待完善。

第二，面对国际投资引发的环境诉讼，"一带一路"区域内应采取灵活的损害赔偿标准与措施。环境保护是对公共利益、长远利益的保护，投资保护是对私人利益的保护，而国际投资协定显然更倾向于保护私人利益。从"Metalclad 公司诉墨西哥政府案"等司法实践中可以看出，为了防止利益天平过度倾斜于投资，应当采取灵活的环境诉讼的损害赔偿措施和标准。以间接征收的损害赔偿为例，应首先区分合法性间接征收与非法性间接征收的损害赔偿标准。东道国政府采取环境措施的根本目的不是征收企业的财产，而是环境措施的"外部性"造成了干预企业投资活动的效果，从而对企业的财产权形成间接损害。当东道国环境措施不满足公共利益、符合正当程序和非歧视性时，其对企业投资行为的限制会构成非法间接征收。非法间接征收与合法间接征收的赔偿标准应有所区别，对于非法间接征收的赔偿标准的确定应同时满足企业基于直接损失所应获得的赔偿，与基于间接损失所应获得的赔偿。当对非法间接征收适用充分赔偿标准时，需要考虑具体征收事实。东道国环境措施对公共利益、符合正当程序和非歧视性三要件的违反程度越高，其对投资活动所造成的影响就越大，在确定赔偿标准时可适当提高。现阶段考虑到"一带一路"共建国家管制政策合法性与企业的实际困难，对于非法间接征收制定一个明确的赔偿标准为时过早。缔约方在处理赔偿问题时，可以借鉴欧洲人权法院的比例性原则，在综合考虑各要件的权重后，适当减少充分赔偿的适用，增加部分赔偿的适用。[1]

其次在间接征收中，企业不会像面对直接征收时那样，将全部投资价值拱手让于东道国政府，而是可以保有投资的剩余价值直至补偿支付完毕。对于基于环境利益而施行的间接征收，东道国有权区分案件的不同情况对企业支付补偿。具体而言，对于合法性间接征收的补偿方式学界存在两种观点：一种观点认为东道国的合法间接征收补偿标准应当与非法性间接征收赔偿标准相同，即全部补偿；另一种观点认为东道国只需针对企业的直接损失予以补偿，即部分补偿。第一种观点将合法间接征收与非法间接征收的补偿标准

---

〔1〕 朱明新：《国际投资法中间接征收的损害赔偿研究》，载《武大国际法评论》2012 年第 1 期，第 276~278 页。

相等同，这种"单一效果原则"的适用会导致在国际投资协定中区分非法间接征收和合法间接征收失去意义。一旦非法征收和合法征收所导致的经济后果相同，那么法律的普遍预防作用必将受损，进而无法对投资行为进行有效规制。因此，对于东道国政府的合法间接征收行为应采取部分补偿标准，其补偿范围仅限于企业所遭受的实际损失。但对于具体补偿数额的确定，也取决于对其他因素的综合考量，包括东道国希望实现的社会公共利益、企业的合理期待受损程度以及东道国行为的适当性和必要性等。

第三，对投资者投资救济权利的限制，还可以从增强企业环境责任条款方面入手。国际投资协定中投资者环境责任条款的缺失使得投资者权利与义务不对等。为此，在可持续发展理论的指导下，UNCTAD 在国际投资协定中增加了有关企业社会责任条款。此类企业社会责任条款强调平衡东道国和投资者的权利和责任，促进投资者进行负责任的投资。[1]晚近的一小部分国际投资协定已将企业社会责任条款纳入其中。如 2015 年加拿大-圭亚那 BIT 第16 条规定："缔约方鼓励外国投资者在其运营中或内部政策中自愿纳入有关劳动、环境……等公司社会责任标准。"为了将国际社会普遍接受与缔约方普遍认可的有关环境、健康的标准规定为企业的义务，可以在以下两方面对投资者的具体义务进行规制：其一，企业应在投资初期对其投资项目进行环境影响评估，且此义务为强制性义务。环境影响的评估标准应以东道国有关环境法律法规中的相关规定为准，如果东道国缺失此类环境法律法规，缔约方可协商适用投资者母国关于环境保护的具体标准。其二，企业有接受东道国环境监督的义务。即企业在投资后的生产经营活动中需要遵守东道国的环境政策、法规与标准，接受东道国的环境监督并按污染者付费原则就其对东道国环境施加的压力支付费用。明确企业只有在承担环境责任与履行环境义务时，才有权对因东道国的环境规制行为造成的损失提请救济。

三、提升中国海外投资中的环境规则构建衡平

（一）以给予补偿原则制衡投资保护主义

任何财产权的行使都必将受到一定限制，当这种限制超出必要比例时，

---

〔1〕 B. Chester and M. Kate, *Evolution in Investment Treaty Law and Abitration*, Cambridge University Press, 2011, p. 605.

补偿问题便会产生。正如波斯纳所言："在经济学角度来看，公正补偿最简单的理由就是它能避免政府滥用手中的征用权。"[1]就"一带一路"区域内的国际投资协定而言，给予补偿原则的纳入可以避免东道国滥用环境条款的情况发生，保证投资者在合理合法的范围内承担环境责任。财产权往往会因社会义务性受到限制，但这种限制并不代表财产权不被保障。征收条款是国际公共利益与私人利益冲突中最具代表性的条款，也是最需要纳入给予补偿原则的条款。征收补偿是财产权保障的必然要求和应有之义，政府征收权的法律限制是其重中之重。

首先，征收补偿条款规定国家根据环境保护等公共需要对私人财产进行征收时必须予以适当补偿，纳入补偿条款可以协调私人财产权与国家权力之间的冲突。补偿的"充分""公正""合理"，现已写进大多数工业化国家的宪法。平衡财产权和征收权的两个支点是认定征收补偿的合理性与限定征收范围，征收条款促使东道国在征收与支付补偿中做出选择。[2]此所谓有信赖、有损害，必有补偿，这是法治社会对社会成员的基本承诺。[3]征收的另一个普遍接受的必要条件是，必须为被征收的财产给付补偿。国际社会普遍承认征收权是合法的国家主权后，征收或国有化的补偿标准便成了发达国家与发展中国家争论的焦点。但对于此点，许多学者认为给予公正补偿不应该是征收的条件，一项征收没有给予补偿不能当然被认定为非法和无效。另外，对于"公正"标准的确定，发达国家和发展中国家的观点也是大相径庭的。

其次，应明确具体的补偿标准，依据"一带一路"共建国家不同国情对投资者制定有针对性的补偿标准，因地制宜地促进企业环境责任承担。现今国际上并没有一个统一的观点，关于征收或国有化的补偿标准，主要有四种主张：

第一，全面补偿原则，又称赫尔原则。赫尔原则适用于偏向于保护投资者的投资利益而非规范企业环境责任的东道国。这一原则宣称，不论东道国

---

[1] A. H. Michael and E. K. James, "Deterrence and Distribution in the Law of Takings", *Harvard Law Review*, 5 (1999), p. 999.

[2] [美]理查德·A. 艾珀斯坦：《征收——私人财产和征用权》，李昊、刘刚、翟小波译，中国人民大学出版社2011年版，第119页。

[3] 石佑启：《私有财产权公法保护研究——宪法与行政法的视角》，北京大学出版社2007年版，第109页。

基于何种目的，都必须对征收行为提供"及时、充分、有效"的补偿，否则任何政府都无权对私人财产进行征收征用。西方国家将此作为征收给予公正补偿的最低国际法标准。该原则反映了投资者的利益，因此得到了企业的广泛支持。但是，问题的关键在于赫尔原则是否是现存法律或习惯国际法。国际法庭的许多案件都表明不赞成赫尔原则转而更支持一种灵活的标准。[1] 虽然目前的 BIT 在解释"公正补偿"时很多都采用了"赫尔原则"，但是根据国际法的一般规则，条款本身并不能证明这是习惯法。因此，该原则并不能被看作是现存的国际法，并强制性地把该原则运用在所有有关征收的案件中。

第二，不予补偿。该原则适用于强调企业环境责任而非保护其投资利益的东道国，在理论层面与实践中，不予补偿理论也很少得到国际实践的支持。具体而言原因有两个：一是国家主权原则并不等于不予补偿理论。虽然国际法并不能对一国主权内事务加以干涉，但国际主权的行使需要遵守其缔结的国际投资协定的条约义务，以达到国家主权与补偿的并行不悖。二是根据国民待遇原则，若一国对其国民财产实行征收，按照国内法规定会予以补偿，那么对于企业财产的征收亦不能适用不予补偿理论。

第三，卡尔沃主义。在该原则中，东道国对于补偿享有极大的自主权，因此企业是否会承担环境责任极大地仰赖于东道国的决策。实际上，卡尔沃主义的理论强调的是各主权国家的地位平等，海外投资企业只能享有同内国人相同的待遇，即国民待遇，而不是高于国民的国际标准待遇。由此出发，关于征收和国有化的补偿，当然完全属于东道国的内部事务，应该由其国内法解决。若投资国对东道国的征收或国有化进行干预则侵犯了东道国的国家主权。卡尔沃主义并不能简单地说是不补偿，或者部分补偿，或者适当补偿。其核心是，由主权国家根据其本国法律来决定是否补偿、补偿标准、补偿多少以及补偿的具体方法等等。但是，随着投资自由化的发展，激进的卡尔沃主义由于不能给予企业有效保障而逐渐没落。

第四，适当补偿。这是大多数发展中国家及其学者的主张，该原则适用于致力于在企业投资利益与东道国公共利益中寻求制衡的国家。该原则是在

---

〔1〕 1928 年国际法院在"Chorzow 案"中提到给予"公正补偿的责任"。法庭认为，"公正的补偿应该被看作是在当时当地的公正的实际价值"，并"根据所有的环境"。在 1922 年"挪威船主案"中仲裁也同样是这个说法。

《各国经济权利和义务宪章》中确立的，其理论依据在于国家对自然资源的永久主权原则以及公平互利原则。国家对其领土内的自然资源拥有永久主权，包括占有、使用和处置的权利，这是一国对其境内的外资进行征收的前提，国家对自然资源的永久主权是联合国大会 1974 年通过的《建立新的国际经济秩序宣言》所表明的观点。此外，补偿时要公平互利，兼顾双方利益，既要考虑企业合法财产受到损失的情况，也要考虑东道国公共利益的需要、实行社会经济改革的需要、产业调整的需要，以及东道国当时的经济发展水平等具体情况。[1]实践中，这个补偿标准被联合国的许多成员所接受，例如有两个重要的国际法庭的判决也支持这个观点。第一个案件是有名的 1977 年的"Topco-Libyan 案"，法庭提出的要求是"适当"的补偿。第二个是 1981 年"Banco Nacional 上诉案"。其中关于补偿的标准是："一致的意见认为，给予全部补偿没有必要，为最能反映出国际法的要求，给予适当的补偿。"

不予补偿的做法在当今投资实践中显然行不通，而"充分、及时、有效"的赫尔原则为发达国家所倡导，但一直遭到发展中国家的强烈反对。由此看来，适当补偿的原则更符合当今和平与发展的主题，兼顾采取征收的国家的利益以及企业的利益，是一种公平互利、共同发展、合理可行的补偿原则。而且，现在的征收实践表明，越来越多的国家也采取了这个原则。该原则的合法性根植于以下几个基本原则：其一，污染者付费原则。该原则是环境法的基本原则之一，在 1992 年里约联合国环境与发展大会上也得到了重申，目前在国际环境法领域得到了广泛认同。虽然有环境成本内部化能力的发达国家企业，不能借国际投资规则中的"国民待遇"等规则逃避应承担的责任，但征收也不能在没有任何补偿的情况下进行。其二，风险预防原则。该原则也是环境法的基本原则之一。鉴于环境风险难以预测，加之人类认识能力受科技发展水平的局限，为了避免环境问题的严重损害后果，对当前可能对环境产生消极影响的投资行为采取预先防范措施，符合人类伦理的内在要求。但由于人类对于环境危害的认识在不断发展之中，海外投资企业危害人类健康和安全的科学证据随着时间的推移可能会受到质疑，因此在海外投资企业危害健康的科学证据不足时应当给予相应补偿。其三，国际环境义务优先原则。根据国际投资协定所推崇的可持续发展原则，一国的国际环境义务在国

---

〔1〕 陈安主编：《国际经济法学专论》（下编·分论），高等教育出版社 2002 年版，第 688 页。

际法上应优先于投资义务。基于国际环境义务优先原则可以推定，当东道国采取的环境措施被包含于国际环境公约中所认可的风险中时，政府无需对投资者进行补偿责任。但由于何谓"广泛采用的国际环境协议中认可的风险"并不明确，或者政府明知环境风险存在仍批准该外资准入是否应予担责存在争议，因此就海外投资企业由此造成的损失，政府应做出相应补偿。

在"一带一路"区域的国际投资征收的补偿问题上，中国政府既不应赞成"充分、及时、有效"的赫尔原则，也不应适应不予补偿的原则，而应主张针对具体情况对企业给予相应补偿，即采纳"适当"补偿的标准。[1]中国签订的 BIT 关于国有化或者征收的补偿标准规定主要为"投资被限制前一刻的市场价值"；关于补偿的时间一般规定为"不应不适当地延迟"，并且补偿时间是可转移可兑换的。但是，中国 BIT 的补偿规定与"赫尔"原则有本质上的区别，中国并未采用"赫尔"原则。首先，中国对于不补偿等于非法征收的标准并不认同，以在投资行为面前保证作为发展中国家的征收权利。其次，中国接受的征收补偿标准（即市场价值）并不当然等同于"赫尔"原则的充分标准。再次，"不应不适当地延迟"和"应毫不迟延地"的用语有可为和不可为之分，前者意味着在特定情况下可以迟延。征收权是国家经济主权的正当行使，赫尔原则产生的最原始本质是否定发展中国家的征收权。面对某些发达国家的过分要求，中国可以不必理会，即便将来在国际投资中中国的地位由资本净输入国转变为资本净输出国，也需要坚持适当补偿原则的立场。中国应在双边条约和多边条约中规范征收条款，防范国有化风险，解决国有化补偿的争议，从而捍卫经济主权，在营造优良的吸引投资的同时，为企业环境责任设定底线，保护中国海外投资利益。

（二）扩大环境例外适用提升环境价值位阶

第一，减少"一带一路"国际投资协定中一般环境例外适用限制，增强对企业环境责任的引导。在国际投资活动中，东道国会采取环境措施保障本国环境不受投资活动的侵害。当东道国所采取的环境措施损害了企业投资利益时，企业通常会提请仲裁，此时东道国可以依据国际投资协定中的一般环境例外规定主张本国环境措施合理合法。但这种出于东道国环境利益保护而

---

〔1〕 盛玉明、杜春国、李铮主编：《"一带一路"倡议下的境外投资开发实务》，中国人民大学出版社 2019 年版，第 95~96 页。

纳入国际投资协定的"一般环境例外",在实际运用过程中往往会受到诸多限制。上文提到,NAFTA 中的环境条款至少被国民待遇、最惠国待遇、征收等条款限制,其第 11 章 A 节第 1108 条(例外与保留)也未将环境措施列入例外。美国签订的其他多个 FTA 虽然纳入了 GATT 第 14 条(b)项一般例外条款,在一般例外中列入了保护动植物、人类健康和生命所必需的环境措施,但该条款的适用受限于"不得构成变相贸易限制"和"不得构成歧视"两个前提。其中,"不得构成歧视"的限制使作为发展中国家的东道国不胜其苦。究其原因是,发展中国家由于其自身技术水平与经济水平的限制,难以在环境保护方面对国内外企业进行统一要求,稍有不慎就有"歧视"之嫌,这就使得发展中国家难以充分发挥一般环境例外的作用。

在国际投资协定谈判中应进一步完善一般环境例外条款的设计,减少对一般环境例外的适用限制。完善一般环境例外条款的设计可以使东道国在保护投资自由的同时,有权利为本国环境保护预留一定的政策空间。一般环境例外条款的设置可以发挥"安全阀"的作用,当缔约方为了维护经济、环境的可持续发展、为了解决国内政治、经济危机时,可以依据一般环境例外采取必要措施,保护本国的公共利益和人民福祉。而减少对一般环境例外条款的适用限制是基于投资利益的保护不应以牺牲东道国环境利益为代价的理念。"不得构成歧视"这一限制在很大程度上扼杀了一般环境例外带给东道国的希望。其对东道国环境措施的限制所带来的影响弊大于利,基于发展中国家与发达国家经济地位的不平等,应适当减少"不构成歧视"这一限制的适用,为发展中国家追求经济增长与环境保护相协调的目标留有一定的余地,给予发展中国家一定的成长空间,避免迫使其在经济与环境之间作出选择。

在中国制定的投资协定范本中,对于一般例外条款并未进行规定,而是仅在与少数国家缔结的 BIT 中略有体现。例如,中国-坦桑尼亚 BIT 以及中国-加拿大 BIT 就规定,在未对国际投资构成变相限制的情况下,不应将投资协定条款解释为不允许为保护人类、动植物的健康或生命而采取环境措施。也就是说,东道国采取符合一般例外条款要件的政策措施,可不被认为构成对条约义务的违反,因此东道国不需要为此承担责任。2010 年《中国投资保护协定范本(草案)》未纳入一般例外条款,这在一定程度上阻碍了中国政府因保护正当公共利益而行使环境规制权,增加了进行有效环境保护的难度。在国际投资活动中,因自然资源使用所引发的环境问题占据了半壁江山,对此中国可以借鉴 2012 年美国 BIT 范本, 在一般例外条款的具体规定中增加"与养护无生命的或有生命的可用竭自然资源有关"的表述。此项规定的增加, 为中国基于可用竭自然资源保护而采取环境规制措施提供了法律依据, 有效预防与减少企业的环境侵害。

第二, 完善"一带一路"国际投资协定具体投资条款中的环境例外, 提高对企业环境责任的规范。具体投资条款中的环境例外主要体现在"履行要求"条款环境友好技术转移例外与征收中的间接征收环境例外的规定中。环境友好技术转移例外也就是缔约方要求企业在投资活动中转移符合普遍适用的环境、健康要求的技术的措施是被允许的。但环境友好技术转移的规定也受到国民待遇、最惠国待遇以及征收规定等条款的限制。例如, NAFTA 第 11 章第 1106 条第 2 款的规定就对环境友好技术转移作出了例外规定, 但同时附加了满足国民待遇与最惠国待遇的限制性规定。加拿大 2004 年 BIT 范本与许多 BIT 也有类似规定。但国民待遇的限制意味着环境技术以发展中国家较低的环境技术为标准进行转移, 而环境友好技术则大多属于高新技术, 这就导致了这种禁止技术转移例外的履行不能。作为禁止技术转移例外的环境友好技术转移规则看似有助于发展中国家在国际投资中引进先进环保技术, 以带动本国环保科技的发展有利于环境保护与可持续发展, 但是与之相伴的非歧视待遇标准限制无疑关上了环境友好技术转移的大门。如果想要避免这一具体投资条款中的环境例外流于形式, 就要尽量减轻与消除非歧视待遇所带来的影响、取消非歧视待遇的限制, 或在非歧视待遇中引入环境例外来解决问题。

征收中的环境例外是指缔约方基于环境、健康等公共利益保护制定而对企业实施的规范与政策不构成间接征收。美国-韩国 FTA、加拿大-秘鲁 BIT 等投资规则中均引入了此类环境例外。但征收中的环境例外也要受限于非歧视性待遇的规定, 这与环境友好技术转移例外的处境相似。但征收中的环境例外与环境友好技术转移例外面临限制也有不同之处。不同之处在于由于不同国际投资协定对于征收中的环境例外规制有不同要求, 某些符合非歧视待遇与公共利益要求的环境政策会因为违反了"措施与结果相称"等条件而构成间接征收。也就是说, 国际投资协定对于征收的环境例外规定缺乏统一性和确定性。因此, 国际投资协定应对何种环境措施不构成间接征收以及此类环境措施应满足哪些条件予以明确, 并对不同投资协定中的例外规定进行统一，以更好地指导东道国制定与实施环境政策措施。当然，间接征收中的环境例外也亟待取消非歧视待遇的限制，或在非歧视待遇中引入环境例外。对于作为发展中国家的东道国来说，在非歧视待遇中引入环境例外或取消具体环境例外中的非歧视待遇限制也许会损失掉一部分由企业投资所带来的短期利益，但所换来的却是环境利益等长远利益。因此，在具体条款中完善环境例外有利于提高东道国的环境与人权保护力度，引导国际投资协定中环保与人权理念的发展。

第三，注重"一带一路"国际投资协定中重大安全例外设置，明确企业环境责任的底线。国际投资协定具有"安全阀"作用的条款中包括重大安全例外条款，这一条款的重要性不言而喻。随着国际投资协定的不断发展与演讲，东道国越来越重视重大安全例外条款的作用。但关于重大安全例外条款的问题仍需进一步澄清，重大安全例外条款的完善需要从以卜四点着手：其一，对重大安全的界定。重大安全概念处于不断发展的过程中，从传统军事威胁向经济安全威胁不断转变扩大，对重大安全概念的界定进行广义解释有利于实现东道国政府维护公共利益、管理公共事务的目的。其二，国家在谈判中可以对重大安全例外适用范围作出不同选择。在投资设立后，重大安全例外条款可以作为派出国家义务的普遍选择。而在投资准入阶段，基于国际安全审查制度的保驾护航，重大安全例外条款也可发挥相应作用。其三，放宽危急情况的免责证明条件。基于国际经济活动的特征，在国际投资协定层面应基于习惯国际法危急情况免责做出新的发展。在重大安全例外和危急情况尚未厘清之际，即便是在重大安全例外必须"服从"危急情况的免责条款时，也可以在一定程度上保障东道国在采取重大安全例外条款时对"必要性"做出证明。其四，确定重大安全例外条款的性质。将重大安全例外条款确认为自裁决性质是国际投资协定发展的主流，可以使东道国对于在何时以及何种情况下采取措施拥有自由选择权，但这一自由选择权的行使仍要以善意原则为限。

虽然早在1988年中国-新西兰BIT就使用了"基本安全利益"这一词语，但是其后中国缔结的国际投资协定却并未对重大安全例外条款给予足够重视。例如，1984年中国-芬兰所缔结的BIT就未设置重大安全例外条款，甚至在2004年中国与芬兰重新缔结BIT时，该投资协定仍然未设置重大安全例外条款。1985年中国-荷兰BIT和2001年重新缔结的版本也未设置重大安全例外条款，和中国-芬兰 BIT 出现了同样的情况。2010 年制定的《中国投资保护协定范本（草案）》也未纳入有关重大安全例外条款的规定。因此，为了提高中国在"一带一路"国际投资中规制企业环境责任方面的权利，有必要在国际投资协定谈判时、缔结国际投资协定时，尤其是制定国际投资协定范本时加入有关重大安全例外条款的规定。在面对和处理环境危机等紧急情况时，确保中国政府可以行使环境规制权以实现保护本国环境利益的目的。

第三节　企业社会责任下劳动保障的区域协同

"一带一路"区域优化劳动纠纷解决机制措施的基础是在完善司法制度设计的同时，完善区域劳动资源管理的法律保障。通过建立"一带一路"区域劳动法律规范，加强劳动标准和合同制度，强化区域合作机制，简化劳动力流动手续，建立在线解决平台和社会保障体系，设立跨国劳动争议解决机制，完善国际投资协定中的劳动权利条款，加强全球劳动标准，保护非正式经济中的劳动者，进而促进"一带一路"共建国家劳动纠纷的公正解决，提升劳动者权益保护水平，促进"一带一路"国际投资的可持续发展。

一、优化劳动纠纷的司法制度设计

从司法制度层面出发，可以针对劳动纠纷采取相应措施予以预防和解决。首先，建立和完善"一带一路"区域劳动法律规范。通过双边或多边协议，促进共建国家在劳动法律标准和实践上的接近和统一。其中最佳路径是在"一带一路"共建国家之间达成一个多边条约，从而建立一个共同的法律框架。该框架应至少包括对基本劳动标准的共识，如公平工资、工作时间、健康安全和反歧视原则，以及相对统一的劳动法律标准，包括最低工资标准、工作时间与休息时间、健康与安全标准等，以确保所有参与国家的劳动者都能得到基本的保护。具体而言，需要确立平等就业的原则，禁止基于性别、种族、宗教或其他无关因素的就业歧视。同时，对妇女、残疾人等特殊群体提供额外的保护措施。注重强化劳动合同制度，要求所有"一带一路"区域内的雇佣关系都必须通过书面劳动合同来确认，明确工作内容、工作时间、薪酬福利、终止条件等条款，保障劳动者权益。设立最低工资制度，各参与国根据自身经济条件设立或调整最低工资标准，确保劳动者的基本生活需求得到满足。制定工作时间和休息时间的统一标准，包括每日工作时间上限、周休息日以及年假等，以保护劳动者的健康和福祉。确立工作场所健康与安全的基本要求，为劳动者提供安全的工作环境，预防职业病和工伤事故。推广社会保障覆盖，通过双边或多边协议，确保劳动者在境外工作时的社会保险权益得到保障，包括养老、医疗、工伤等。推动"一带一路"区域内社会保障体系的互认与对接，实现劳动者在不同国家工作时的社会保险缴费记录的转移和累积，解决跨国工作导致的社会保险权益断裂问题。沿线各国可以在 ILO 现有标准的基础上，基于各自的法律体系和文化特点进行协商并形成共识。

其次，强化"一带一路"区域合作机制，促进劳动力流动。制定统一的劳动力流动规则，简化跨国劳动力的就业手续和签证流程，保障劳动者跨国工作的权利和利益。鉴于"一带一路"涉及的是特定地理区域内的国家，可以考虑建立区域性的劳动法律合作机制，如区域劳动法律论坛或工作组，以便更有效地处理区域内的具体问题。这些机制可以促进成员之间的信息交流、经验分享和最佳实践的传播，确保所有劳动者，无论其国籍如何，都能享有基本的劳动权利，并提供足够的信息和法律援助。"一带一路"区域合作机制还应下设职业培训网络与区域性劳动市场信息平台，在"一带一路"区域内建立职业技能培训中心，提供多语种的培训课程，帮助劳动者提升职业技能，适应不同国家的就业市场。制订统一的劳动力资质认证和技能评估标准，确保劳动者的技能和资质在各成员间得到认可。促进成员之间的职业教育和培训合作，共同开发适应区域经济发展需要的培训课程和认证体系。推动高等教育学历和职业技能证书的互认，使劳动者的教育背景和职业技能在"一带一路"各国间能够自由流通。区域性劳动市场信息平台可以实时更新就业信息，帮助劳动者了解不同国家的就业机会和要求，促进信息互通与共享。"一带一路"区域合作机制也需要注重拓展支持创业发展的功能，鼓励和支持劳动者在"一带一路"区域内创业，为之提供必要的法律、财政及技术支持，促进就业和经济发展。鼓励发展远程工作机会，利用数字经济的发展创造新的就业形式，为劳动力流动提供更灵活的选项。同时，"一带一路"共建国家应增强政策沟通与协调，建立定期政策对话制度。通过定期的政策对话机制，让成员之间就劳动力流动、社会保障、职业教育等议题进行交流和协调。该对话机制可以与多边合作平台相结合，利用现有的多边组织和框架（如上海合作组织、亚洲基础设施投资银行等），为促进劳动力流动的政策合作提供平台。

再次，优化"一带一路"劳动纠纷解决机制，建立跨国劳动争议解决机制。针对"一带一路"区域劳动争议解决的特殊性，需要建立或指定区域性机构，负责处理跨国劳动争议，提供调解、仲裁等争议解决服务。并且制定统一的劳动争议解决程序和准则，确保处理过程的公正性和效率。制定和公布一套详细的劳动争议解决流程，包括争议提交、审理、裁决和执行等步骤。对于小额争议，提供更加简化和快速的解决程序。在跨国劳动争议解决机制中探索设立"一带一路"劳动争议国际仲裁中心，为跨国劳动争议提供快速、公正的解决途径。虽然完全统一各国的仲裁规则可能不现实，但可以通过多边协议，制定一套兼容的基本仲裁规则，以应用于"一带一路"范围内的劳动纠纷。这套规则应当涵盖仲裁程序的基本原则、仲裁员的选择、仲裁程序的透明度和公正性以及仲裁裁决的执行力等。为了增强仲裁机制的有效性，参与"一带一路"项目的国家应致力于达成协议，互认和执行彼此的仲裁裁决。参考《纽约公约》等国际条约，确保仲裁裁决在各成员方能够被有效执行。为了保证劳动争议解决机制的公正，设立独立的监督机构对劳动争议解决机制的效率和公正性进行定期评估也是必要环节之一。此外，还应有针对性地培养相当数量的熟悉国际劳动法和跨文化沟通的专业人士，作为争议解决的调解员和仲裁员，并定期组织"一带一路"成员之间的劳动法律和争议解决机制的交流活动，共享最佳实践和经验。由于"一带一路"共建国家多为发展中国家，因此提供法律援助和支持即为必要。通过法律援助服务为无法负担法律费用的劳动者提供法律咨询和代表服务，确保他们能够公平地参与争议解决过程。并且建立相应的社会支持机构，对于经历劳动争议的劳动者，提供心理咨询和社会支持服务，帮助他们应对争议解决过程中可能遇到的压力。对于"一带一路"区域劳动争议的跨地域性特征，可以同时建立在线平台，利用数字技术建立在线劳动争议解决平台，提供在线提交争议、远程调解和裁决服务。提高劳动争议在线平台接入的便利性，确保平台用户友好，便于各国劳动者和雇主使用。同时，也应该为劳动者提供可行的投诉渠道和法律援助，确保他们的权益能够被维护，可以建立跨国劳动争议协调机构，该"一带一路"劳动争议协调专门机构负责协调和解决跨国劳动争议，提供多种语言服务，确保所有劳动者和雇主都能清晰理解争议解决过程。

最后，加强"一带一路"劳动纠纷的国际合作与交流。建立国际劳动纠纷协调网络，建立由"一带一路"成员组成的劳动纠纷国际协调网络，促进各国在劳动纠纷解决方面的信息共享和协调合作。作为国际劳动纠纷协调网络的重要组成，需要收集共享数据、建立案例库，通过网络共享劳动法律法规、典型案例和裁决结果，加深各国对彼此劳动法律体系的了解。并通过举办国际劳动法律与争议解决研讨会、开展专题培训的形式，促进共建国家之间在劳动法律和政策方面的交流与合作，共享最佳实践，提升劳动标准。对于定期研讨会形式，应定期举办国际研讨会，邀请各成员的政府代表、法律专家、企业代表和劳工组织，就劳动法律、纠纷解决机制进行交流和讨论。对于专题培训，则需要组织专题培训班，针对劳动争议的预防、调解、仲裁和裁判等环节，提升各国相关人员的专业能力。除却国际劳动纠纷协调网络的建立，推动双边和多边合作协议也极为重要。促进"一带一路"共建国家之间签订双边或多边劳动合作协议，可以明确争议解决的共同原则和程序，通过合作协议建立跨国劳动争议快速反应机制，对突发事件进行及时沟通和处理。同时，还应加强跨国劳动者的文化交流和法律教育，帮助劳动者更好地理解和适应不同的法律环境和文化背景。加强与国际组织如 ILO、联合国开发计划署（United Nations Development Programme，UNDP）、国际仲裁机构和专业组织等合作，利用它们的专业知识和资源来支持"一带一路"劳动争端解决机制的建设和改进，不断提升"一带一路"劳动纠纷解决的国际水平和专业性。此外，在国际合作上可以提供技术援助、建立最佳实践和标准以及提供培训和资源。加强合作，交流仲裁实践和经验，通过综合运用这些措施，可以在法律层面上更好地处理和解决"一带一路"共建国家的劳动纠纷和劳动冲突问题，促进共建国家的和谐与发展。

二、完善区域劳动资源管理法律保障

在立法保障层面，应通过国际层面的区域立法协同，完善劳动资源的法制管理。首先，加强国际投资协定中劳动权利的条款，确保条款有明确的执行机制。在国际投资协定中明确劳动权利条款的法律地位，确保劳动权利的保护不亚于投资保护，明确规定投资者的权益保护不得以牺牲劳动权利为代价。通过在协定中设立专章或条款，明确列出"一带一路"区域劳动标准和权利，如工作条件、工资、集体谈判权、禁止童工和强迫劳动等。同时，促进劳动者及其代表组织在国际投资决策过程中的参与，确保劳动标准和权利得到充分考虑。为了进一步强化劳动者意志表达，"一带一路"区域的国际投资协定应鼓励并支持东道国制定和实施符合国际劳动标准的国内法律，提高其法律体系的透明度和可预测性，支持东道国建立和完善其劳动监察体系，确保劳动法律的执行有法可依。为确保劳动权利条款的有效执行，"一带一路"需要建立一个区域性执行和监督机制，设立独立的监督机构负责监督各方对劳动条款的遵守情况，并有权进行调查和提出建议。

其次，加强国际合作，提升全球劳动标准，促进"一带一路"劳动力流动的正面影响。在"一带一路"国际投资协定中引入 ILO 的基本劳动标准作为最低标准，基于国际劳工标准制定一套区域通行劳动标准指南，适用于所有"一带一路"投资项目。通过签署具有法律约束力的双边和多边协议来承诺遵守和执行，要求投资者及其在东道国的企业遵守基本劳动标准，并将其作为投资批准和继续享受协定保护的前提条件，并建立有效的监督和执行机制，确保项目执行中的劳动标准得到遵守。"一带一路"共建国家可以利用现有的国际和地区组织平台，举办专题论坛和会议，专注于讨论和推进劳动标准在"一带一路"项目中的实施，鼓励参与国之间就劳动标准的提升达成共识，并在政策和法规上进行协调，以消除标准不一致带来的障碍。通过"一带一路"沿线国际合作项目，帮助共建国家提升劳动法律和监管机构的能力，提升劳工权益保护水平，利用资本输出国相对先进的经验和技术，支持落后地区在提升劳动标准和工作条件方面的努力。

最后，保护"一带一路"非正式经济中的劳动者。在"一带一路"倡议下，非正式经济占据了共建国家大部分劳动市场，提供了大量就业机会，但同时也存在劳动者权益保护不足的问题。在国内立法层面，各国需要扩大保护范围，在法律中明确规定非正式经济中劳动者的工作条件、最低工资、工时以及安全与卫生标准，为非正式经济中的劳动者提供法律保护和支持措施。制定或完善涵盖非正式经济的劳动法律与政策，确保法律框架的全面性和适用性。在国际立法层面，在国际投资协定中明确规定投资者应当承担社会责任，尊重东道国的劳动权利，并鼓励投资者采取积极措施，如建立公平的工作环境、提供安全卫生的工作条件、实行公平招聘和待遇等，鼓励企业采用国际公认的 CSR 标准和准则，引入国际经验和资源，共同提升非正式经济劳动者的保护水平。在企业管理层面，应积极响应立法引导，鼓励和支持非正式经济中的劳动者组建或加入工会、合作社等组织，提高集体谈判能力，确保非正式经济劳动者在政策制定过程中的发言权和参与权，保证意见和需求的充分听取和考虑。通过上述措施，可以在促进国际投资的同时，更有效地保护劳动力流动中的劳动者权利，回应"一带一路"绿色发展对人的全面发展的诉求，促进经济发展与社会公正的双赢。

本章小结

在国际投资协定中完善企业环境责任需要多方面、多层次、多主体的共同努力，约文的完善当然是规制企业环境责任的基础。当我们走出这些纷繁纠结的诉讼，以法律人的视角重新审视"一带一路"海外投资企业所引发的环境侵权时，其症结已经十分清楚，由于这种坏境侵权问题本身混合着政治、经济因素的复杂性，单纯依靠内国的力量加以解决几乎是不可能成功的，将国际法上的救济方式与国内法上的救济方式完全分开也是不现实的和不明智的。而当我们把目光投向国际社会时，发现无论是在管辖权层面还是在实体法层面，国际社会都缺乏令人满意的对跨国环境侵害进行救济的专门机制。纠纷解决本身不是目的，如因环境纠纷导致东道国丧失发展基础可谓得不偿失，通过解决纠纷平衡各方利益实现环境保护目标才是根本目的。跨国环境诉讼采用不同的纠纷解决方式耗费成本不同，合理的解决路径要考虑对成本的约束。"一带一路"投资环境问题的解决终究离不开沿线各国的一致努力，如何矫正被扭曲了的环境正义，如何救济处于弱势地位的环境侵权的受害者与劳动者，应该成为中国制定企业环境立法与司法制度的出发点。为了应对直接投资中的环境责任问题，中国海外投资企业也需要转变投资经营理念，创新投资经营模式，切实履行环境责任义务，合理利用投资纠纷解决机制。作为投资主体的中国企业，在致力于"一带一路"共建国家的海外投资时，要平衡好投资利益保护与环境目标实现的关系，以绿色投资的方式推动世界不断迈向生态文明。

结　语

在全球经济发展进程中，企业所扮演的角色举足轻重，国际投资的扩张速度可谓一日千里，但与之相对的是国际投资协定对企业环境责任的规制不够完善。这一现状导致投资者在投资活动中，尤其是面向发展中国家东道国时，采用执行较低环境保护标准、滥用投资争端解决机制等方式给东道国带来了广泛且严重的环境污染，造成了对环境与人权的严重侵害，给国际投资的发展制造了阻碍。但实践中，东道国却很难有效追究企业的环境责任，难以因环境污染而带来的公共利益损害获得补偿。诸多国际投资协定中虽然也在促进企业承担环境责任、增加环境责任承担主体以及促进争端解决机制多元化等方面做出了努力，但实际效果仍旧不尽如人意。不过，国际投资协定在全球范围内的蓬勃发展和广泛应用有目共睹，随着"一带一路"等区域投资的开展，国际投资协定特有的跨区域监管优势逐渐凸显，正在逐步覆盖国际投资活动的有效范围，以国际投资协定重塑绿色区域投资的作用也逐步凸显。

虽然"一带一路"倡议的首要目标仍然是经济发展，但是国际社会在协调环境利益与投资利益的工作中所做出的巨大努力不容忽视。不论是双边投资协定、自由贸易协定，还是多边投资协定中的环境条款，均已初具雏形。2024 年 9 月法国预计将会把《世界环境公约（草案）》呈交联合国，这份草案涉及面广、涵盖性强，将"共同但有区别原则""代际公平原则""污染者付费原则"囊括其中，有意弥补现行环境公约涉及环保领域的局限性与专门性，为制定国际环境法、指导投资规制中环境条款的纳入、更好地规范各国与各市场主体的环境责任奠定基础。而针对仲裁实践中显现出的环境保护条款与投资保护条款之间的冲突，许多投资协定也开始对此作出补充解释。从晚近的裁决结果可以看出，仲裁庭已开始逐步采取对维护东道国环境政策有利的裁定。

但是同时，面对层出不穷的环境公害事件，各国仍要清醒地认识到国际投资协定中的环境条款存在诸多不足。随着国际投资自由化与环境意识全球化的矛盾愈加激化，海外投资企业作为跨国环境问题的制造者更加难辞其咎。为此，需要立足于国际投资领域，通过梳理国际投资协定中权利、义务、责任的相关规定，分析不同时期环境与投资的价值选择，深入阐释公平责任、企业社会责任与可持续发展等主要理论与投资全球化、投资自由化、投资保护主义问题的外部关联与内在逻辑。用理论分析实际问题，又从实际上升至理论高度，寻求私人利益与公共利益在国际投资规则中的平衡点。

国际投资协定作为一项约束缔约各方的国际法律规则，在企业环境责任规制方面尚不完善，存在条款缺失、语义模糊、执行力差以及过分侧重投资利益保护的问题，东道国的环境维权之路仍显得举步维艰，环境条款显然难以发挥出令人满意的效果。在规范层面，愈来愈多的国际规范将环境问题纳入其中，试图将与环境相关的人权法定化、具体化；在实践层面，将环境侵害上升为人权诉求往往可以收获相对成功的结果。因此，在提出国际投资协定中环境条款的具体完善对策的同时，可以引入人权手段为环境权利的实现保驾护航。为此，应首先强化缔约方对投资者的监管，确保企业尊重和保护环境权利；其次从环境权利与人权保护高度，限制不方便法院原则的扩张与滥用；最后完善国际投资协定中的环境条款，结合不同的国家政治文化背景，[1]增强国际投资争端解决机制的公平性与合理性。环境问题牵涉甚广，在国际投资领域与之密切相连的劳动力保护与维护亦时时牵动着投资活动主体对于投资项目审慎的目光。从环境规制问题入手，在可持续发展的根源输出制度补给，或将成为结合新质生产力发展解决国际投资绿色发展瓶颈的关键一环。

"一带一路"区域的国际投资活动有其区域特殊性，各国经济和法制基础的差异，导致直接适用国际高水平环境规则缺乏实际土壤。中国在"一带一路"海外投资中需要充分发挥示范作用，积极规范中国企业的环境责任承担，再借助 ESG 投资、区域化争端解决等多种方式倡导和引领"一带一路"区域

---

〔1〕 田广、刘瑜：《论"一带一路"国际贸易争端仲裁机制——基于跨文化视角的探析》，载《青海民族研究》2021 年第 4 期，第 104~106 页。

投资的绿色化发展。由于在对投资利益与环境利益这两者的取舍中人们往往偏向于前者这种近期利益而非后者这种长远利益，环境条款的完善过程必将艰难而漫长。因此，在投资争端机制的设计中应改变以国家经济发展为核心的思路，转换为环境、经济发展双核心的思路。[1]为了进一步响应"一带一路"倡议，中国企业在海外投资中的企业环境责任承担的主动性需要不断通过国内与国际法律规范的升级加以激发，中国企业环境责任的未来将不断影响和优化中国"一带一路"投资的未来。

---

〔1〕 B. Chester and M. Kate, *Evolution in Investment Treaty Law and Arbitration*, Cambridge University Press, 2011, pp. 645~647.

参考文献

一、中文文献（以著者汉语拼音字顺排序）

（一）中文著作及译著类

［1］［英］安东尼·吉登斯：《气候变化的政治》，曹荣湘译，社会科学文献出版社 2009年版。

［2］边永民：《国际贸易规则与环境措施的法律研究》，机械工业出版社 2005 年版。

［3］陈琢：《跨国公司行为纠偏的生态指向》，人民日报出版社 2015 年版。

［4］陈安主编：《国际投资法的新发展与中国双边投资条约的新实践》，复旦大学出版社2007 年版。

［5］陈建安编著：《国际直接投资与跨国公司的全球经营》，复旦大学出版社 2016 年版。

［6］曹孟勤、黄翠新：《论生态自由》，上海三联书店 2014 年版。

［7］杜秀红：《"一带一路"与中国对外贸易发展》，东南大学出版社 2020 年版。

［8］盛玉明、杜春国、李铮主编：《"一带一路"倡议下的境外投资开发实务》，中国人民大学出版社 2019 年版。

［9］韩秀丽：《中国海外投资的环境保护问题研究——国际投资法视角》，法律出版社 2013年版。

［10］姜明：《在华跨国公司环境法律问题研究》，世界图书出版公司 2013 年版。

［11］樊秀峰、薛新国主编：《国际投资与跨国公司》（第 2 版），西安交通大学出版社2013 年版。

［12］李居迁：《WTO 贸易与环境法律问题》，知识产权出版社 2012 年版。

［13］李小霞：《国际投资法中的根本安全利益例外条款研究》，法律出版社 2012 年版。

［14］李先波、徐莉、陈思：《国际贸易与人权保护法律问题研究》，中国人民公安大学出版社 2012 年版。

［15］李尊然：《可持续发展的国际投资法》，河南人民出版社 2010 年版。

[16] 李桂芳主编:《中国企业对外直接投资分析报告 2017》,中国人民大学出版社 2018 年版。

[17] 卢进勇等主编:《国际投资条约与协定新论》,人民出版社 2007 年版。

[18] 刘笋:《国际投资保护的国际法制:若干重要法律问题研究》,法律出版社 2002 年版。

[19] 刘铁铮:《国际私法论丛》,三民书局 2000 年版。

[20] 穆丽霞、马清彪:《我国当代企业环境责任研究》,中国政法大学出版社 2020 年版。

[21] [荷兰] 尼科·斯赫雷弗:《可持续发展在国际法中的演进:起源、涵义及地位》,汪习根、黄海滨译,社会科学文献出版社 2010 年版。

[22] [英] 帕特莎·波尼、埃伦·波义尔,《国际法与环境》,那力等译,高等教育出版社 2007 年版。

[23] 钱凯、王玉国主编:《国际经济法》,吉林大学出版社 2014 年版。

[24] 桑百川、靳朝晖:《国际直接投资规则变迁与对策》,对外经济贸易大学出版社 2015 年版。

[25] 孙佳佳、李静:《"一带一路"投资争端解决机制及案例研究》,中国法制出版社 2020 年版。

[26] 苏宁等:《"一带一路"倡议与中国参与全球治理新突破》,上海社会科学院出版社 2018 年版。

[27] 石俭平:《国际投资条约中的征收条款研究》,上海社会科学院出版社 2015 年版。

[28] 吴岚:《国际投资法视域下的东道国公共利益规则》,中国法制出版社 2014 年版。

[29] 王红:《企业的环境责任研究》(第 2 版),经济管理出版社 2013 年版。

[30] 万喆:《"一带一路"与新发展格局》,北京师范大学出版社 2022 年版。

[31] 伍亚荣:《国际环境保护领域内的国家责任及其实现》,法律出版社 2011 年版。

[32] [美] 威廉·R. 布莱克本:《可持续发展实践指南:社会、经济与环境责任的履行》,江河译,上海人民出版社 2009 年版。

[33] 王曦编著:《国际环境法》(第 2 版),法律出版社 2005 年版。

[34] 邢秀凤:《社会责任视域下的企业环境责任研究》,山东人民出版社 2012 年版。

[35] 余劲松:《跨国公司法律问题专论》,法律出版社 2008 年版。

[36] 杨慧芳:《外资待遇法律制度研究》,中国人民大学出版社 2012 年版。

[37] 杨韶艳:《"一带一路"倡议下中国与沿线国家贸易投资便利化》,中国人民大学出版社 2022 年版。

[38] 余劲松主编:《国际投资法》(第 3 版),法律出版社 2007 年版。

[39] 张薇:《国际投资中的社会责任规则研究》,中国政法大学出版社 2011 年版。

[40] 张海滨:《环境与国际关系:全球环境问题的理性思考》,上海人民出版社 2008

年版。

[41] 张小平：《全球环境治理的法律框架》，法律出版社 2008 年版。

[42] 张庆麟主编：《国际投资法问题专论》，武汉大学出版社 2007 年版。

[43] 曾华群：《国际经济法导论》，法律出版社 2007 年版。

[44] 朱源编著：《国际环境政策与治理》，中国环境出版社 2015 年版。

[45] 张庆麟主编：《公共利益视野下的国际投资协定新发展》，中国社会科学出版社 2014 年版。

[46] 张建：《国际投资仲裁法律适用问题研究》，中国政法大学出版社 2020 年版。

[47] 赵蓓文等：《"一带一路"建设与中国企业对外直接投资新方向》，上海社会科学院出版社 2018 年版。

（二）中文期刊

[1] 毕莹、俎文天：《从投资保护迈向投资便利化：投资争端解决机制的"再平衡"及中国因应》，载《上海财经大学学报（哲学社会科学版）》2023 年第 3 期。

[2] 白明华：《基于环境的管制措施与间接征收的冲突和协调》，载《浙江工商大学学报》2012 年第 5 期。

[3] 程骞、徐亚文：《人权视角下的公司环境责任——兼论"工商业与人权"框架的指导意义》，载《中国地质大学学报（社会科学版）》2015 年第 5 期。

[4] 迟德强：《论跨国公司的人权责任》，载《法学评论》2012 年第 1 期。

[5] 蔡鑫：《跨国公司环境侵权责任追究的法律依据》，载《中国社会科学院研究生院学报》2010 年第 1 期。

[6] 岑鑫：《"一带一路"国际投资中的企业环境责任》，载《人民法治》2020 年第 2 期。

[7] 董亮：《国际规范、环境合作与建设绿色"一带一路"倡议》，载《中国人口·资源与环境》2022 年第 12 期。

[8] 冯果：《企业社会责任信息披露制度法律化路径探析》，载《社会科学研究》2020 年第 1 期。

[9] 冯宗宪、于璐瑶：《"一带一路"的区域经济合作与自由贸易区战略》，载《北京工业大学学报（社会科学版）》2023 年第 6 期。

[10] 傅宏宇、张秀：《"一带一路"国家国有企业法律制度的国际构建与完善》，载《国际论坛》2017 年第 1 期。

[11] 郭宇晨：《双碳目标背景下的企业 ESG 信息披露：实践与思考》，载《太原学院学报（社会科学版）》2022 年第 2 期。

[12] 黄世席：《全球气候治理与国际投资法的应对》，载《国际法研究》2017 年第 2 期。

[13] 黄世席：《可持续发展视角下国际投资争端解决机制的革新》，载《当代法学》2016 年第 2 期。

［14］胡枚玲：《从美国 BIT 范本看国际投资与环境保护之协调》，载《北京理工大学学报（社会科学版）》2016 年第 1 期。

［15］胡晓红：《国际投资协定环保条款：发展、实践与我国选择》，载《武大国际法评论》2014 年第 1 期。

［16］韩秀丽：《再论卡尔沃主义的复活——投资者—国家争端解决视角》，载《现代法学》2014 年第 1 期。

［17］韩秀丽：《从国际投资争端解决机构的裁决看东道国的环境规制措施》，载《江西社会科学》2010 年第 6 期。

［18］韩秀丽：《环境保护：海外投资者面临的法律问题》，载《厦门大学学报（哲学社会科学版）》2010 年第 3 期。

［19］韩缨：《国际投资协定中"公平与公正待遇"之趋势——ICSID 最新仲裁案例评析》，载《社会科学家》2010 年第 9 期。

［20］韩圆：《"一带一路"倡议下绿色金融的可持续发展探析》，载《商展经济》2023 年第 20 期。

［21］贺艳：《国际能源投资的环境法律规制——以〈能源宪章条约〉及相关案例为研究对象》，载《西安交通大学学报（社会科学版）》2010 年第 4 期。

［22］华忆昕：《印度强制性企业社会责任立法的中国启示》，载《华中科技大学学报（社会科学版）》2018 年第 3 期。

［23］金学凌：《国际投资与环境保护问题研究——投资条约视角》，载《燕山大学学报（哲学社会科学版）》2011 年第 1 期。

［24］姜明：《环境责任与有限责任制度的冲突与协调——基于在华跨国公司的分析》，载《长沙理工大学学报（社会科学版）》2010 年第 2 期。

［25］姜明、张敏纯：《试论在华跨国公司环境侵权的责任承担机制》，载《时代法学》2010 年第 4 期。

［26］贾娟娟、李健：《投资视野下战略性企业社会责任与财务绩效关系的实证研究》，载《北京理工大学学报（社会科学版）》2022 年第 3 期。

［27］孔粒、芮明杰、罗云辉：《中国上市环保核查制度改革的效果及影响因素》，载《中国人口·资源与环境》2021 年第 4 期。

［28］刘万啸：《投资者与国家间争端的替代性解决方法研究》，载《法学杂志》2017 年第 10 期。

［29］刘万啸：《全球治理视野下环境保护与国际投资体制的冲突与协调》，载《齐鲁学刊》2017 年第 4 期。

［30］李锋：《"一带一路"推进过程中的投资规则构建》，载《经济体制改革》2017 年第 1 期。

［31］李飞：《依比例原则使商业决策尊重人权》，载《暨南学报（哲学社会科学版）》
2019 年第 4 期。

［32］［美］罗伯特·V·珀西瓦尔等：《环境损害责任与全球环境法的兴起》，载《吉首大
学学报（社会科学版）》2016 年第 3 期。

［33］李丽：《TPP 中的 CSR 条款及其影响与启示》，载《WTO 经济导刊》2018 年第
7 期。

［34］刘正：《中国国际投资协定的环境条款评析与完善思考》，载《法学杂志》2011 年第
12 期。

［35］林一：《简论新一代国际投资协定中的一般例外规则》，载《甘肃政法学院学报》
2012 年第 6 期。

［36］路广：《跨国公司国际环境责任承担机制研究》，载《重庆大学学报（社会科学
版）》2012 年第 4 期。

［37］路遥：《"一带一路"倡议下国际投资中跨国公司环境责任研究》，载《求索》2018
年第 1 期。

［38］梁咏、侯初晨：《后疫情时代国际经贸协定中环境规则的中国塑造》，载《海关与经
贸研究》2020 年第 5 期。

［39］梁咏：《"一带一路"争端调解机制构建的中国因素研究》，载《复旦国际关系评论》
2022 年第 1 期。

［40］刘传哲、张彤、陈慧莹：《环境规制对企业绿色投资的门槛效应及异质性研究》，载
《金融发展研究》2019 年第 6 期。

［41］刘哲塾：《"一带一路"倡议下中国区域贸易合作与出口产品质量研究——契约环境
视角》，载《工程管理科技前沿》2023 年第 4 期。

［42］马迅：《国际投资协定中的环境条款述评》，载《生态经济》2012 年第 7 期。

［43］梅傲：《公共利益保护失衡：国际投资仲裁的"阿喀琉斯之踵"》，载《经济法论
丛》2012 年第 2 期。

［44］朴英爱、刘志刚：《韩国自由贸易协定中的环境条款分析》，载《经济纵横》2015 年
第 5 期。

［45］彭德雷：《涉外法治视野下"一带一路"国际规则的建构》，载《东方法学》2023 年
第 5 期。

［46］桑百川、任苑荣：《落实〈G20 全球投资指导原则〉推动建立全球投资规则》，载
《国际贸易》2017 年第 1 期。

［47］史学瀛等：《在华跨国公司环境违法风险与应对》，载《成都大学学报（社会科学
版）》2015 年第 4 期。

［48］石俭平：《论国际投资条约征收条款的适用危机》，载《学术交流》2012 年第 8 期。

[49] 田广、刘瑜:《论"一带一路"国际贸易争端仲裁机制——基于跨文化视角的探析》,载《青海民族研究》2021 年第 4 期。

[50] 王光、卢进勇:《国际投资规则新变化对我国企业"走出去"的影响及对策》,载《国际贸易》2016 年第 12 期。

[51] 韦灵伟:《论实质公平原则对中美投资协定的适用》,载《中国市场》2016 年第 13 期。

[52] 王艳冰:《美国新版 BIT 对环境保护的强化及中国对策》,载《上海政法学院学报(法治论丛)》2015 年第 4 期。

[53] 王哲:《跨国公司侵犯人权行为的法律规制》,载《时代法学》2014 年第 1 期。

[54] 王荣华、王晓杰:《论国际环境侵权的法律适用——以跨国公司环境侵权为视角》,载《学术交流》2014 年第 12 期。

[55] 王爽、王荣华:《论跨国公司环境侵权的法律调整路径》,载《商业经济》2012 年第 2 期。

[56] 王稀:《国际投资下投资者的责任——以跨国公司为视角》,载《法制与社会》2011 年第 14 期。

[57] 余劲松:《国际投资条约仲裁中投资者与东道国权益保护平衡问题研究》,载《中国法学》2011 年第 2 期。

[58] 袁利平:《公司社会责任信息披露的软法构建研究》,载《政法论丛》2020 年第 2 期。

[59] 杨博文:《论气候人权保护语境下的企业环境责任法律规制》,载《华北电力大学学报(社会科学版)》2018 年第 2 期。

[60] 张庆麟、郑彦君:《晚近国际投资协定中东道国规制权的新发展》,载《武大国际法评论》2017 年第 2 期。

[61] 张庆麟、余海鸥:《论社会责任投资与国际投资法的新发展》,载《武大国际法评论》2015 年第 1 期。

[62] 张光:《论国际投资协定的可持续发展型改革》,载《法商研究》2017 年第 5 期。

[63] 张光:《论东道国的环境措施与间接征收——基于若干国际投资仲裁案例的研究》,载《法学论坛》2016 年第 4 期。

[64] 张爱玲、邹素薇:《跨国公司在东道国履行企业社会责任的国别差异——以戴姆勒集团为例》,载《对外经贸》2017 年第 2 期。

[65] 朱明新:《国际投资法中间接征收的损害赔偿研究》,载《武大国际法评论》2012 年第 1 期。

[66] 朱念、谷玉、庞子冰:《"一带一路"沿线国家投资便利化水平对中国对外直接投资的影响研究》,载《区域经济评论》2022 年第 6 期。

［67］ 张光：《论对跨国投资的环境法规制》，载《经济研究导刊》2012 年第 7 期。

［68］ 张万洪、王晓彤：《工商业与人权视角下的企业环境责任——以碳达峰、碳中和为背景》，载《人权研究》2021 年第 3 期。

［69］ 赵旭东、辛海平：《试论道德性企业社会责任的激励惩戒机制》，载《法学杂志》2021 年第 9 期。

［70］ 郑玲丽：《区域贸易协定环境条款三十年之变迁》，载《法学评论》2023 年第 6 期。

二、外文文献（以著者姓氏字母顺序排序）

（一）外文著作

［1］ K. B. Andrea and R. August, *International investment law and soft law*, Edward Elgar Publishing Limited, 2012.

［2］ D. J. Alice, *Transnational Corporations and International Law*, Edwar Elgar Publishing Limited, 2011.

［3］ C. Anthony, *Philosophy of International Law*, Edinburgh University Press, 2007.

［4］ S. D. Benedetto, *International investment law and the environment*, Edward Elgar Publishing Limited, 2013.

［5］ B. Chester and M. Kate, *Evolution in Investment Treaty Law and Arbitration*, Cambridge University Press, 2011.

［6］ R. Clifford, *Environmental Justice：Law, Policy & Regulation*, Carolina Academic Press, 2009.

［7］ S. David, *Resisting Economic Globalization：Critical Theory and International Investment Law*, Macmillan Education, 2013.

［8］ H. David et al., *International Environmental Law and Policy*, Foundation Press, 2011.

［9］ M. Elisa, *Corporate Accountability in International Environmental Law*, Oxford University Press, 2009.

［10］ G. F. Hung, A. L. Sheryl, Y. Jot, *Socially Responsible Investment in a Global Environment*, Edward Elgar Publishing Limited, 2010.

［11］ B. Katarzyna et al., *Corporate Social Responsibility and Sustainability：From Values to Impact*, Taylor and Francis, 2021.

［12］ T. Kiyoteru and L. Alwyn, *Corporate Social Responsibility in a Globalizing World*, Cambridge University Press, 2015.

［13］ C. Marc et al., *Environmental Finance and Investments*, Springer-Verlag, 2016.

［14］ N. Monebhurrun, *Novelty in International Investment Law：The Brazilian Agreement on Cooperation and Facilitation of Investments as a Different International Investment Agreement Mod-*

el，Oxford University Press，2016.

［15］ C. Marc，G. Jonathan and T. Luca，*Environmental Finance and Investments*，Springer-Verlag，2013.

［16］ K. Miles，*The Origins of International Investment Law：Empire，Environment and theSafeguarding of Capital*，Cambridge University Press，2013.

［17］ D. S. Olivier，S. Johan and W. Jan，*Foreign Direct Investment and Human Development：The Law and Economics of International Investment Agreements*，Routledge，2012.

［18］ S. Philippe et al.，*Principles of International Environmental Law*，Cambridge University Press，2012.

［19］ K. Sakurai，*Optimal International Investment Policy for the Sea Environment in East Asia：Case Study of the Sea of Japan*，Springer-Verlag，2017.

［20］ M. Sornarajah，*Resistance and Change in the International Law on Foreign Investment*，Cambridge University Press，2015.

［21］ B. Sabri and K. N. Duc，*Board Directors and Corporate Social Responsibility*，Palgrave Macmillan，2012.

［22］ M. Sornarajah，*The International Law on Foreign Investment*，Cambridge University Press，2010.

［23］ J. P. Tae，*Incomplete International Investment Agreements：Problems，Causes and Solutions*，Edward Elgar Publishing Limited，2022.

［24］ J. E. Vinuales，*Foreign Investment and the Environment in International Law*，Cambridge University Press，2012.

［25］ S. C. Walker and J. D. Kelly，*Corporate Social Responsibility？：Human Rights in the New Global Economy*，University of Chicago Press，2019.

（二）外文期刊

［1］ E. Arrigo，et al.，"Followership Behavior and Corporate Social Responsibility Disclosure：Analysis and Implications for Sustainability Research"，*Journal of Cleaner Production*，2022（10）.

［2］ G. A. Cortesi，"Icsid Jurisdiction with Regard to State-Owned Enterprises-Moving Toward an Approach Based on General International Law"，*The Law & Practice of International Courts and Tribunals*，2017（1）.

［3］ F. Christian，C. Vanessa and R. Joan，"Sanchis The Common Good Balance Sheet，an Adequate Tool to Capture Non-Financials？"，*Sustainability*，2019（11）.

［4］ R. Diepeveen，Y. Levashova，T. Lambooy，"Bridging the Gap between International Investment Law and the Environment"，*Utrecht Journal of International & European Law*，2014

（30）.

[5] R. David, "Delaware: ' Expanding Duty of Loyalty ' and Illegal Conduct: A Step Towards Corporate Social Responsibility", *Santa Clara Law Review*, 2012 (52).

[6] M. David, "Equal Rights, Governance, and the Environment: Integrating Environmental Justice Principles in Corporate Social Responsibility", *Ecology Law Quarterly*, 2006 (33).

[7] M. Hirsch, "Between Fair and Equitable Treatment and Stabilization Clause: Stable Legal Environment and Regulatory Change in International Investment Law", *Social Science Electronic Publishing*, 2013 (6).

[8] M. B. Hope, "Corporate Environmental Social Responsibility: Corporate "Greenwashing" or A Corporate Culture Game Changeover", *Fordham Environmental Law Review*, 2010 (21).

[9] W. Ines, "Disciplines on State-Owned Enterprises in International Economic Law: Are We Moving in the Right Direction?", *Journal of International Economic Law*, 2016 (3).

[10] A. Jaffar et al., "The Effects of Corporate Social Responsibility Practices and Environmental Factors through a Moderating Role of Social Media Marketing on Sustainable Performance of Business Firms", *Sustainability*, 2019 (12).

[11] T. Jeff, "Ecospeak in Transnational Environmental Tort Proceedings", *University of Kansas Law Review*, 2015 (2).

[12] K. Judith, "Oil Transnational Operations, Bi-National Injustice: Chevrontexaco and Indigenous Huaorani and Kichwa in the Amazon Rainforest in Ecuador", *American Indian Law Review*, 2007 (2).

[13] B. Kathy, T. L. Sylvia, "CSR and Environmental Responsibility-Motives and Pressures to Adopt Green Management Practices", *Corporate Social Responsibility and Environmental Management*, 2011 (18).

[14] G. Kannan et al., "Drivers and Value-relevance of CSR Performance Inthe Logistics Sector: A Cross-country Firm-level Investigation", *International Journal of Production Economics*, 2021 (10).

[15] A. S. Matthew, "Environments, Externalities and Ethics: Compulsory Transnational and Transnational Corporate Bonding to Promote Accountability for Externalization of Environmental Harm", *Buffalo Environmental Law Journal*, 2013 (1).

[16] K. Miles, "The Origins of International Investment Law: Empire, Environment and theSafeguarding of Capital", *Journal of International Economic Law*, 2012 (18).

[17] M. Mark, "State-Owned Enterprises and Threats to National Security Under Investment-Treaties", *Chinese Journal of International Law*, 2020 (2).

[18] M. McLaughlin, "Defining a State-Owned Enterprise in International Investment Agree-

ments", *ICSID Review-Foreign Investment Law Journal*, 2019 (3).

[19] J. Maria, "A Language Perspective to Environmental Management and Corporate Responsibility", *Business Strategy and the Environment*, 2009 (18).

[20] P. Michael and K. Mark, "Strategy and Society: The Links Between Competitive Advantage and Social Responsibility", *Harvard Business Review*, 2006 (12).

[21] S. Noah, "Beyond the Liability Wall: Strengthening Tort Remedies in International Environmental Law", *UCLA Law Review*, 2008 (55).

[22] A. C. Nisar et al., "Promoting Environmental Performance Through Corporate Social Responsibility in Controversial Industry Sectors", *Environmental Science and Pollution Research*, 2021 (18).

[23] S. F. Olivier, "Corporate Liability of Energy/Natural Resources Companies at National Law for Breach of International Human Rights Norms", *UCL Journal of Law and Jurisprudence*, 2013 (2).

[24] P. V. Robert, "Global Law and the Environment", *Washington Law Review*, 2011 (3).

[25] B. Simon, "Expropriation and Environmental Regulation: The Lessons of NAFTA Chapter Eleven", *Journal of Environmental Law*, 2006 (18).

[26] L. Sam, "ISDS in the Asia-Pacific: A Regional Snap-Shot", *International Trade and Business Law Review*, 2016 (19).

[27] W. W. Thomas, "International Discipline on National Environmental Regulation: with Particular Focus on Multilateral Investment Treaties", *Journal of Biological Chemistry*, 2013 (3).

[28] L. B. Tarald, "Dispute by Design? Legalization, Backlash, and the Drafting of Investment Agreements", *International Studies Quarterly*, 2020 (4).

[29] J. E. Vinuales, "Foreign Investment and the Environment in International Law: The Current State of Play", *British Year Book of International Law*, 2015 (1).

[30] 2011 Ninth Circuit Environmental Review, "Case Summaries", *Environmental Law*, 2012 (3).